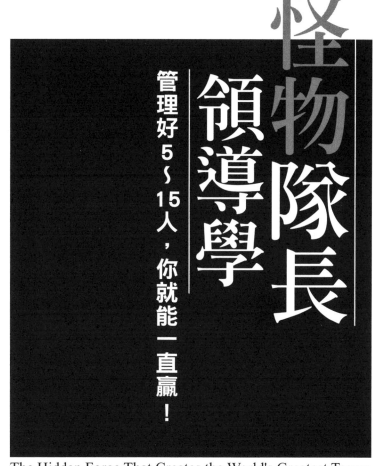

怪物隊長領導學

山姆·沃克（Sam Walker）／著

謝慈／譯

管理好 5～15 人，你就能一直贏！

The Hidden Force That Creates the World's Greatest Teams

The Captain Class

冥樂

推薦序──《經理人月刊》總編輯 齊立文

「怪物隊長」的解密之旅

先不管你是運動迷還是管理通，期待在裡面看到作者如何評價你所景仰的傳奇球隊，進而得到經營領導上的啟發，我在閱讀這本書的整個過程中，很多時候更覺得這是一本好看的故事書。

在故事的一開始，作者就立下了一個宏遠的目標：要找出史上最卓越的運動團隊，歸納分析出它們的共同成因。

第一道謎：何謂史上最卓越的運動隊伍？

可想而知，作者面臨的第一道難關就是訂出遴選標準，設法在古往今來的所有體育團隊裡，挑出其中的佼佼者。在針對團隊的規模、勝率、能力，甚至運氣等面向，提出的9個問題、定義和標準，加以過濾篩選之下，最終從史上數千支隊伍中，挑出了16支足以稱之為「怪物級」的團隊。

這個挑選過程，給我兩個感受。其一是，我很像上了一堂邏輯課，跟著作者的思路，從判斷什麼是隊伍出發，逐步取捨哪些隊伍該納入、哪些隊伍該從名單中剔除，最終揭開重重迷霧，得出了一份精挑細選的榜單。

另一個感受是「既視感」，一再讓我聯想起幾本暢銷商管書，包括《追求卓越》、《基業長青》和《從A到A＋》等，也都是採取類似的歷史資料耙梳、層層過濾，試圖從歷史悠久且績效卓著的企業中，找出它們的共通法則。領導學大師華倫・班尼斯（Warren Bennis）在他的眾多著作中，也有一本叫做《七個天才團隊的故

事》，剖析為什麼有些團隊就是能有創意無限、影響深遠的表現。

可見無論在商場、政界、體壇、藝文界等人類的各個活動領域裡，我們對於個別的傑出心靈和出眾的集合體，好奇心未嘗止歇：除了瞭解what（卓越的事實），洞察why（卓越的成因），我們更想學習how（卓越是否可以仿效），興起有為者亦若是的志向。

第二道謎：卓越運動隊伍的關鍵是什麼？

找出了史上最傑出的運動隊伍之後，相信讀者幾乎出於本能地就會問，為什麼某些偉大隊伍不在其中？（我擅自揣測，部分讀者說不定就會期待看到麥可・喬丹（Michael Jordan）時期的芝加哥公牛隊。）那如果是作者選出的這16支隊伍，它們又「憑什麼」？

作者採用的鑑別方式是，先逐一檢視常見、甚或公認的團隊成功因素，再與偉大隊伍做比對，研判是否相符？

結果頗令人「意外」。舉凡成員間的默契好、有獨特的化學反應（chemistry）、運動家精神、團隊合作、團隊裡有超級巨星、隊伍的總體戰力超強、球隊有大筆資金挖角球星、球團擅長經營管理，甚至最常被標舉出來的團隊靈魂人物：教練，都在與卓越球隊的具體事例比照之後，一一被推翻。

第三道謎：卓越團隊的秘訣還是歸因於個人的「天縱英明」？

如果足以名列史上最偉大運動隊伍的球隊，無法歸因於默契、球星、戰力、教練、資源、管理，那麼偉大球隊的關鍵成功因素究竟是什麼？

答案是：隊長。

在一個越來越強調團隊協作、鼓勵人們少說「我」，多強調

「我們」的年代裡，這個答案有些微妙。因為當團隊的卓越繫於個人身上時，人們難免會覺得那與個人特質與能力強烈相關，顯得可遇不可求了。

不過，仔細觀察作者筆下16支偉大球隊的隊長，他們未必個個都擁有遮擋不住、史無前例的精湛球技，這也與「球星」不足以解釋團隊卓越的說法相符。而且管理學上關於領導的諸多討論也每每強調，領導力不是天生的，而是後天可以學習的；甚至，領導者未必要全知全能，如同劉備、劉邦等歷史人物，他們未必擅長帶兵，卻能夠統御將相。

在書中，作者列出了7個「怪物級球隊隊長」的共同點，能不能後先學習，相信你看了就能知道，自己哪些學得來、哪些做不來。

我自己在看完「怪物隊長」的特質之後，忍不住翻開了《從A到A＋》書裡提到的「第五級領導」概念：能夠締造卓越企業、創造持久的優異績效的領導者，通常都有「謙遜的個性」和「專業的堅持」這兩個特質。而這兩點，怪物隊長也都有。他們近乎執著地想贏、團隊的事最重要；他們擅長激勵團隊，但是自己是否在光環的中心，比較不是那麼重要。某種程度上，應該也顛覆了人們對於魅力型領導者的「刻板印象」。

如果你是運動迷，你可以充分感受卓越團隊每一個攸關勝負、血脈賁張的歷史性時刻，引人入勝又發人深省。如果你是被領導學吸引而翻開這本書，書裡每一個優秀隊長的言行舉止，對你而言可能都是一場又一場的人性試煉，都會促使你反思自己在管理現場的用人和決策。

「我的自尊心驅使我帶領隊伍獲得成功。」

——比爾‧羅素*

*NBA傳奇球員，帶領波士頓塞爾提克隊創下史上空前的8連霸紀錄，共得到11次總冠軍，是波士頓綠色王朝的重要開創者。

Contents / 目錄

PART I 怪物隊伍的誕生

PART II　怪物隊長的7種領導法

Contents/目錄

前言 ——

第一次穿過魔鏡，踏入職業運動選手神聖的更衣室時，我才剛滿25歲，在學院風卡其褲的後口袋塞了本筆記本，記者證則是用吊繩掛在脖子上。若我看起來懵懵懂懂，是因為我對即將發生的事毫無準備，一無所知。或許是命運的安排，更衣室的主人是麥可·喬丹（Michael Jordan）所帶領的公牛隊。

從1995年那個3月的晚上開始，我看著湯姆·布雷迪（Tom Brady）的新英格蘭愛國者隊贏得第一座美式足球超級盃，也跟著西班牙甲級聯賽的巴塞隆納隊一路苦戰，爭奪歐洲盃足球冠軍，並在紐約洋基隊世界大賽三連霸時，用一瓶49美元的香檳歡欣慶祝。

身為記者，這一切正是如此迷人。每場冠軍賽代表的都是精采的賽事和大篇幅的新聞報導，更別提你能告訴任何願意聽的人：沒錯，我在現場！

然而，光鮮亮麗的背後，卻潛藏著我生涯抉擇最大的問題。每當我看著一群身價百萬的運動員爭取榮耀時，總會有一股非常強烈而自我的感受，連我自己也嚇了一跳：我感到嫉妒。

從幼兒園到高中，我每個夏天都參加社區的兒童棒球聯盟，在伯恩斯公園轟炸機隊擔任二壘手。說真的，這支隊伍沒什麼特別值得一提的地方，球投得還不差，打擊也算可靠。我們的教練是個沉默寡言的傢伙，戴著超大眼鏡，每次練習時都叼著菸。我們通常一季會贏一半左右的比賽，賽場的表現也還可以，至少讓大人願意在賽後帶我們去冰雪皇后霜淇淋店大快朵頤。

1981年的夏天，發生了一些改變。我們這些一邊挖鼻孔，一邊傻傻看著球從雙腳間滾過的小球員們開始演出守備美技；得分的關

鍵時刻，打者總能火力支援；而投手的控球能力提升，讓隊伍保持領先。我們彷彿都超脫了11歲的身體，飄浮在棒球場上空，看著一群長相出奇相似的孩子蛻變成一支強大的隊伍。

我們以12比0的成績結束球季。

幾年後我體悟到，這段輝煌的日子永遠改變了我的願望。轟炸機隊讓我了解到在傑出球隊打球是多麼痛快，也使我誤以為老天爺就是要讓我贏球。然而，隨著時光飛逝，我痛苦地意識到事實並非如此。

1981年的轟炸機隊是我唯一參與過的冠軍隊伍。

當我開始寫關於各種運動項目的新聞，並觀看世界頂尖隊伍爭奪冠軍時，那個夏天的回憶卻不斷湧現心頭，失落感和渴望盤據在腦海深處某個部分。若說我們一生最大的執迷，總源自於童年中看似平凡的瑣事，那麼對我來說，那個夏天的意義興許就在於此。

我渴望成為頂尖隊伍的一員。

參觀世界級菁英隊伍的更衣室時，我總是全神貫注，觀察入微。我研究運動員間如何對話，注意他們的習慣與肢體語言，也觀察他們賽前的儀式性動作。當他們分享各種有效合作的理論時，我便在筆記本中記下。無論是什麼運動，我聽到的說法都很相似：才能、投入、紀律、教練領導，或是在關鍵時刻有所表現的訣竅。這類頂尖隊伍的模式總是如出一轍，而成員在談論勝利的秘訣時則顯得有些輕描淡寫，往往令我感到詫異。他們彷彿只是機器的一部分，每個齒輪和鍊條都必須運作得恰如其分。湯姆・布雷迪曾說：

「你得盡自己的本分，身邊的人才能盡他們的本分，沒什麼深奧的秘密。」

2004年，我短暫休假，想寫一本關於參加美國夢幻棒球（fantasy-baseball）專家級比賽的書。我訂下策略，日日夜夜與美國大聯盟（MLB）球隊相處，蒐集內線情報。我選擇緊密追蹤的球隊是波士頓紅襪隊（Boston Red Sox）。

在紅襪隊史中，有著漫長而「輝煌」的戰敗和心碎。從1918年起，這支隊伍就沒有再奪下任何世界大賽冠軍。我在2月春訓認識他們時，絲毫不認為這個賽季會有所不同。除了零星的明星球員外，球員名單幾乎是由表現不佳、無法融入的棄子組成。他們特立獨行、滿臉鬍渣、喜歡跑派對，唯一擁有的，也只是其他隊伍尚看不上眼的球技。私底下相處，我卻發現他們其實坦率風趣、率性而為，甚至有些無法無天，因此被戲稱為「蠢蛋們」。

當紅襪與宿敵王者洋基的勝差來到9.5場時，我絲毫不感到意外，反倒覺得我的第一印象正中紅心。紅襪隊與我所認知的強隊截然不同，他們不是爭取冠軍的料。

然而，8月初時，改變發生了。就像我參加的少棒隊那樣，紅襪隊似乎中了某種魔咒。「蠢蛋們」開始帶著自信與氣勢比賽，在壓力下保持冷靜，展現出我在春季時沒見過的團結與企圖心。他們的名次一路攀升，甚至擠身季後賽，在美聯冠軍賽與洋基對壘，卻很快地輸掉前3戰。第4戰前，博彩公司預估紅襪隊的倖存率只有1/120，在3個出局數之內就會被刷掉。

然而，紅襪隊並未就此止步。他們不但在第4場比賽的延長賽中

苦戰擊退洋基隊，更在接下來的3戰中連勝，締造棒球季後賽史上最戲劇性的絕地大反攻。接著的世界大賽系列裡，更以直落四橫掃聖路易紅雀隊（Saint Louis Cardinals）。

對波士頓市民來說，這個冠軍簡直是身陷長年連敗泥淖後的甜美救贖。300萬市民湧上街頭，參加勝利遊行。體育界甚至有人認為這支紅襪隊可謂史上偉大球隊之一。

這支球隊在7月時被認定毫無希望，然而球員們團結起來，凝聚出一股卓越而強韌的力量。我不會說當時紅襪已成為王朝，畢竟他們後來又花3年才能贏得下一座世界冠軍，不過他們確實受到一股無形力量的感召，讓那一季的表現足以媲美我觀察過的其他超級球隊。我很想知道，這樣的事為什麼會發生，卻摸不清頭緒。他們究竟如何擦出火花？

接下來的春天，我決定出發尋找答案。我開始著手替《華爾街日報》寫分析報導，將題目訂為「菁英隊伍的秘密」。計畫很簡單：推導出一條客觀的公式，選出運動史上前10大運動王朝，接著往回追溯它們的成績表現，觀察他們由平凡轉向卓越的關鍵點，推論其中是否有什麼相似之處。

我的假設是，一支球隊會由平凡蛻變成如怪物等級般的厲害，大概或許是雇用了擅長啟發球員的教練，或簽下特別突出的選手，又或是發展出創新的戰略。

這篇文章並未見報，但不是因為我的興趣漸漸低落。事實剛好相反，發掘得越深，這個主題越顯得廣闊而複雜，就連如何定義「隊伍」，都成了一項艱鉅的任務，讓我做了好幾個星期的苦工。

寫下這個句子時，我已經對這個主題投入了將近11年的功夫。我回顧分析了1880年代至今全世界37項主要運動賽事、超過1,200支隊伍的成就，想找出歷史上前10/100和1/100的怪物隊伍。為了研究這個少數群體，我看了我所能找到的每一本書、每一篇文章和傳記、每一部紀錄片，以及所有的數據分析。我在奧克蘭、巴塞隆納、波士頓、芝加哥、哈瓦那、倫敦、洛杉磯、馬德里、墨爾本、蒙特利、莫斯科、紐約、巴黎、伯斯、里約熱內盧等地，以及其間的一些小城市，採訪了許多選手和觀眾。

　　一開始，我並未期盼得到任何明確的結論，只假定這些超強隊伍會有許多相似的成長軌跡，但不會完全吻合。而我的發現令人又驚又喜：這些怪物級的隊伍沒有太多相似的正向特質，卻有一項完全出乎意料的共通點。

　　我的一生中看了許多運動競賽，20餘年來穿梭在世界級隊伍間，深入探究超凡團隊表現背後的驅動力，而《怪物隊長導領學》一書集我畢生經驗之大成。雖然描述了許多勝仗，這本書說的並不是單一隊伍的勝利；雖然探討了很多傳奇人物，卻不是單一傑出球員或教練的傳記；雖然用了體育界的故事，這本書的中心思想只有一個，簡單卻有力，能夠應用在商業、政治、科學和藝術等領域各式各樣的隊伍中。

隊長的人格特質，正是決定隊伍成就與歷史地位的關鍵元素。

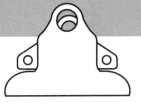

-I-
怪物隊伍的誕生

1953年・倫敦

　　距離聖誕節還有1個月，某個寒冷的星期三下午，一群冷靜的足球迷魚貫走進位在倫敦西北方的溫布利體育場。女士們穿著翻毛長版大衣，腳踩跟鞋；男士們則打領帶，身穿領子翻起的大衣，歪斜地戴著扁帽或氈帽。有些人提早蹺班離開辦公室，還拎著公事包。

　　倫敦市民們會如此信心十足不是沒有原因的：過去30年來，他們支持的英國國家足球代表隊有著19勝2敗0和的輝煌主場紀錄，平均每場比賽與客隊的比數是4:1。事實上，英國與不列顛群島以外的隊伍的對決紀錄中，從未在主場輸過球。81年以來都不曾輸過。

　　當我搜尋這場比賽前場外的影像時，唯一找到的影像紀錄來自一段8釐米的自製電影。影像沒有音軌，對焦效果也很糟，而且總長只有52秒。然而，影像所鮮明呈現的，卻是世界秩序即將被顛覆的最後一刻。

　　那天表訂的賽事是一場表演性質的友誼賽，比賽結果不會直接影響4年一度的世界盃參賽資格。英國這次的對手有兩把刷子，能征善戰，在上個夏天的奧運會獲得金牌。雖然面對的是較弱的對手，但也連續23場比賽沒有敗績，向來浮誇的倫敦報紙於是稱這場比賽

為「世紀對決」。

　　這個說法最大的問題是客隊的來歷：他們並非來自傳統的足球王國，而是天殺的來自匈牙利。

▌貴族與乞丐的對決

　　1953年，匈牙利的人口大約只有900萬，是英國的1/4，國家的經濟持續衰退，人民生活的每個面向都把持在身兼共產黨總書記的首相拉科西・馬加什（Mátyás Rákosi）手中。他們將土地共產化，逼迫大量人民投入勞役工作。匈牙利的個人收入在二戰前只有歐洲平均的2/3，1950年代軍事支出與「社會主義建設」遽增，更掏空國庫，使人民收入又下跌20%。國內的民生環境落後，只有10%的家庭有廁所，不到20%的家庭有自來水，暖氣多半來自燃燒煤炭或木柴的火爐。

　　匈牙利足球國家代表隊成員的生活條件要比其他人好上許多，但仍然無法倖免於政治的荼毒和國家的匱乏。為了防止頂尖的球員叛逃，國家將他們徵召入伍，讓秘密警察跟隨他們巡迴比賽，以便監視他們的一舉一動。有些球員甚至被冠上「思想危險」的罪名。

　　在那個時候，匈牙利足球隊最彪炳的戰績，除了1952年的奧運金牌，就是在1938年的世界盃打進決賽，然後慘敗給義大利。然而，當年的奧運多是業餘選手，世界頂尖的職業足球員都不會參加，而許多強隊更在1938年的世界盃缺席，於是英國民眾並不把這兩項成就當一回事。即便從鄰近的國家，例如奧地利、保加利亞和

阿爾巴尼亞網羅球員，匈牙利仍稱不上一支足以與英國匹敵的球隊。

英國人認為，歐陸國家的足球雖然也挺好看，卻少了點力道和魄力。他們相信，只要英國隊在主場出賽，就絕對不可能會輸。所以無論倫敦的報紙如何夸夸其談，威廉豪爾投注站（William Hill）還是認為匈牙利很難有勝算，將勝率定在1:500，低得驚人。

「大家都以為這會是一場2:0、3:0、4:0，或是5:1的懸殊比賽，像是在凌遲某個才剛踏進歐洲足壇的小國家。」英國經理人鮑比‧羅布森這麼評論，他那年20歲，以球迷的身分進場觀戰。「我們都以為我們會血洗他們。英國隊在溫布列可是王者，他們只是小角色而已。」

英國球員們穿著傳統的寬大白領球衣，袖子捲到手肘，帶著從容不迫的王者氣息走入球場，彷彿才花了一個早上修剪樹籬那樣寫意。1953年的英國隊好不容易回到常軌，社會充滿希望——戰後的物資配給終於結束；年輕的新任女王在6月登基；劍橋大學的學者發現DNA的結構；而一支皇家地理學會的探險隊征服了聖母峰。

匈牙利球員從更衣室的通道走出來時，看起來一點威脅性也沒有。陣仗明顯比英國小，合身的櫻桃紅球衣緊貼著上身，讓他們似乎又小了一號。球褲比英國更短，腳上的平口鞋由布達佩斯的皮匠手製，看起來比較像皮製便鞋，而不是專業的足球鞋。他們的背號也令人發噱，竟沒有與他們球場上的位置對應。看著匈牙利球員進場，英國的比利‧萊特（Billy Wright）和他的隊友竊笑，說對手

「甚至連裝備都不及格」。

　　若說匈牙利的制服讓英國球迷覺得像個笑話的開場白，其中的「金句」大概就是球隊的頂尖球員、26歲的隊長費倫茨‧普斯卡什（Ferenc Puskás）他只有5呎7吋，有著粗短的小腿和結實的大腿，走路時還會互相摩擦，把短褲擠到胯下令人尷尬的位子。普斯卡什的足球生涯不斷與體重奮鬥，體重甚至一度暴增至200磅，他在故鄉被稱為「小哥哥」（Öcsi），但英國人決定直接叫他「小胖仔」。更讓人驚訝的是，普斯卡什比賽時有許多破綻：他討厭用頭頂球，從沒學過射門，甚至不會用右腳帶球。

　　在英國電視台的轉播銀幕上，匈牙利球員顯得緊張躁動，等待哨聲響起的模樣，像是隨時準備好掙脫他們過小的鞋子。正式開始前，普斯卡什做了件奇怪的事：他用左腳剷起球，在雙方球員的注視下，用雙腳和膝蓋空中控球了一陣子。匈牙利足球員常在比賽前秀一下這樣的技巧，幫助他們冷靜下來。然而，英國人對此一無所知，也成了接下來激戰的第一個火花。當普斯卡什表演時，英國的播報員坎尼斯‧沃斯頓荷姆說道：「大家看，這是控球能力的展現。如果整場比賽都有這樣的實力，那就棘手了，恐怕很難應付這些匈牙利人啊！」

　　我坐下要看比賽時，想起一位足球歷史學家曾建議我，如果要好好感受這場比賽的震撼，就該準備好碼表。於是，裁判吹哨的那瞬間，我也按下碼表。

　　匈牙利隊以4次精準的傳球為比賽打開序幕，其中一球是更是精

采的腳後跟傳球，一路將球傳過英國的半場，直到一名後衛將球踢出場外。我看了一眼碼表，才過了12秒。在幾次界外球後，匈牙利再次取得控球權，向前進擊。英國的後衛第二度將球踢開，但匈牙利球員已掌握了比賽的快節奏，在中場附近便重新將球奪回。

經過34秒。

匈牙利前鋒南德爾·希德庫蒂（Nándor Hidegkuti）接到球，直接向最靠近的英國後衛哈利·強斯頓（Harry Johnston）進攻。腳步不停，他一隻腳向後抬起，假裝要射門，引得強斯頓躍起，準備承受射門的力道。希德庫蒂敏捷地繼續向前奔跑，順利超過強斯頓。

希德庫蒂在球隊向來鮮少扮演發動攻擊的角色，因此正統派的球評與球迷都認為他不會試圖射門，若他像英國人期待的那樣依照慣例行動，他應該要審視球場，搜尋傳球的機會；然而，他卻像個稱職的前鋒，繼續前進。

當我的碼表來到39秒時，最有機會阻止這波進攻的英國球員是吉米·狄克森（Jimmy Dickinson），但狄克森猝不及防之下，看起來有些驚慌失措，無法決定到底要與希德庫蒂爭球，或是守住傳球的路線，竟然愣在原地。希德庫蒂此時有了足夠的空檔，能從禁區外看清射門的路徑，他閃電般踢出瞄準左上角的高吊球。

英國的守門員吉爾·梅里克（Gil Merrick）勉強撲出，球還是應聲破網。希德庫蒂跳起慶祝時，我按下碼表：匈牙利在42秒內就從所向無敵的英國隊手中得分。

連向來冷靜的播報員沃斯頓荷姆也無法掩飾他的驚奇。「得

分！」他高呼。接著是一陣沉默，過了3秒，又過了5秒。場上的英國後衛不滿地彼此打量。沃斯頓荷姆終於說：「我想，如果這代表我們整個下午要面對的情況，英國麻煩可大了啊！」

那天溫布利體育場的最終比數是匈牙利6分，英國3分。這聽起來似乎不算太慘烈，但主場的英國隊只有5次射門機會，而匈牙利隊則高達35次！比賽結束，英國球迷對客隊的表現大感驚艷，於是為他們高聲歡呼，甚至到維多利亞車站目送他們上火車。《泰晤士報》隔天早上的社論將英國的這場敗仗稱為「雅琴歌德戰役的逆轉」。從各方面來說，這都是一個時代的結束。英國的投注站表示，匈牙利以1:500的勝率獲勝，是運動博弈史上最低，因此獎金也是史上最高額。

史上最強一級怪物誕生

當英國人開始反省這場比賽時，他們意識到自己對匈牙利的每個假設都是錯的——若說他們的身材瘦小得可笑，其實是因為選拔者最重視的項目是速度；他們球鞋的低口設計，目的是讓側向移動更為敏捷；而他們混亂的背號，則是刻意讓英國球員難以判斷他們的守備位置。這些實在算不上正統足球，卻展現了絕佳的行動戰略。

匈牙利隊的策略固然令人目眩神迷，卻只是勝利的原因之一。那個灰濛濛的星期三下午，面對著十多萬敵方的觀眾，又是一場重要的比賽，匈牙利球員征服了內心強烈的焦慮與不安。英國最強的隊伍展現出壓倒性力量，每個球員都較為高大、強壯，經驗也豐富

許多，但匈牙利球員仍優雅從容地應戰，讓人驚嘆。任何運動員都會告訴你，緊張和壓力第一個會影響的就是對身體活動的控制。當血液中有1加侖的腎上腺素奔騰，每次傳球都變得難如登天，但匈牙利球員沒有因壓力而崩潰，從普斯卡什的耍球表演直到比賽結束的哨聲，他們都維持著致命的精準度。

不用太久，匈牙利隊又再次證明他們的勝利絕非僥倖。1個月後，英國隊有個機會在布達佩斯一雪前恥，然而這次，匈牙利再以7:1取得壓倒性的勝利。

接下來的夏天，匈牙利隊在1954年的瑞士世界盃繼續發威，小組賽時以難以置信的8:3佳績大殺西德的銳氣，又以4:2擊敗無敵的巴西隊。這場匈牙利與巴西的大戰被球評形容為史上最艱困的比賽之一。

然而，世界盃的結局並不如匈牙利所預期。在充滿泥濘的決賽中，這支黃金隊伍一度取得2:0的領先，卻仍輸給了兩週前他們才紮實打敗的西德隊伍。他們沒有因此頹喪，反而再度開始一段維持了一年半的連勝紀錄。從1950年的6月到1956年的2月，包含國際友誼賽在內，匈牙利隊一共進行了53場比賽，只輸了2場*（許多專家學者不承認匈牙利對蘇聯的敗戰，他們認為隊伍是出於政治因素，故意戰敗）。

有人問英國球員史丹利・馬修（Stanley Matthews）對匈牙利隊的看法，馬修相當肯定他們的歷史地位，評論道：「匈牙利的比賽值得一看，他們運用許多我們不曾看過的戰術，是空前絕後的強隊。」

在運動的世界，達到如此制霸成就的隊伍通常難以為繼。在

商業界，新的產品可以機密開發，運動員或隊伍卻無法隱藏他們的技術。他們可以透過練習精益求精，比賽中卻必須全無保留地展示在對手面前，讓對手能錄下影像，反覆研究，找尋弱點。更甚者，運動競賽通常都受制於時間和固定規格的場地。在如此侷限的高壓環境裡，勝負往往在一秒內決定，不到一英寸的偏失都足以影響結果。單一球員犯下的小錯誤都足以使一小時的完美演出付之一炬。

　　正因為勝負只在轉瞬分毫之間，可以說能持續獲勝的球隊必有什麼過人之處，若有支隊伍能在6年間幾乎戰無不勝？

▌是異數？還是定律？

　　體育史中有許多著名的時刻：例如1906年引進大學美式足球的向前傳球（forward pass）、1954年棒球世界大賽中威利・梅斯（Willie Mays）著名的肩上接球、1970年代初期威爾斯橄欖球員約翰・杜威斯（John Dawes）帶動的攻擊風格，或是1982年國家美式足球聯會（NFC）冠軍盃中喬伊・蒙塔納（Joe Montana）傳給杜威特・克拉克（Dwight Clark）的達陣傳球（touchdown pass）……許多作者喜歡引述這些例子，說明單一的比賽、隊伍或是事件所觸發的改變足以影響整個體育圈，而在國際足球界，這樣偶然發生的火花確實存在，記錄了1953年溫布利體育館比賽的模糊黑白錄影帶就是證明。

　　匈牙利成功突破英國的防守，如此卓越的進攻能力影響了往後每一個足球王朝的攻擊策略──包括1958 年到1970年的巴西隊、

1960年代的蘇格蘭俱樂部球隊塞爾提克隊（Celtic Football Club）、1970年代傳奇的荷蘭隊、2000年代讓人心馳神迷的巴塞隆納隊（FC Barcelona）。在匈牙利隊之前，人們認為足球隊的組成是一群各有專門任務的球員。舉例來說，左邊鋒的任務是巡守左側的邊線，而前鋒的工作是不斷進攻，找尋射門的時機，每個球員安守本分，過猶不及，但匈牙利的黃金球隊打破了這些慣例，他們毫不拘泥於陳規，充滿靈活彈性，總是能根據情勢變換守備位置和陣式。

　　從匈牙利球員的身體素質或他們貧困壓迫的祖國，很難看出他們能有如此優異的成就，甚至可謂前無古人，後無來者。使他們表現不凡的是打破傳統分工的球風，逼得球員們放下面子問題，讓這群平凡的球員有了不凡的表現。在溫布利的比賽為英國貢獻其中1分的傑奇‧思維爾（Jackie Sewell）如此說：「想像世界最棒的隊伍，匈牙利隊就是那麼強，甚至還更厲害。個別來看，他們很普通，但集合起來，他們潛力無窮，令人驚豔。不只我們隊受到了震撼教育，每個人都嚇到了。」

　　對於匈牙利的亮眼成績，當時有兩種主流的解釋。匈牙利共產黨官方將之視為一項鐵證，大力宣傳反對個人主義的中央集權控制系統足以征服世界，球隊教練古斯塔夫‧西比斯（Gusztáv Sebes）將之稱為「社會主義足球」；相反地，共產黨的敵對陣營則認為，這項成就代表著匈牙利人的創意生生不息，在巨大的壓迫中依然萌芽而出。

　　事實上，這兩種解釋都不成立。若是共產黨或是匈牙利人的身

分讓他們成功執行如此絕妙的足球戰術，為何同樣的輝煌戰果不曾再次出現？沒有任何共產黨國家贏過世界盃，而1960年後，匈牙利連要保持世界前50名的足球強國都十分勉強，1970年後更只成功進入世界盃3次。1956年黃金隊伍解散之後，所有的榮光也隨之消逝。

足球史上，有幾十支球隊夠格被稱為王朝，然而，當我研究匈牙利隊的6年連勝紀錄時，發現他們與其他隊伍截然不同。這樣的「怪物」可說獨樹一幟。

當經濟學家遇上不符合一般預測，而且難以解釋的事件時，他們將其形容為「黑天鵝」：在充滿無限可能性的矽谷，人們將在創辦人自家地下室誕生、市值數十億的科技公司稱為「獨角獸」。這個概念在各種科學的領域都很盛行，研究者蒐集完樣本後，其中一個前置作業便是排除極端值。背後的邏輯是，這些極端的異數無法透露任何普遍或實際的真相，科學上來說，如果結果無法重複，研究極端的優異表現就毫無意義。

要將匈牙利隊歸為異數而忽略很簡單，只要將他們的成就與霸業都歸於機緣巧合，不過是隨機的意外罷了。然而，即便這支黃金隊伍的誕生狹義來說確實屬於異數，國際足球賽也只是世界上眾多的團隊運動之一，但綜觀所有的團隊運動，在數十年的歷史中，總會有不同隊伍締造無人能及的佳績。

我很好奇，若調查每項團隊運動的歷史，從19世紀不成熟的職業聯盟開始，將不同隊伍的表現繪製成散佈圖，並圈出無敵隊伍，會有什麼發現？若有5支隊伍都像匈牙利隊那樣，或者有10支、甚至

30支，歸納出他們的相似之處應該會很意思吧？

　　這本書將分為兩個部分：第一部分說明我選定「世界上最傑出怪物隊伍」的標準，以及歸結出它們相似之處的步驟；第二部分我將引述這些隊伍的故事，參考科學文獻，探討它們的共同元素，以及這些元素如何帶領它們邁向卓越。

　　《怪物隊長領導學》不只介紹運動競賽的歷史，更是一本探討傑出團隊背後動力的書。

第1章

如何辨識世界上
最偉大的隊伍？

1957年 · 波士頓

當聖路易老鷹隊（Louis Hawks）以102對101的比數些微落後，而比賽只剩下40秒時，傑克·柯爾曼（Jack Coleman）得到千載難逢的機會。

當他在中場接到長傳時，身邊完全沒有波士頓塞爾提克（Boston Celtics）的防守球員，上籃的路徑也奇蹟似地無人阻擋。柯爾曼衝向禁區，整座體育館裡沒有人能想像他得分失敗的情景，每個人都認為比賽即將逆轉。

比賽進行至此，舊波士頓花園球場的球迷已經忍受了47分20秒高潮迭起、勝敗難料的拉鋸戰，其中有白熱化的激戰、氣氛凍結的僵持和絕地大反攻。為了買到票，有些球迷甚至通宵排隊，他們在緊張的情緒下紛紛開始抽菸，木地板上方高處的鋼樑籠罩在一片油膩膩的米白色煙霧中。

柯爾曼跨越罰球線，一躍而起，手臂前伸，準備在無人防守的情況下上籃。然而，籃球脫離指尖的那瞬間，有個高大的白色身影從背後籠罩他。

那是波士頓23歲的菜鳥中鋒比爾·羅素（Bill Russell）。

在球脫離柯爾曼的手時，羅素伸手將球揮開。球撞上籃板彈開，重新回到場內，被塞爾提克球員接住。即便占盡優勢，柯爾曼仍然沒能逆轉比賽。

那場比賽沒有留下任何影像紀錄，那個年代的電視台不覺得有錄下現場轉播的必要，但廣播電台的內容有保留下來，波士頓主播強尼·莫斯特用他有名的沙啞嗓音失控地喊著：「羅素擋住了！羅素擋住了！他憑空出現啦！」

羅素的身高只有6呎9吋，在NBA中鋒裡不算很高，身形瘦長，看似手腳不靈活。他大學時代曾經得過兩項國立大學體育學會（NCAA）頭銜，並且幫助美國隊在1956年奧運得到金牌。但波士頓的球迷直到此刻，才真正見識到他的實力。

羅素的阻擋又被稱為「柯爾曼演出（Coleman Play）」，至今已經超過50年，卻仍被視為NBA史上絕佳的守備表現。這不僅是因為沉重的壓力（當時可是季後賽第7場的倒數幾秒鐘），更是因為這一記演出在各方面都可謂絕無僅有。根據比賽的記錄，柯爾曼接到球的位置距離波士頓的籃框有46呎，從起跑開始，他只有大約3秒的時間，而羅素追上去的位置（另一端的籃框下）更是距離超過92呎。我算過，要追上柯爾曼，羅素必須從靜止加速到平均1秒31呎，換算的話是時速21英里。

為了更體會羅素此舉的驚人之處，我查了上一年奧運100公尺男子組決賽的紀錄，冠軍是10秒62。如果羅素維持同樣的速度跑了100公尺，他的紀錄會是10秒58，以一個鼻子的距離奪得金牌。

塞爾提克隊當時的球星隊長包柏．柯西（Bob Cousy）將羅素的表現稱為「我在籃球場上見過最不可思議的體能展現」。

「柯爾曼演出」還有一點震撼了我：不只是驚人的體能展現，更是意志力最極致的爆發。羅素當時只是個菜鳥，決定追上去的前幾秒，他才剛搞砸一次灌籃，讓球隊失去領先3分的機會。和他站的位置相比，或許坐在第5排的觀眾還比較有機會阻止柯爾曼。羅素採取行動並不是出於理性判斷，而是因為他無法坐視自己的隊伍戰敗。

塞爾提克隊在第2次延長賽中以125：123取勝。

在包含這個球季的12個球季中，塞爾提克隊以這種拚死不放棄的精神取得8連霸，總共贏得11座NBA總冠軍。在定義哪些隊伍屬於「史上最強的怪物隊伍」時，塞爾提克隊毫無疑問是第一選擇。各大運動賽事中，從沒有哪一支隊伍可以這般制霸這麼久，或是在關鍵時刻總是能過關斬將。超過13個球季，塞爾提克隊在季後賽的不同階段，有過10次打到關鍵性的第7場生死戰，且全都獲勝。很顯然，塞爾提克隊與匈牙利隊同樣都有資格被譽為運動史上的超級菁英。剩下的問題是，還有哪些隊伍也屬於同一類呢？

展開世界頂尖運動隊伍的搜尋時，我蒐集世界各大報紙和網站出版過的類似排名，一共找到了大約90種版本。

我將這些表單攤在客廳桌上，立刻就注意到一件事：這些體育專文有著實證上的缺陷。有些排名沒有列出依據，結論只是出自辦公室一群記者的意見彙整；有些縱然採用了數據，統計上卻充滿瑕疵。

　　最明顯的問題是我們稱為「選擇偏誤」的程序問題。長久以來，許多民調、普查和科學實驗都為此類疏漏所苦，原因是實驗者的樣本數不夠大，或是不夠隨機，因此無法有效代表全體。就這些排名來說，顯而易見的是反映了地區性的偏好。例如來自英國的排名充滿像是利物浦（Liverpool）、曼聯（Manchester United）等足球隊，而紐澳的排名則是橄欖球、板球和澳式足球。美國的排名則是同樣的陣容一再出現，包括1927年的紐約洋基（New York Yankees）、1972年的邁阿密海豚（Miami Dolphins）、1990年代的芝加哥公牛（Chicago Bulls），以及2000年代的新英格蘭愛國者（New England Patriots）。很多時候，唯一的不同處只是這些隊伍的排名有好有壞。

　　這樣的觀察讓我知道，排名者採樣的範圍不夠大，得出來的結果自然不夠完善。許多排名者甚至沒有考慮過自己國家以外的隊伍。另一個問題則是相同的隊伍反覆出現，代表分析師們很可能受到別人影響，獨厚早已享有盛譽的隊伍。

　　我明白一件事：要列出適當的排名，我必須忽視其他人的結果，屏除自身的預設和偏見，從頭重新開始。我必須考慮全世界史上所有的重大賽事中的每一支隊伍。

　　第一步是鎖定可靠的歷史紀錄，範圍包含從澳洲到烏拉圭的每個國家、每項職業或國際聯賽、運動組織協會或錦標賽。接著，我挑選出曾經贏得頭銜獲冠軍盃，或是創下驚人連勝紀錄的隊伍。這個過程花了幾個月，我最後得到一張包含了上千支隊伍的列表。

為了替研究訂下標準，進一步將隊伍過濾到能夠處理的數量，我決定提出3個根本的問題。

▌問題 ①：該如何定義「隊伍」？

　　攤在我客廳桌上的大部分排名都忽略了一個重要問題：「隊伍」到底由什麼組成？像雙人冰上舞這樣的運動只由2位演出者在一排評審前表演，卻和橄欖球一樣屬於團隊運動，而一場橄欖球賽可是由2支15人的球隊激烈競爭。奧運會拳擊隊的成員總是獨自登上擂台，卻與並肩作戰的排球隊同樣歸為團隊運動。

　　字典對「隊伍」的定義相當粗略，指的是任何同心協力完成任務的小組。若應用在馬匹或是牛隻上，隊伍從兩隻開始算起，可以不斷累加；然而，傳統上對人類隊伍的組成卻沒有定見。2個人的小組是隊伍還是搭檔呢？3個人算是隊伍還是3人組？這樣的問題留給我們許多詮釋的空間。

　　於是我決定，只要符合下面3項標準的運動員小組，都能體現「隊伍」的意義：

1. 5個或以上的成員

　　我們可以肯定的說，隊伍的規模越小，個人表現對比賽結果的影響就越大。舉例來說，如果只有2個隊員，每個人對結果的貢獻大約會占50%，如果其中一人的表現特別傑出，或是慘不忍睹，都很可能對勝負有絕大的影響。為了選出全體合作大於個人貢獻的隊

伍，我決定排除所有雙人搭檔的隊伍：網球雙打、雙人雪橇、奧運沙灘排球、雙人溜冰和冰舞。我也排除了3人1隊的冰壺運動。只有馬球是4人1隊，但還是因為其他理由而排除（參見後文）。最後，我採納的最小隊伍規模是籃球隊，每隊5名成員，不同守備位置的成員對比賽總分的貢獻大約都是20%。

2. 與對手的互動

　　一支隊伍最吸引人的魔力，在於成員在比賽中如何和另一隊試圖打敗他們的敵手對戰。這樣的配合無疑是美式足球、足球、籃球、水球和冰上曲棍球很重要的一部分，運動員整場比賽都必須投入與對手的攻防交鋒；然而，有些運動的隊伍不需要與對手互動，因此被排除的項目有：划船、團隊自行車賽，以及裁判判定的比賽，例如體操和水上芭蕾，或是計時比賽，例如田徑接力和游泳接力。

3. 隊員間同心協力

　　某些所謂的團隊運動裡，運動員同時登場，穿著一樣的制服，卻獨自比賽，例如奧運的摔角、拳擊和滑雪。在高爾夫萊德盃（Ryder Cup）和網球戴維斯盃（Davis Cup）等團隊競賽，球員個別參加比賽，也同時貢獻團隊積分；然而，因為隊員未曾實際在比賽中彼此互動，也被我加以排除。

　　這個規則讓兩項熱門運動的定位很困難：棒球和板球。這兩項運動中，關鍵的動作都是由隊員獨自執行，棒球比賽時，投手與捕

手持續互動，而野手通常彼此配合演出守備美技，但也就如此而已了。板球中，這類的直接互動甚至更罕見。隊員或許會在邊界時將球傳給隊友，而追殺（Run Out）也是由其中一名球員將球傳給另一名在門柱附近的隊友。然而，很難說這類運動員間的直接互動足以成為勝敗的關鍵。

棒球和馬球與其他低互動的體育項目有決定性的不同點：團隊配合的比例。舉例來說，板球比賽中，在三柱門間奔跑的球員必須密切注意隊友的動向，野手的站位、打擊者間的配合策略等，都是整體合作戰略的一部分。板球投手和守門員不像棒球的投手和捕手般傳接球，但他們有時會針對特定打擊者，訂定共同策略。在板球和棒球裡，團隊的配合和瞬間的心態調整都至關緊要。因此，即便球員間肢體的互動比較少，我仍決定將兩項運動納入排名。

▎問題 ②：如何去蕪存菁？

第一個問題讓我將候選隊伍的名單縮減了至少1/3，但我仍有數千支隊伍要分析。下一步，我必須訂下標準，判定隊伍的成就是否達到至高的境界。

如果體育界偉大的門檻只是勝利的場數與時間，那麼奧運紀錄保持人和鄰家的雜牌軍就沒什麼不同了。為了確保唯有最有資格的隊伍能中選，我採用下列這3條規則：

1. 隊伍參與「主流」運動

如果一支隊伍參與的只是地區性沒沒無聞的運動，比賽的觀眾不多，運動的人才庫也相對較小，那麼便很難稱為「怪物級」的隊伍。這規則讓我輕易剔除了一些隊伍，大多是奧運不包含的團隊競賽，例如巴西的足排球、蘇格蘭的拔河、芬蘭式棒球、日本的搶旗，和美國的職業曲棍球。

而另一類非主流、非奧運的體育項目就比較難判斷了。澳洲足球、愛爾蘭板棍球、蓋爾式足球、阿根廷馬球和英聯邦國家的籃網球並非全球風行，但在特定的地區卻有廣大的球迷，而年輕人的參與度也相當高。問題是，熱愛這些運動的國家都不大。為了決定要保留哪些項目，我只好祭出電視收視率，除非重大賽事吸引超過百萬名觀眾，否則就予以剔除。唯一通過試驗的項目是澳洲足球。

最後這6項運動讓我傷透腦筋：手球、女子足球、排球、陸上曲棍球、水球和橄欖球的國家隊（參加奧運或世界盃的隊伍）符合我的研究標準，但職業隊（參加不同國家相對無名的聯盟，也較不風行，受到較少重視）則不符合。

2. 與世界頂尖的隊伍競爭

體育界有一句俗話：**若要成為頂尖，必須先打敗頂尖**。我的名單上有上千支隊伍雖然固定與同項目的頂尖隊伍比賽，競爭的激烈程度卻遠不及其他更有錢、更享盛名的聯盟賽事。

我從名單中剔除較小型的聯盟，包含加拿大足球、俄羅斯與瑞典的職業冰上曲棍球、所有歐洲的男子女子國家職業籃球協會，以

及北美的足球大聯盟。這項規則也排除了美國的大學校際聯賽，畢竟參賽成員僅限於在學的學生，而競爭的層級也比不上職業聯盟或奧運的水準。

3. 隊伍制霸的時間超過數年

　　若你曾經看過1986年足球世界盃4強賽阿根廷隊的「上帝之手」，或是大衛‧泰瑞（David Tyree）讓紐約巨人隊僥倖贏得冠軍杯的「頭盔接球」，就知道運氣在體育競賽中扮演了重要的角色。每支冠軍隊伍難免都受過幸運女神眷顧，然而，運氣固然重要，太過頭卻會模糊隊伍真正的實力。

　　統計學家承認運氣所扮演的角色，甚至花了無數年苦思，想發明出一條方程式來計算運氣。他們計算隊伍歷來的平均得分，與實際得分比較，推斷出他們是否贏了或輸了「太多場」比賽。有了這些統計，就能有效證明隊伍是否表現不凡。然而，你卻無從得知背後的原因是運氣，還是有其他異數。

　　關於運氣，我們的第一個假設是：有些隊伍的勝利或許真的是運氣好得出奇；同時，我們也能假設，有些隊伍雖然運勢不佳，卻仍然贏得了許多冠軍頭銜。當然，也可能某些隊伍「創造」幸運，這樣的勢頭足以讓些微的好運延續很久。

　　趨向平均數的迴歸法則告訴我們，只要等得夠久，再怎麼火熱或慘烈的表現都會褪色。舉例來說，如果1支NBA球隊1次投籃10球，按照機率，200球之後，命中率大約會符合聯盟平均，也就是

45%。最安全的假設是，運氣是隨機分布的，而且會隨著時間而趨向平均。

我相信好運能帶領隊伍贏得冠軍，甚至不只一次。但機率會與運氣拉鋸，正如丟硬幣時，連續得到3次人頭的機率是12.5%，連續4次的機率只有6.25%。

為了降低運氣因素的影響，我大略依據擲硬幣的機率訂下標準：除非隊伍的卓越表現能持續至少4個賽季，否則我就會予以剔除。

很多未達標準的隊伍屬於曇花一現的奇蹟，例如英國職業足球兵工廠（Arsenal F.C.）隊在2003年到04年超級聯賽賽季締造零敗的成績，或是1985年國家美式足球聯盟（NFL）的芝加哥熊隊贏得的唯一超級盃。我也剔除了唐恩‧布萊德曼（Donald George Bradman）率領的澳洲板球隊，該隊從1946年到48年都沒有敗績。而連續贏得3季冠軍的NHL多倫多楓葉隊（1961–64）、NBA洛杉磯湖人隊（1999–02）和英超曼聯隊（2006–09）都沒能將精采表現延續到第四個賽季，所以都不符合標準。這個標準最終剔除了超過3,000支隊伍。

▎問題 ③：如何定義「怪物」？

問完前兩個問題後，候選隊伍只剩下124支存活下來，我稱為「決選隊伍」★（完整的「決選隊伍」名單請見附錄。）。這些隊伍都有十足的資格，能實至名歸地被封為史上最佳隊伍。下一步，要區分「怪物」隊伍與普通的運動王朝。

要評斷世界各大聯盟、協會、盃賽、聯賽隊伍最大的問題是，

每個體育項目的形式和計分機制可說南轅北轍。有些隊伍每年只參加數場競賽，有些則是有著漫長的例行賽和季後賽，因此，要找到公平的統計數據來比較就顯得格外困難。

我考慮的第一個指標是勝率。包含1950年代的匈牙利隊在內，很多著名的隊伍在這個指標都表現優異。但單看勝率會有一些問題：首先，勝率並沒有將對手的實力考慮在內，而且對比賽場次較少的隊伍有利。舉例來說，美國職棒MLB每隊一個賽季要打162場比賽，連頂尖隊伍的勝率大概也只比60%高不了多少；而奧運排球隊一年只打數十場比賽，最高的勝率甚至可以接近85%。

勝率的第二個問題是，勝率不一定那麼相關。對於NFL等聯盟賽的隊伍，最終目標不是要贏更多比賽，或是取得分區冠軍，只要贏得夠多比賽，能打進季後賽，取得參加冠軍賽的資格就好。如果某支NFL的球隊贏了超級盃，根本不會有人在意他們例行賽的成績是8勝8敗。

判斷勝率較公平的方式是計算隊伍與平均的標準差，也就是衡量與競爭隊伍相比，這支隊伍的表現有多突出。這個數字會比單純的勝率更有意義，卻還是無法看出對手的實力。如此計算，與弱隊交手時大戰便宜的隊伍，就算重大的比賽連敗，仍然有可能出線。

下一組考慮的統計數據跟單一隊伍的紀錄無關，而是從領先對手的分數、得分等量測隊伍的表現，藉此判斷該團隊的成就。有些統計學家將幾項指標結合，訂出一套「能力等級」評分系統，評斷隊伍的總體效能，而不是單一比賽的勝負。這套系統有兩個問題：

第一，無法區分在重要比賽表現傑出，或是在普通比賽衝高分數；第二，如果一支隊伍整個球季都表現突出，卻在冠軍賽時失足，還會有人在意它的能力等級嗎？

平均值、比例、百分比、相關係數等數據更深一層的問題是，它們不足以說明隊伍成就的全貌。事實上，有些人認為假如一支隊伍的統計數據普通，卻能屢戰皆捷，反而更令人刮目相看。區分怪物隊伍的最終關鍵，並不是贏得多麼漂亮，只要獲勝足矣。

為了將隊伍的實力與比賽勝敗區隔，特別是在關鍵比賽時，我們採用ELO等級分系統（Elo rating system）。這個系統最早在1997年由加州的電腦工程師包柏‧魯顏（Bob Runyan）應用於體育競賽的統計。

魯顏是世界盃足球賽的忠實球迷。國際足聯（FIFA）的隊伍評分機制規定，無論比賽的重要程度，球隊只要在足聯認證的比賽裡獲勝，就能獲得3點積分，平手則可以獲得1分。魯顏認為這個機制極度不精確。

魯顏同時也熱愛西洋棋，所以熟知1960年馬凱特大學物理系教授阿爾帕德‧愛羅（Arpad Elo）設計的ELO評分系統。系統的運算公式採計棋士每場比賽的結果，再加上對手實力及比賽的重要性，給予棋士相符的排名。舉例來說，若是在重大錦標賽中打敗高等級的棋士，就能得到較高的積分；相反的，在無關緊要的比賽打敗實力不佳的對手，則沒有太大的意義。魯顏告訴我：「我記得當我看到足聯的排名時，真的很不認同。我認為西洋棋的排名方式好多

了。」

　　魯顏時常會好奇，如果有一套公平的比較基準，那麼歷史上哪一支足球隊會是最頂尖的？因此，他蒐集了所有比賽紀錄，寫了一個程式，以ELO等級分系統評等。經過一番權衡計算，他檢視最後的結果，毫不意外地發現名單上充斥著英國、西班牙、巴西與德國的名門隊伍；但得分遙遙領先的，是1954年的匈牙利隊。

　　自從魯顏公布了他的研究，ELO等級分成了運動統計學家的新寵兒，從美式足球到板球，都開始採用此系統為隊伍排名，雖然還有很多待改善之處（評等者必須主觀決定比賽的重要性），但我仍決定採行此評分方式，來解決兩隊不相上下的情況。

　　然而，到最後我決定把統計數據放到一邊去。我知道ELO或其他公式各有適用之處，我無法從頭到尾依賴同一套模式。因此，為了從124支決選隊伍中選出真正的怪物，我必須採取更全面性的策略。為了選定勝出的隊伍，我提出兩條簡單的標準，符合的隊伍才足以證明自己是歷來最頂尖的。

▌標準 ①：有足夠的機會證明自己

　　無論屬於何種運動項目，所有的決選隊伍都曾是不可一世的王朝，然而，在隊伍的比賽經歷中，有許多層面是自己無法控制的。無論是時代背景、聯賽型式，或甚至是偶爾的政治介入，都有可能有礙隊伍證明自己實力，因此影響隊伍的成就。

　　很多決選隊伍都屬於聯賽草創初期，不太有機會參加正式的

國際比賽。有些隊伍，例如水球和陸地曲棍球，則是除了奧運之外鮮有賽事。有些時候，則是同領域的其他強隊選擇不參加比賽，舉例來說，義大利隊雖然在1930年代的世界盃足球賽連續贏得兩次冠軍，但當時有許多強隊並未出賽，因此，義大利在賽事結束時仍無法充分證明自己的實力。

英國的兵工廠隊和義大利的尤文圖斯隊（Juventus F.C.）曾在1930年到1935年之間，各自稱霸所屬的職業聯盟。然而他們的成績卻反映著另一個問題：他們的時代，如歐洲盃等國際性的職業球會賽事還沒出現，所以他們不曾在賽場上交手。正因如此，我們無法判斷兩隊是否有資格成為菁英隊伍的一員。

研究過程中，最遺憾的情況是有些隊伍的連勝紀錄會因為政治而中斷、終止或是被貶抑。1937年到1945年間，黑人聯盟*（Negro National League，主要由非裔美國人隊伍所組成的美國職業棒球聯盟，在1948年宣告結束）的家園灰衫軍隊（Homestead Grays）在9個賽季中贏得8次冠軍，總體勝率達到68%；然而，在嚴格的種族隔離政策下，他們無法與大聯盟領先的白人球隊一決勝負。另外有一支隊伍則深受冷戰牽連：1977年到1983年間，蘇聯的男子排球隊連續獲得2次世界盃冠軍、4次歐洲冠軍，以及2次世界大賽冠軍，然而，球隊初次在1980年莫斯科奧運獲得金牌時，其他隊伍杯葛大賽結果，也因此不符合我所訂下的「怪物」標準。

這項標準又使我剔除了124支決選隊伍中的29支。

▌標準 ②：隊伍的紀錄空前絕後

　　若一支隊伍沒有延續夠長的連勝紀錄，累積足夠的勝場與頭銜，超越同世代、同項目的所有隊伍，恐怕很難宣稱自己的成就史無前例。換句話說，隊伍的成就必須是獨一無二的。

　　在國際冰上曲棍球與女子排球等項目中，沒有其他比較對象，保持最佳紀錄的隊伍就等於稱霸球場。少數的例子裡，有兩支隊伍以不同形式達到難以匹敵的成就，於是我得將兩者都列入（舉例來說，有另一支國際級的足球隊連續2年贏得世界盃冠軍，於是和匈牙利隊一起上榜）。在板球或橄欖球等聯盟中，頂尖隊伍的差距微乎其微，幾乎無法判定哪一支隊伍堪稱史上第一。

　　有些隊伍差了一點無法達成這項標準，其中包含許多雄霸一時的運動王朝：1990年代麥可‧喬丹的芝加哥公牛隊、數個不同世代的紐約洋基隊、AC米蘭、利物浦與皇家馬德里等職業足球隊。其中也不乏留名青史的國際強權，例如德國足球代表隊、巴西排球隊與荷蘭的女子陸上曲棍球隊。其中讓我最掙扎，也是最有爭議的除名是澳洲與西印度群島的優秀板球隊，以及兩支極富盛名的NFL球隊：1981年到95年的舊金山四九人隊（San Francisco 49ers），和2001年到17年由湯姆‧布雷迪（Thomas Edward Brady Jr.）帶領的新英格蘭愛國者隊（想知道其他隊伍被排除的理由，可以參考本書的附錄）。

　　最終，我用這套標準從94支決勝隊伍中再刪除了66支。

▋ 職業足球隊的抉擇

為了從37支候選隊伍中挑出世界最頂尖的職業足球隊，我著實煞費苦心。每個足球國家都有自己的職業聯盟，每年舉行決賽，使得這項運動極度分化。參與英國、德國、西班牙、義大利等甲級聯賽的隊伍固然吸引大多數的目光，有時來自葡萄牙、蘇格蘭和烏拉圭等小國的隊伍也能吸引差不多的球迷。有幾個聯盟的模式太過複雜，像是阿根廷的甲級聯賽（Primera División），歷來每個賽季都十分混亂，幾乎每季的冠軍都充滿爭議性。

最棘手的問題是，不同國家的球會不會定期對戰，所以很難判斷隊伍究竟是名符其實，或者只是鶴立雞群。多年以來，歐洲冠軍盃、南美自由盃（Copa Libertadores）和洲際盃等國際性比賽讓跨國比賽的機會逐步增加，但還是很難判斷，每一年的頂尖標竿會出現在英國的超級聯賽、西班牙的甲級聯賽（La Liga）、義大利的甲級聯賽（Serie A），或甚至是德國的甲級聯賽（Bundesliga）。

決選隊伍中的37支職業足球隊多數都因為上面兩項標準而遭到剔除：有的缺乏足夠的機會證明自己，有的則是成就不夠突出。但過濾之後，再加上參考勝率、連勝紀錄、累積頭銜與ELO評分系統，仍然有13支職業足球隊倖存下來。這些隊伍不只稱霸國內的聯盟，在國際舞台也表現傑出，甚至可以稱為該國歷史上最優秀的職業隊伍。

為了再次縮減名單，我仔細地審查13支隊伍所屬的國家聯盟的總體水準，以及它們稱霸期間是否實力穩定，或是經歷過顯著的低

潮。此外，我也將這些隊伍的實際交手紀錄納入考量。＊（完整的候選隊伍名單與優缺點分析請參考附錄。）

最後，我剔除了剩餘13支俱樂部球隊中的12支，按照時間順序是：1956–60年的皇家馬德里（西班牙）、1958–62年的沛納羅爾（Peñarol，烏拉圭）、1961–65年的桑托斯（Santos，巴西）、1960–65年的本菲卡（Benfica，葡萄牙）、1962–67年的國際米蘭（Internazionale，義大利）、1965–74年的塞爾提克（Celtic，蘇格蘭）、1969–73年的阿賈克斯（Ajax，荷蘭）、1971–76年的拜仁慕尼黑（Bayern Munich，德國）、1975–84的利物浦（英國）、1987–96年的AC米蘭（AC Milan，義大利）、1988–93年的馬賽奧林匹克（Olympique de Marseille，法國），以及1995–2001年的曼徹斯特聯盟（Manchester United，英國）。．

篩選過後，所有的職業足球隊只剩1支留了下來。

▎16支世界一級怪物球隊

評估了運動史上每一支隊伍後，只有16支滿足我提出的9個問題、定義和標準，堪稱菁英中的菁英，屬於我所謂的「一級隊伍」。其餘108支未達一項或多項標準的隊伍，我稱為「二級隊伍」＊＊（完整的二級隊伍清單請見附錄。）。

落在二級隊伍也沒什麼好丟臉的，許多隊伍與一級隊伍都只差之毫釐，可以說與一級隊伍一樣出色。我後來也發現，二級隊伍的特質與一級隊伍幾乎全然相同。再次聲明：我排名的目的不是為

了擺平世界上最具爭議性的體育大哉問，而是建立最單純的研究樣本。我想找出一群幾乎沒有瑕疵的空前怪物隊伍，用來作為適當的研究樣本，探索我真正好奇的議題：這些歷史上稱雄的隊伍有什麼共同點？

毫無疑問，16支一級隊伍都極度傑出。他們達到歷史性的大成功，不證自明，也代表了體育的頂尖傳奇，是威風八面的雄獅隊伍、怪物級王朝。以下是按照時間順序列出的名單：

● 澳式足球科林伍德喜鵲隊（Collingwood Magpies，1927–30）：這支來自墨爾本的隊伍又被稱為「機器」，締造維多利亞足球聯盟（Victorian Football League，是澳洲足球聯盟的前身）4連霸的紀錄。他們以滴水不漏的防守聞名，勝率高達88%，平均每一場比賽都領先對手33分，在1929年更取得18勝0敗的佳績。

● 美國棒球大聯盟（MLB）紐約洋基隊（1949–53）：雖然其他世代的洋基隊（1920年代、1930年代晚期和1990年代晚期）更加出名且眾星雲集，但這時期的洋基隊是棒球史上唯一在世界大賽5連霸的隊伍。

● 匈牙利男子足球國家隊（1950–55）：從1950年5月開始，這支匈牙利的黃金陣容又被稱為「無敵的馬箚爾人」，在53場比賽中只輸了2場，其中更有24場連勝。在這段時期，匈牙利隊與對手的比分差是222對59，平均每場比賽領先對手4.2分。隊伍的ELO評分更是60年來紀錄保持者，直

到2014年才被德國打破。

● 北美國家冰球聯盟（NHL）蒙特婁加拿大人隊（Montreal Canadiens
，1955–60）：國家冰球聯盟史上唯一連續贏得5次史丹利盃的隊伍，在
74%的比賽中獲勝或和局，得分超過聯盟平均400多分。

● 美國ＮＢＡ波士頓塞爾提克隊（1956–69）：塞爾提克隊史無前例地
在NBA13個賽季中取得11次冠軍，其中包含8連霸，讓其他強隊都相形見
絀。每逢決賽關鍵的第7場時，他們的戰績更是驚人的10勝0敗。

● 巴西男子足球國家隊（1958–62）：連續贏得2座世界盃，超過56場比
賽的平均比分都是3:1，在足球國家隊的ELO評分中是史上第3。6場敗績
中有5場是重要性較低的比賽，因為球隊派出候補球員的陣容。

● 美國國家美式足球聯盟（NFL）匹茲堡鋼人隊（Pittsburgh Steelers，
1974–80）：這支隊伍連續6年進入決賽，6個賽季中贏得4座超級盃，締
造難以超越的紀錄。鋼人隊在1980年超級盃留下80-22-1的成績，ELO評
分是NFL史上第2高。

● 蘇聯男子冰上曲棍球國家隊（1980–84）：1980年冬季奧運對戰美國時
吞下羞恥的敗績，蘇維埃紅軍以破竹之勢捲土重來，接連4年的國際頂尖
賽事創下94勝4敗9和的好成績，而且連續3年贏得世界冠軍，1984年冬季

奧運更以58:6擊敗對手，獲得金牌。

● 紐西蘭國家橄欖球黑衫軍（New Zealand All Blacks，1986–90）：這支黑衫軍是連續48場國際橄欖球聯盟的賽事橫掃千軍，其中連續23場是國際級的比賽，每場的平均分差更達到27分。黑衫軍在1987年世界盃總共得到298分，只失掉52分。

● 古巴女子排球國家隊（1991–2000）：「美麗的加勒比海女孩們」（Espectaculares Morenas del Caribe）在10年中的每一場重大國際賽都獲得冠軍，包含3面奧運金牌、4座世界盃、連續2次世界冠軍。隊伍的奧運紀錄是18勝3敗，世界盃是31勝1敗，世界冠軍賽則一場也沒輸過。

● 澳洲女子陸上曲棍球國家隊（1993-2000）：球隊贏過2面奧運金牌，外加連續4座冠軍盃和2座世界盃。這段期間內，他們只輸了11%的比賽，總得分785分，總失分僅有220分。

● 美國女子足球國家隊（1996–99）：這群「99人」達到單項體育前所未見的稱霸，不斷在奧運與世界盃中獲勝奪冠，創下84勝6敗6和的紀錄，更達成31場連勝，每場比賽平均以5:1擊敗對手，重大賽是中只輸過唯一一場。

● 美國NBA聖安東尼奧馬刺隊（San Antonio Spurs，1997–2016）：馬

刺隊獲得過5次NBA冠軍頭銜（其中有5個賽季中贏得3次），雖然不是史上最多，但連續19個球季打入決賽、長期勝率史上新高（71%）、分區排名從未低於第二，無疑是驚人而持久的紀錄。

● 西班牙職業足球巴塞隆納隊（2008–13）：在這5個賽季中，巴塞隆納隊一共贏得15個盃賽，包含西班牙冠軍4座、2座歐冠盃（連續4個球季打進準決賽）、2座FIFA世界盃冠軍、2座UEFA超級盃、2個西班牙國王盃（Copa del Rey）冠軍頭銜、3座西班牙超級盃。巴塞隆納隊在所屬連賽的勝率或平手率達92%，史上最佳，每場比賽的平均比分是3.5:1。隊伍2011年的ELO評分是俱樂部球隊史上最高。

● 法國男子手球國家隊（2008–15）：「專家們」（Les Experts）在4屆世界手球冠軍賽贏得3屆冠軍和2個歐洲頭銜，是史上第一支連續贏得2面奧運金牌的隊伍。2008年到2011年的巔峰時期，法國隊在42場頂尖的比賽中只輸過一次，成為史上第一支兩次同時擁有手球3項頭銜的隊伍。

● 紐西蘭國家橄欖球黑衫軍（2011–15）：這支黑衫軍第二代是第一支連續贏得2座世界盃的橄欖球隊。從2011年到2015年世界盃結束時，隊伍每場比賽平均領先對手19分，達成55勝3敗2和的紀錄，其中更有20場連勝，22場是國際賽事，僅比1986年到90年隊伍的23場略遜一籌。這支黑衫軍在貝勒帝斯洛盃（Bledisloe Cup）與澳洲的對戰紀錄是8勝1敗1和，在4次橄欖球冠軍盃賽（又稱為三國賽）中奪冠3次。

　　有了這16隊名單，我開始面對這本書的大哉問：這些隊伍有共通點嗎？如果有，那會是什麼？會發現他們之所以偉大的源頭嗎？

第2章

「黏著劑」的重要性

為了展開16支一級怪物隊伍的調查，我決定從全面檢視1956年到69年波士頓塞爾提克隊的統計數據著手。我以為，這些數字暗藏提示，讓我可以找出隊伍能稱霸的關鍵。

　　過不多久，我就發現一點用也沒有。

　　塞爾提克隊的單場得分在聯盟中不算高，他們壓制對手得分的能力也非頂尖，平均勝差更不是最高。隊伍在13個球季的例行賽和季後賽的平均勝率（.705和.649）雖然出色，卻比不上其他的籃球王朝。根據538（FiveThirtyEight）網站統計的例行賽ELO評分，在11個冠軍球季中，只有一季達到NBA史上前50名。

　　更有趣的是，統計學家用來評量個別球員貢獻的矩陣顯示，塞爾提克隊從來沒有哪個球員的單獨表現可以排上聯盟歷史的前幾名；在連霸的過程中，也沒有哪個球員的得分紀錄領先聯盟；在11個冠軍球季中，有7季裡沒有任何球員的得分進入聯盟前10。

　　波士頓塞爾提克的成功有部分無疑是瑞德‧奧爾巴赫（Red Auerbach）的功勞。這位喜歡抽雪茄的球隊教練，熱情而好交際。奧爾巴赫在接掌塞爾提克隊兵符之前，曾經帶過2支職業球隊，勝率高達6成3，相當擅長鼓舞人心。但在1957年之前，他不曾贏過任何冠軍頭銜，以前帶的塞爾提克隊更在決賽時落敗。沒有人看好他的戰略能力，球隊總是採取基本的防守策略，他也給場上的球員們很大的自由發揮空間。1966年奧爾巴赫從教練退休，成為球隊經理，塞爾提克隊仍持續贏了2屆頭銜。

　　就連球隊的大老——思想前衛、深受球員愛戴的老闆華特‧布

朗（Walter Brown）也沒能活著見證球隊13個球季的奇蹟。他在1964年時過世。

這讓人困惑：如果塞爾提克的大爆發不是因為過人的才能、傑出球員雲集，或是貫徹的優秀領導和管理，那原因是什麼？

塞爾提克隊絕對不可能只是好運而已，他們的驚奇之旅持續太久了。唯一可能的解釋是，隊伍不知怎地發揮了一加一大於二的力量。球員間一定起了某種化學反應，帶出他們在別處無法展現的出色表現。但這是怎麼發生的？

▌引發團隊化學反應的觸媒是什麼？

我們太常聽到「團隊化學反應」這個說法，幾乎已經是體育世界的陳腔濫調了。不過我始終不知道這個詞代表什麼：是計算球員合作時間與他們能否預測隊友的下一步嗎？還是他們的優勢能彌補弱點到什麼程度？或是反映球員有多了解彼此，感情多和睦？

化學反應背後的基本概念是，隊伍成員間的交流會影響整體的表現。因此，在反應好的隊伍中，成員會視彼此為家人，擁有很高的個人忠誠度，在比賽中全力貢獻。傳奇美式足球教頭文森·倫巴底（Vincet Lombardi）在1960年代帶領綠灣包裝工隊（Green Bay Packers）贏得5次冠軍頭銜。他是團隊化學反應的擁護者，曾經說過：「個人對團隊努力的貢獻是讓隊伍突出的原因，應用在公司、社會、文明上也是如此。」

化學反應一定有其重要性。我親眼看過的頂尖隊伍都有著高度

的團隊精神，無論是在比賽場上或是穿著內衣在休息室裡坐著玩牌都是。科學家研究過其他領域的團隊，例如企業或軍隊，發現團隊如果自認為團結正向，就會有較為優秀的表現，也會比較容易達成銷售目標、資訊共享，甚至激勵個人在戰場上展現出英勇的行為。然而，還是要問，團結從何而來？更甚者，團結是塞爾提克這樣的團隊成功的原因，還是不過是副產品而已？

大部分的一級隊伍都有一群核心球員，參與了連勝的賽事，而且在過程中越來越合作無間，但成員的一貫性並不只限於一級隊伍，很多隊伍都有固定的出賽名單，卻無法打出同樣的優異成果。況且，在我的研究中，固然有些隊伍緊密連結，球員來自相似的背景，並結為一生的摯友；然而，也有些隊伍的成員背景複雜，甚至不時因為內部紛爭而分裂。在其中，我看不到固定的模式。

思考著到底要多認真研究化學反應這件事的時候，我想起在做候選隊伍的歷史追溯時讀到的一句話。這句話來自1972年到79年國家冰球聯盟費城飛人隊（Philadelphia Flyers）的包比・克拉克（Bobby Clarke）。當時飛人隊的總紀錄是2次史丹利盃，還不及第二級隊伍的標準，但他們有個突出的理由：他們看起來跟勝利一點也扯不上邊。飛人們被戲稱為「街頭惡霸」，一張嘴就是一口爛牙，怎麼看都不像天才。與其說是冰球隊，倒還比較像一群尼安德塔人。他們是國家冰球聯盟歷史中最常犯規的隊伍，教練弗雷德・雪洛（Fred Shero）曾經說如果觀眾想看華麗的溜冰，「讓他們去看白雪溜冰團（Ice Capades）就好。」

當他們打進74年史丹利盃決賽時，沒有神智正常的人會認為他們能打贏波士頓棕熊隊（Boston Bruins），畢竟棕熊隊的攻擊陣容可謂聯盟史上最華麗。在兩隊兩個賽季共10次的交手中，飛人隊只有擊敗過棕熊隊一次。然而，這樣不堪的飛人隊，竟在6場比賽後氣走了棕熊隊，得到冠軍盃。

在飛人隊的休息室裡，球員們輪流喝裝在史丹利獎盃中的啤酒。記者們問克拉克，是什麼讓隊伍在冰上的表現超越了紙上的數據？克拉克說：「這或許聽起來老掉牙了，但球隊的事對我們來說很重要。」

克拉克說的話其實沒什麼特別之處，我至今還是不確定為什麼我一直記著，而其他上千句類似的名言卻忘得很快。但飛人們正是一支體現了超越極限的隊伍，而隊長唯一能提出的解釋就是隊員們從某種無形的連結中得到力量。

這讓我想到另一支一級隊伍的尚恩・費茲派屈對我說過的話，他是紐西蘭黑衫軍（1986–90）的一員：「參與一支得勝的隊伍是我們人生中最重要的事，其他的都無關緊要，會讓人分心，都可以放一邊去。」

或許飛人隊與黑衫軍所謂的「隊伍的事」也能解釋為什麼1956年到69年的塞爾提克隊，即便在沒有過人天分的情況下仍然能一直贏下去。

當波士頓塞爾提克隊的連勝開始時，隊伍主要的領導者是老將比爾・沙爾曼（Bill Sharman）和隊長包柏・庫西（Bob Cousy），兩

人無論在哪一方面都有很棒的化學反應；然而，即便在兩人都退休以後，連勝仍然持續著。從紀錄開始到結束，隊伍的球員名單幾乎徹底改變，代表隊伍的化學式理應也要重寫。

▌找到與連勝紀錄高度相關的球員

其中只有兩個塞爾提克球員的生涯與連勝紀錄幾乎重疊，其中一個就是比爾‧羅素。在羅素加入之前，隊伍從未贏過冠軍頭銜；他在菜鳥時代的決賽第7場擋下柯爾曼的攻擊，打破了無冕的困境；退休前的最後一個球季，隊伍奪下第11座也是最後一座冠軍。在1969年到70年的球季，羅素離開球場以後，球隊又恢復老樣子，嘗到20年來的第一個戰敗球季。

我越研究羅素的故事，就越發覺他占據隊伍的中心角色。庫西在1963年退休以後，羅素被指派為隊長。奧爾巴赫在3年後辭掉教練一職，成為球隊管理者，而塞爾提克全隊已經染上羅素的風格，讓他成為球員兼教練的角色。

我決定找出其他隊伍的主要領導者，看看他們的生涯是否與隊伍頂尖的表現重疊。以下是這些球員的名單：

● 席得‧柯文特里（Syd Coventry），1927–30，科林伍德喜鵲隊

● 尤基‧貝拉（Yogi Berra），1949–53，紐約洋基*（但在貝拉現役年間，洋基隊沒有指派正式的隊長。）

● 費倫茨‧普斯卡什（Ferenc Puskás），1950–55，匈牙利足球隊

● 莫里斯‧理查（Maurice Richard），1955–60，**蒙特婁加拿大人隊**★（理查在隊伍5連勝的第二季成為隊長。）

● 比爾‧羅素（Bill Russell），1956–69，**波士頓塞爾提克隊**★（羅素在1963年塞爾提克老隊長包柏‧庫西退休後接任隊長。）

● 希爾德拉多‧貝里尼（Hilderaldo Bellini），1958–62，**巴西足球隊**★（巴西在1962年世界盃前讓莫羅‧拉莫斯（Mauro Ramos）取代貝里尼，成為隊長。）

● 傑克‧蘭伯特（Jack Lambert），1974–79，**匹茲堡鋼人隊** ★（蘭伯特在1977年成為鋼人隊防守隊長，攻擊隊長則是山姆‧戴維斯（Sam Davis）。）

● 維拉里‧瓦西列夫（Valeri Vasiliev），1980–84，**蘇聯冰上曲棍球隊**★（瓦西列夫在1983年離開蘇聯隊，由斯拉瓦‧費提索夫（Slava Fetisov）繼任隊長。）

● 偉恩‧雪福特（Wayne Shelford），1986–90，**紐西蘭黑衫軍** ★（雪福特在1987年世界盃後接替大衛‧柯克（David Kirk）成為隊長。）

● 麥莉亞‧路易斯（Mireya Luis），1991–2000，**古巴女子排球隊**

● 瑞秋‧浩克斯（Rechelle Hawkes），1993–2000，**澳洲女子陸上曲棍球隊** ★（浩克斯在1993年成為隊長，1995年擔任副隊長，往後則成為輪替隊長的一員。）

● 卡拉‧歐福貝克（Carla Overbeck），1996–99，**美國女子足球隊**★（歐福貝克與朱莉‧弗狄（Julie Foudy）有一段時間共同擔任隊長。）

● 提姆‧鄧肯（Tim Duncan），1998–2016，聖安東尼奧馬刺隊*（提姆‧鄧肯在2003年大衛‧羅賓森（David Robinson）退休後繼任馬刺隊長，有許多副隊長協助。）

● 卡爾斯‧普約爾（Carles Puyol），2008–13，巴塞隆納

● 傑洛米‧費南德茲（Jérôme Fernandez），2008–11，法國手球隊*（奧立佛‧吉魯特（Olivier Girault）在08年奧運後退休，費南德茲接任法國隊長。）

● 利奇‧麥考（Richie McCaw），2011–15，紐西蘭黑衫軍*（參考短暫因傷缺賽時，由凱蘭‧里德（Kieran Read）代任隊長。）

　　這個小小的整理讓我呆住了：塞爾提克不是唯一一支戰績和某位特定球員呈現緊密正相關的隊伍，事實上，每一支隊伍都有此現象。而更奇妙的是，那位球員就是隊長，或是後來成為隊長。

　　舉例來說，科林伍德喜鵲隊的驚奇之旅從席得‧柯文特里取代前任隊長開始，而蘇聯冰球隊的連勝也始於維拉里‧瓦西列夫被指定為領導者；瑞秋‧浩克斯擔任澳洲女子陸上曲棍球隊長、麥莉亞‧路易斯率領古巴女子排球隊的期間，都恰好與隊伍的黃金時期重疊。而對蒙特婁加拿大人隊、1987年到90年的黑衫軍，以及1990年代晚期的美國女子足球隊來說，他們所向披靡的時代在老隊長離開時就畫上句點。

　　隊長的角色會因為運動項目和隊伍習慣而不同。戴上隊長臂章或是在制服繡上代表隊長C字樣的球員，有時是由隊友票選，有時則

是由教練指派，只有少數時候是由年資而定。有的美式足球隊每一場比賽都會選出不同的隊長，有些隊伍則完全不指定隊長。在板球裡，隊長通常掌控整場比賽，任務包含選擇投手、安排打擊順序，以及決定野手的配置等等。在某些項目中，隊長會得到微幅加薪，但對大多數的項目，「隊長」一職只是個帶來許多額外責任的榮譽罷了。

然而，隊長的職務有一大重點是人際關係。隊長是更衣室的中心人物，與隊友維持夥伴的關係，場內場外都要開導他們、激勵他們、考驗他們、保護他們，也要化解紛爭、維繫標準，必要時甚至要令他們敬畏，而上述的任務都不只是嘴上說說，更要身體力行。隊長的眾多責任中，最重要的部分大概就是「啟發」。黑衫軍的費茲派屈曾經這樣形容他們的隊長偉恩‧「巴克」‧雪福特：「你會願意為他走過滿地的碎玻璃，他會讓你甘心如此，他就是那樣的人。」

如果問棒球隊總教練「球隊團結的秘密是什麼」？他們喜歡用「膠水」這個詞。字典裡並沒有收錄這種用法，但「膠水」在這裡用來形容讓隊伍結合的無形力量。在棒球中，球隊1年有8個月要比賽，在春訓與季後賽之間可能有超過200場比賽，所以團結一心格外地重要。「膠水」的任務正是防止隊伍分崩離析，或是球員的個人自尊造成撕裂衝突。棒球總教練也會用這個詞形容致力於團結隊友的個別球員，稱他們為「黏著劑」。

我以前就曾經聽過影響力夠強的選手足以團結整支球隊

的說法。英超曼聯隊傳奇性的前任教頭亞力士·富格森（Alex Ferguson）在2015年談領導學的著作中提到，比賽一旦開始，教練就無法影響結果。他寫道：「在場上，負起責任讓11個球員團結成為球隊的人就是隊長。我想有些人會認為隊長只是象徵性的，實際上卻遠不只如此。」他用企業上的術語補充說明，被選來向隊伍傳達管理者旨意的隊長，就像被選來帶領小部門的經理，「必須負起責任，確保組織的目標與規畫都逐步執行。」

　　富格森不是唯一提到這一點的人。在NCAA第一區創下史上最多勝場紀錄的杜克大學籃球教練麥克·克里奇斯基（Mike Krzyzewski）曾經寫到，天分和教練指導固然重要，偉大隊伍的秘密卻不在此。「除了才能，後最重要的原料就是內部的領導能力。這指的不是教練，而是隊上的某個人，或某些人，他們能為隊伍立下超越平時的高標。」

　　毫無疑問，比爾·羅素為波士頓塞爾提克立下崇高的標竿。他無論場內場外都毫不懈怠，賽前在休息室時總是極度緊繃，甚至會緊張到吐，但一但上場則全力以赴，似乎精力無限。他應該就是專業棒球人口中的「黏著劑」了。但是，他有可能也是一開始幫助隊伍脫胎換骨的催化劑嗎？

　　「柯爾曼演出」或許只是偶發的奇蹟表現，不值得一再討論，但我卻無法放棄一個想法：這個在波士頓榮光歲月的起點，一定不只是巧合而已。或許從那一刻起，羅素為塞爾提克成員的投入程度設下高標準，又或許他所展現出的決心讓隊員感受到包比·克拉克

口中神奇而有感染力的「隊伍至上」。

這些都導向我未曾認真思索過的問題：將隊伍的水準提升到歷史上前10萬分之1的關鍵，會不會正是球隊的領導球員？

▌偉大的隊長看起來不像偉大的領導者

這個想法太早在我的研究中出現，讓我感到很不安，我自己都不太相信世界上最偉大運動隊伍的奧秘，竟會如此顯而易見。除此之外，我很難想像任何一個單一個人如何使整支隊伍提升如此之多，又維持如此之久。我想到亨利‧路易斯‧孟肯（H. L. Mencken）曾經寫下：「任何人類的問題都有一個簡單的解法，簡潔明瞭、看似可信，卻是錯的。」

我知道不可能找到周全的方法來衡量隊長的影響力。為了用「隊長理論」來討論一級隊伍的成功，我必須找出這些不同領域的男女選手共通的特質。如果理論要成立，他們的脾性、個性、怪癖和做法應該要能夠清楚地加以歸類。

然而，在我展開調查之前，我的隊長理論遇到另一個更急迫的阻礙：越是研究羅素的個性，我就越覺得他與我想像中的偉大領導者典型相去甚遠。

老實說，我不覺得他是當隊長的料。

羅素的問題可以從場上開始：雖然他贏過史上最多的NBA冠軍，防守緊迫盯人，締造當時最高紀錄的21,620個籃板，並且在符合資格的第一年就被選入名人堂，但他的得分並不多，生涯平均只

有每場15.1分，得分能力在塞爾提克隊史上並不算特別突出。那個年代，大部分球隊的進攻都由中鋒帶頭，這讓羅素的存在格外不尋常，他並未負起更多得分的責任，而是將任務交給他的隊友。

雖然有著天賦的罕見速度、敏捷和彈性，羅素卻和明日之星扯不上邊。他在高中時表現普通，基本功又生疏，到最後只有舊金山大學的籃球隊想要他，而舊金山大學連自己的體育館都沒有。即使帶領隊伍連勝55場，又奪下連續兩次冠軍頭銜，有些NBA球探還是很不看好這位不擅長運球和投籃的中鋒。

讓羅素在球場上出類拔萃的，反而是他未持球時的投入與努力。1950年代時，防守球員的標準動作是腳不要騰空，但羅素卻時常跳起來阻擋，甚至擋下許多人們認為不可能的投籃。他全神貫注地等待籃板球的機會，防堵進攻路徑，數次抄截對方的傳球，確實執行掩護戰術或破壞對手的防守。根據當今的防守公式計算，羅素的生涯紀錄在「防守勝利貢獻值（DWS）」的部分是NBA史上最高，領先其他選手高達23%。

問題是，羅素的「防備心」並不限於球場上，甚至影響到他與大眾的互動。一次又一次，羅素在訪問中的回應態度粗魯，有時甚至顯得目中無人，招來不少批評。他曾經這樣評論他的球迷：「我不欠他們什麼。」他對主場城市的種族歧視問題深惡痛絕，甚至說過：「我為塞爾提克隊而戰，而不是為了波士頓。」退休時，塞爾提克隊規劃讓他的背號同時退休，他卻拒絕參加典禮，除非典禮私下舉行，只有隊友們出席。他解釋道：「我從不為了球迷打球，而

是為了球隊和隊友。」

那個年代，人們喜歡運動員留有俐落的平頭造型，而且希望他們不涉及政治，羅素卻是聯盟唯一留著山羊鬍的球員，明顯違反了NBA禁止蓄鬍的規定（這個規定是因為他才在1959制訂）。而他還改穿披風、尼赫魯高領夾克（Nehru jacket）、掛上嬉皮風格的情愛珠、寬鬆的長袍和涼鞋，老是泡在格林威治村的咖啡屋中聽地下音樂，儼然是一個活蹦亂跳、直言不諱的人權擁護者。

羅素的天生反骨在1975年顯露無遺。獲選入名人堂時，他留下簡短的評論，說不會參加典禮，也不會把自己當成名人堂的一份子，「為了我私人的理由，我不想討論，但我不想成為其中一員。」

沒有人能想出運動員公開拒絕名人堂的理由。雖然羅素本人沒有明說，但很多人懷疑他之所以不接受，是為了和那些才華洋溢卻沒有入選的黑人選手站在一起。波士頓的體育記者則根本不當一回事，他們雖然認同羅素是個引領風潮的籃球選手，卻也暗諷他自私自大、不知感恩，而且氣量狹小。

來回顧一下我蒐集到關於羅素的資訊：他的投籃和控球都不到標準，得分也不多。他對球迷尖酸，憎惡NBA的傳統，對於公關經營更是不屑一顧。他的前對手艾爾文·海斯（Elvin Haye）這麼說：「他真的不太友善，如果你不認識他，或許會覺得『老天，他真是世界上最爛的人』。」

從這些資訊中，我們似乎不可能得到一個正面的結論：羅素可能是職業籃球史上最偉大的隊伍領袖。但事實就是，羅素的領導紀

錄是最頂尖的。他和得分後衛山姆・瓊斯（Sam Jones）是唯二全程參與這支怪物隊伍連勝時期的球員。

這要怎麼解釋？

在碰到比爾・羅素之謎前，我似乎四十多年來都不曾好好想過一個人生在世很基本的問題：如果知道自己即將面對一生中最艱苦的戰鬥，你會選擇誰來領導你？

對於偉大的領導者該是什麼模樣，大部分的人腦中或許都會有模糊的畫面：他們通常很吸引人，擁有充沛的力量、技巧、智慧、魅力、手腕，而且冷靜自持，臨危不亂，絕不會隱沒在人群中。在我們的想像裡，他們能言善道、口若懸河，魅力超凡卻堅毅不搖，積極進取卻謙和寬厚，而且對權威展現尊重。我們期待領導者，特別是體育界的領袖，一定是充滿幹勁、追尋目標，卻永不背離運動家精神，公平公正地比賽。就像史丹佛大學社會心理學家黛博拉・格恩菲德（Deborah Gruenfeld）所說的，我們相信力量只屬於那些「擁有一般人所沒有的超凡魅力與野心壯志」的人。

然而，乍看之下，這些帶領一級球隊的男女球員似乎並不符合這個標準。他們的才華和知名度差異甚大，有些人家喻戶曉，有些則沒沒無聞。他們的運動領域不同，強調的領導能力也不同。然而，檢視了所有隊長的特質，並且與羅素比較後，我卻注意到一些明顯的相似之處。

所有體育史上最有成就的隊伍，領導者的特質都與我們原本期望、設想的很不一樣。

1986年·法國南特

　　一個清朗冷冽的11月下午，紐西蘭黑衫軍抵達法國南特，要與法國的橄欖球國家隊對決。球場的名字很有趣，叫做「華麗演出體育館」（Stade de la Beaujoire）。在秋天的斜陽裡，體育館的白色拱牆看起來好似動物被宰殺遺留的白骨。人潮早在開賽前就已經聚集，群情激憤，高舉著布條，對自己的同胞高聲叫囂；大概只差了一座斷頭台，現場氣氛簡直就像回到了法國大革命的時代。

　　一個星期之前，這兩支隊伍在圖盧茲進行了兩場系列賽的第一場，而法國竟一敗塗地。紐西蘭隊的攻勢狂暴，主宰了整場比賽，以19:7獲得勝利，使法國的球迷不斷對自己的球隊發出噓聲。這兩支頂尖的球隊很清楚，他們很可能在6個月後的橄欖球世界盃再次碰頭。對法國來說，這次是出一口氣的時候了。

　　比賽前，兩隊都進入體育場的通道，而法國選手開始示威。其中兩人互相撞頭，還一個則不斷用頭撞水泥牆，直到額頭上沾滿血漬。他們的眼神瘋狂，有些人說瞪得像乒乓球那麼大。

　　紐西蘭隊的雪福特說：「我很確定他們一定嗑了什麼，而且絕對不是漢堡三明治那種的。」

隊長所具備震攝人心的勇氣

雖然28歲的偉恩‧雪福特（媒體習慣稱他為巴克‧雪福特）已經是紐西蘭本土聯盟的老班底，他在世界的舞台卻沒沒無名。雪福特是紐西蘭原住民毛利人，出生於羅托魯阿（Rotorua）的郊區，當地以溫泉和間歇泉聞名。他一頭黑髮，眼睛很細，顴骨高聳，下顎強而有力，看起來確實很像橄欖球隊的隊長。就算站著不動，他的臉上也散發著力量、堅定和威嚴，也就是毛利人說的「mana」。雖然許多橄欖球記者並不是雪福特的球迷，認為他身材太瘦小，以8號位置來說速度也不夠快，但他一路努力不懈，總算在一年前爭取到國家代表隊的位置。圖盧茲是他的處女秀，他幾乎把握了所有的機會，勇往直前，撂倒阻擋的法國球員，下半場時甚至飛身撲過得分線，賺進決定性的一分。

和當天體育館內的所有人一樣，雪福特知道法國隊一定會針對他而來。那個年代裡，橄欖球聯盟的規則和習慣還沒有為了迎合比較有禮貌的觀眾而加以修飾，橄欖球比賽可以說是電視上最暴力、幾乎令人作嘔的現場轉播。而法國隊在折手指、挖眼球、撞下體等暗黑招數方面，更是無人能出其右。雪福特說他們是「世界上天殺的最骯髒的國家」。

比賽開始前15分鐘，雪福特因為對方的鏟球躺在地上時，第一次嚐到法國人的陰狠：他的臉上被踢了一腳。雪福特感受到溫暖的血液湧入他的口腔，一用舌頭去舔，發現竟斷了3顆牙齒。他把牙齒的碎片吐掉，甩甩頭。很行嘛，他心想，但他不會就此退縮。

5分鐘後，另一個法國選手埃里克・山普（Éric Champ）從雪福特的側臉偷襲一拳，希望引誘他動手。雪福特還記得：「他們只要一接近我們，就又揍又踢的。」接近終場時，比數3:3，但黑衫軍已經有好幾個球員掛彩。受傷最嚴重的是尚恩・費茲派屈，頭部遭到肘擊，在眼睛上方留下一道3英寸的傷口。費茲派屈告訴我：「法國人要我認清自己在誰的地盤上。」

中場休息前，在一次防守性的爭球（ruck）時，雪福特從法國球員手中搶到球拋開。同時，他看見法國的前鋒之一尚皮耶・古拉藍波（Jean-Pierre Garuet-Lempirou）朝他正面撲來，整個身體都騰空了。雪福特還記得：「他把我打昏過去，我花了2分鐘才清醒過來。」雪福特醒來後，他的隊友雅客・荷布斯（Jock Hobbs）告訴他，他必須留在場上，因為沒有板凳球員可以替補他，其他人都帶傷了。

雪福特也不打算放棄。

半場過後，雪福特重回場上的畫面激怒了法國隊，他們決定要採用更激烈的手段。開場10分鐘左右，法國隊長丹尼爾・杜伯嘉（Daniel Dubroca）抱著球倒地。雪福特傾身，伸手搶奪，將球扯掉。杜伯嘉無疑是法國最狠的球員，抓住這個機會，想把雪福特給徹底解決掉。

雪福特說：「他一腳就往我的胯下踢去。」

雪福特在地上痛苦地翻滾了好一陣子，坐起身想要喘過氣來。最後，他拿了一瓶水，用他的話是「淋一點在四角褲上」，想要麻

痺痛楚。「老天，那真是天殺的痛。」他說。

又一次，他重新回到場上。

此時此刻，雪福特已經掉了3顆牙，頭部挨了一拳，被打到失去意識一次，胯下也挨了一腳。法國則因為罰球而得分兩次，幾分鐘之後又兩度突破成功，將比分拉到16:3，遙遙領先。黑衫軍腳步跟蹌，群眾瘋狂呼喊，裁判似乎也沒有能力阻止越演越烈的暴力。

然而，隨著情勢越來越不利，雪福特的氣勢卻越來越強烈。他不斷奔跑、傳球、撲倒、爭球，彷彿覺得靠一己之力就能贏得比賽。殘暴的比賽只讓他越挫越勇。

比賽結束前的幾分鐘，雪福特的頭又挨了一擊，這回是一個法國球員的前臂。上一次他可以不當一回事，這次卻不同了。隊友向裁判招手，表示雪福特必須退出比賽。雪福特說：「我完全不知道自己身在何處。我知道我腦震盪了，我不知道自己要往哪裡跑。」

這場血腥粗暴的比賽最後由法國以16:3獲勝，又被稱為「南特戰役」，在橄欖球史上具有充滿爭議的傳說地位。在隔天的回顧報導中，星期日《泰晤士報》將比賽形容為血腥的大屠殺。比賽後，紐西蘭的更衣室內一片死寂。黑衫軍不常輸，整間更衣室的人從沒有像這次在體能上如此處於劣勢過。雪福特因為腦震盪而頭昏腦脹，從凳子上站起身來換球衣，他脫下四角褲時，隊友的驚呼打破沉默，他指著雪福特的鼠蹊部說：「老天啊，你看！」

雪福特不只是被法國隊長踢中下體，他被釘鞋刺到了。他的腳邊有一小攤血，腰際被染紅。更糟的是，他的陰囊被撕裂，其中一

邊的睪丸掉了出來，幾乎懸在他的膝蓋之間。

隊伍的醫生慌忙地趕上前。他叫雪福特把褲子拉上，到樓上的手術室找他。為了把雪福特的傷口縫合，醫生一共縫了18針。後來，雪福特這麼說：「他們把東西都縫起來，還是一樣管用。」

這個故事讓巴克・雪福特一夕間成了國民英雄。從那天起，只要是「最強悍橄欖球員排名」，一定會看到雪福特的名字。雖然他不是超人運動員，但毫不屈服的比賽風格讓他成為隊伍不可或缺的一員，激勵了其他的隊友，甚至在隔年被選為隊長。

雪福特在南特超群絕倫的表現似乎是NBA羅素的極端版。受了足以使99.9%的男性呻吟著爬上救護車的傷，雪福特卻因為太過專注在比賽上，而完全沒發現自己的身體有撕裂傷。顯然，羅素和雪福特都有無人能及的求勝意志。

然而，雪福特那天的表現雖然勇氣可嘉，理論上卻似乎可以不用這麼拚命。黑衫軍已經達成法國行的目的，與世界排名第二的隊伍交戰，在充滿敵意的氛圍下，能贏得系列賽的一半已經算是很大的勝利了。在顯然獲勝機率渺茫的情況下，他們根本不需要豁出老命，就雪福特而言，比較合理的做法應該是把這股拚勁保留到世界盃。宏觀來說，雪福特的作為並不合乎戰略考量。

怪物球隊的隊長時常表現得出奇魯莽，雪福特陰囊撕裂傷的故事正是一個最典型的例子。澳式足球科林伍德喜鵲隊的席得・柯文特里有一次曾經在頭骨裂開的兩個星期後重回賽場，而新一代紐西蘭黑衫軍的利奇・麥考帶著骨折、腫脹、變形的腳參與2011年世界

盃，每一步都像走在燒紅的煤炭上。古巴女子排球隊的米蕾雅．路易斯還沒擔任隊長時，據說曾經在生下女兒的4天後就歸隊練習，9天後更在世界大賽出賽。據說，比爾．羅素在某次NBA決賽對戰湖人隊的第7場前一晚，在酒吧勸架時左手臂被刺了一刀，隔天卻仍然帶傷上陣，取得勝利。往好的方面來說，這些怪物隊長願意忍受痛苦比賽，代表他們對勝利的重視和決心；往壞的方面來說，他們或許全都瘋了！

▌怪物隊長不是明星，也並非最強戰力

如果稍微看過16位一級隊長的故事，你會發現一切更讓人摸不著頭緒。我一邊整理筆記，一邊列了一張清單，細數這些男女球員為什麼不符合我們對理想領導者的傳記看法，我一共列了8點：

1.他們未必有明星球員的才華

大部分一級隊長都不是球隊最頂尖的球員，甚至不是重要的球星。他們剛加入球隊時通常球技都有破綻，教練對其評價也多半就是普通的選手。他們有些為了留在頂尖階層，不得不拚命奮戰，而且或多或少都受過冷落、坐過板凳，甚至是被放棄。如果和芝加哥公牛的麥可．喬丹那樣光彩迷人、才華橫溢的領袖代表放在一起，他們看起來大概就像墨西哥街頭樂隊一樣不靠譜吧。

2.他們不喜歡受到矚目

這些一級隊長不喜歡出名的滋味，也鮮少尋求注目。如果真的受到矚目，他們反而覺得很不自在。離開球場後，他們顯得很安靜，甚至是內向，有幾位還是出了名的不善言詞。他們都不喜歡接受訪問，說話語氣單調平板，對記者甚至很無禮。他們選擇不出席頒獎典禮和媒體活動，也會回絕代言的合約。

3.他們不以傳統的方式「領導」

我一直相信，隊長的能力就展現在能否於關鍵時刻掌控比賽，然而，大部分的一級隊長扮演的都是從屬的角色，輔助明星球員，而且在得分方面很依賴其他有才華的隊友。如果這些隊長不是比賽衝鋒陷陣的焦點人物，那麼，他們又是如何領導的？他們如何符合菁英領袖的資格？

4.他們不是天使

一次又一次，這些隊長遊走在規則邊緣，做出不符合運動家精神的舉動，或是時常表現出可能會危及隊伍的行為模式，包含：毫無來由地攻擊敵隊的球員、蔑視（有兩位甚至攻擊）裁判權威、教練，或隊伍的行政人員。他們面對對手也毫不留情，絆倒、摔倒、壓制樣樣來，或是用不堪入耳的言詞在場上罵人。

5.他們會做可能造成分裂的事

一些你想像得到、想像不到的事，很可能這些一級隊長都嘗

試過。在不同的時刻，他們可能無視教練的指令，違抗隊伍的規矩和戰略，在受訪時大肆抨擊球迷、隊友、教練，甚至也批評明星球員。

6.他們不是我們想像裡的那些人

　　我的一級隊長名單中，最令人訝異的其實是「誰不在名單上」。我們第一眼就會注意到一些明星不在我的名單上：二級隊伍芝加哥公牛隊的副隊長麥可・喬丹，他被譽為史上最偉大的籃球員；還有1998 年到 2001年的曼聯屬於二級隊伍，在隊長羅伊・基尼（Roy Keane）的領導下連續3個球季創下英國足球史上最亮眼的成績；德瑞克・基特（Derek Jeter）連續擔任紐約洋基隊隊長12年，帶領隊伍在2003年到2014年之間9次打進決賽，贏得1個冠軍頭銜。

7.沒有人提出過這樣的理論

　　擔任體育記者期間，我時常旅行，訪問了許多名人運動員、教練和執行長，問他們讓隊伍成功的秘訣到底是什麼，結果不管是底特律活塞隊的以賽亞・湯瑪斯（Isiah Thomas）、紐約洋基隊的瑞奇・傑克森（Reggie Jackson）、綠灣包裝工隊的總經理榮恩・沃夫（Ron Wolf）、大學美式足球教練包比・博登（Bobby Bowden），或是綽號奇哥（Zico）的巴西傳奇足球員阿圖爾・安圖內斯・科因布拉（Arthur Antunes Coimbra），都不會把隊長定位為讓隊伍進步的動力。

8.隊長不是教練

　　在大部分的隊伍裡，負責下達指令的最高權威是總教練，而總教練通常也能夠指派隊長。教練頭上還有更高的管理階層，像是球隊的老闆和前台執行長。毫無疑問，他們對球隊有不同面向的貢獻，另外球團是否願意投注金錢，也有一定影響。那麼，隊長在球隊中到底扮演什麼角色？

 ——本章重點——

＊每一段連勝都有兩個重大的轉捩點，一次在開始時，一次則在結束時。對於運動史上最強盛的球隊來說，這些轉捩點與特定球員的加入或離開息息相關，而這位特定球員不只展現了對勝利的瘋狂執著，同時也剛好是球隊的隊長。

＊很多人都想像過頂尖隊伍的隊長應該符合怎樣的典型，一般相信他們應該兼具高起技術與普世推崇的人格特質，認為他們在人群中會鶴立雞群，我們也期待他們會有突出的領導能力，然而，16支一級怪物隊伍的隊長並不符合這些典型的標準。

第3章

關於才華、金錢與文化

這些年來，我整理出不少偉大隊伍的理論，像是「紀律」或「職業道德」。然而，這些理論都有個根本的問題：太過抽象，讓我想不出量化的方法。

　　然而，在我筆記本的字裡行間，可以看出頂尖的隊伍時常具備5項特質，看來既合理也可以進一步研究，分別是超凡的超級明星、隊伍的總體才華過人、充沛的財力資源、有效率管理所塑造的文化，以及最廣受接受的解釋：過人的教練指導。接著，我針對這5個項目又進行了徹底的研究。

▌傳統理論1／強中之強的GOAT運動員

　　很多人相信，菁英運動隊伍的成功通常歸功於單一球員的貢獻。這位球員體能過人，球場上的直覺敏銳，關鍵時的表現更無人能及。體育的術語會把這樣的運動員稱為GOAT——史上最偉大球員、強中之強（greatest of all time）。

　　一級隊伍的球員名單立刻驗證了這個理論。名單上遠不只一兩個球員創下得分紀錄、贏得MVP、或是被聯盟提名為史上最傑出運動員。總的來看，在本書提及的16支隊伍裡，12支在稱霸時期有GOAT球員效力，包括：科林伍德的戈登・柯文特里（席得的弟弟）、洋基的喬・狄馬喬（Joe DiMaggio）、匈牙利的費倫茨・普斯卡什、蒙特婁加拿大人的莫里斯・理查、巴西的皮勒（Pelé）、蘇維埃冰球的維切拉夫・費堤索（Viacheslav Fetisov）、瑟吉・馬卡洛夫（Sergei Makarov）和威拉迪斯拉夫・特提亞克（Vladislav

Tretiak）、古巴的里哥拉·都爾斯（Regla Torres）、澳洲陸上曲棍球的艾莉森·安南（Alyson Annan）、美國女子足球的米雪兒·艾可思（Michelle Akers）、巴塞隆納的里昂內爾·梅西（Lionel Messi）、法國手球的尼可拉·克拉巴提克（Nikola Karabati ），以及2011年到15年紐西蘭黑衫軍的丹·卡特（Dan Carter）。

　　GOAT理論在二級球隊中同樣應驗，球員的名單可以看見許多傳奇人物，像是麥可·喬丹、棒球選手貝比·魯斯（Babe Ruth）、足球的阿爾弗雷多·迪斯帝法諾（Alfredo Di Stéfano）和約翰·克魯伊夫（Johan Cruyff）、冰球的偉恩·葛雷斯基（Wayne Gretzky）、橄欖球聯盟的艾勒里·亨利（Ellery Hanley）、陸上曲棍球的戴顏·謙德（Dhyan Chand），以及水球的達索·蓋爾瑪堤（Dezs Gyarmati）。

　　毫無疑問，這些明星球員讓隊伍更上一層樓，甚至上看一級隊伍。然而，我們難以得知的是：GOAT球員本身的才華就是將隊伍推上衛冕者寶座的催化劑嗎？歐洲足球界有許多例子，頂尖球隊的GOAT球員曾經參加其他的隊伍，像是迪斯帝法諾、克魯伊夫和梅西在效力自己原本的職業球隊的同時，也各自為國家代表隊出征。但是在2014年，這些超級巨星沒有人贏得世界杯冠軍的頭銜。

　　顯然，GOAT球員的存在並不保證隊伍就能成功。在體育圈，有許多準GOAT球員效力的隊伍無法達到我研究中的頂尖標準。卡爾奇·基拉里（Karch Kiraly）就是個例子：他被國際排球聯盟被選為20世紀最傑出的選手，所屬的美國隊在1984 年與1988年贏得2面奧運

金牌，卻無法稱霸其他聯賽。阿根廷陸上曲棍球的中衛露西安娜·埃馬爾（Luciana Aymar）也是一例：她8度獲選曲棍球聯盟的年度最佳球員，然而在參賽的4次奧運中（2000年到2012年），她的隊伍未曾獲得金牌。

真要說起來，GOAT球員能帶來最大影響的運動，大概就是籃球了。籃球場上，一邊只有5位球員，是我的研究中團隊人數最少的，也意味著每個球員都很重要。如果GOAT效應是怪物隊伍的主要動力，合理推斷，在籃球上應該最明顯。

然而，1956年到69年的波士頓塞爾提克隊沒有GOAT球員，這個理論顯然令人存疑。不過籃球專家們有個共識，就是明星球員扮演舉足輕重的角色。麥可·喬丹在北卡羅來納大學的教練迪恩·史密斯（Dean Smith）曾說：「籃球是團隊運動，但不代表5個球員的出手次數都要一樣多。」或許塞爾提克隊就是GOAT法則的例外，是選手名單中唯一沒有GOAT球員的籃球隊。

我開始著手排名，根據運動專欄作家約翰·霍林格（John Hollinger）設計的選手效能評比系統（PER），列出NBA史上個別球員創下的最佳總體表現。這套評比系統會依據個別球員比賽中的總體貢獻給予球員分數，加分的項目不只是得分，也包含蓋火鍋和搶籃板，而負分的項目則如投籃不進和失誤。根據球員上場的分數調整後，PER會以百分比呈現。

　　下列是統計至2016年，NBA史上單季PER評等優良的前10名選手：

排名	姓名	PER	年代	隊伍
1	威爾特·張伯倫 （Wilt Chamberlain）	31.82	1962–63	舊金山勇士 （San Francisco Warriors）
2	威爾特·張伯倫	31.74	1961–62	費城勇士 （Philadelphia Warriors）
3	麥可·喬丹 （Michael Jordan）	31.71	1987–88	芝加哥公牛 （Chicago Bulls）
4	勒布朗·詹姆士 （LeBron James）	31.67	2008–09	克里夫蘭騎士 （Cleveland Cavaliers）
5	麥可·喬丹	31.63	1990–91	芝加哥公牛
6	威爾特·張伯倫	31.63	1963–64	舊金山勇士
7	勒布朗·詹姆士	31.59	2012–13	邁阿密熱火（Miami Heat）
8	史蒂芬·柯瑞 （Stephen Curry）	31.46	2015–16	金州勇士 （Golden State Warriors）
9	麥可·喬丹	31.18	1989–90	芝加哥公牛
10	麥可·喬丹	31.14	1988–89	芝加哥公牛

而根據basketball-reference.com，以下是5位生涯PER分數最高的選手：

1. 麥可‧喬丹　　　　　　　　27.91

2. 勒布朗‧詹姆士　　　　　　27.65

3. 俠客‧歐尼爾（Shaquille O'Neal）　　26.43

4. 大衛‧羅賓森（David Robinson）　　26.18

5. 威爾特‧張伯倫　　　　　　26.13

假如GOAT效應在籃球中成立，這代表威爾特‧張伯倫的勇士隊應該能在1960年代初期贏得一系列的冠軍；NBA生涯PER評等最高分的麥可‧喬丹應該待在一級隊伍中，而排名第二的勒布朗‧詹姆士則應該緊追在後。

以下是我的研究中，7支進入第一級與第二級的隊伍：

第一級

1. 1956–1969 波士頓塞爾提克隊

2. 1998–2016 聖安東尼奧馬刺隊

第二級

3. 1990–98 芝加哥公牛隊（8個球季贏得6次冠軍）

4. 1948–54明尼波利斯湖人隊（8個球季5次冠軍）

5. 1979–88 洛杉磯湖人隊（9個球季5次冠軍）

6. 1983–87 波士頓塞爾提克隊（4次決賽2次冠軍）

7. 2010–14 邁阿密熱火隊（4次決賽2次冠軍）

　　比較兩張排名表，還是有讓人振奮的徵象。勒布朗・詹姆士將2010年到14年的邁阿密熱火隊推上第二級，而馬刺隊的大衛・羅賓森（生涯PER第4名）在隊伍19個表現卓越的賽季中，參與了5季。麥可・喬丹的公牛隊在8個賽季中贏得6次NBA冠軍頭銜，與一級隊伍差之毫釐，雖然冠軍頭銜數量不及塞爾提克隊，持續性不及馬刺隊★（有些分析師會爭論，公牛隊的時代NBA總共有23到29支隊伍，贏得冠軍的路很漫長；相較之下，塞爾提克隊時代只有8到14支隊伍。易地而處，或許公牛隊也能如此稱霸。另一些則認為，在NBA早期，有才能的選手比例更高，而隊伍相處的時期也更長，讓每支隊伍平均的實力都更堅強。），但無論如何，公牛隊已經證明自己是二級球隊中的佼佼者。

　　然而，名單上剩下的隊伍卻無助於證明GOAT理論。張伯倫或歐尼爾的隊伍都沒能進入頂尖層級，而史蒂芬・柯瑞則只在2016年為了球隊贏得一次頭銜。不過GOAT理論最大的挑戰卻是，排行榜上沒有任何一位塞爾提克球員。這支波士頓強隊在PER排名最高的，是

控球後衛包柏‧柯西，只有第78名。而單季PER評分上，塞爾提克隊沒有人進入前250名。

這支NBA史上最強的隊伍，不只沒有GOAT球員，壓根連半個怪物級的菁英球員都沒有！

這些證據中，沒有任何一點指向GOAT就是我所尋找的答案；反過來說，卻化解了我對於隊長理論稍早的疑點：16支一級隊伍裡，只有2支的GOAT選手同時身兼隊長重任；其他的例子裡，怪物隊伍的領導者都不是在場上表現最搶眼的球員，即使隊上有GOAT球員，也並非領導的角色。因此，我們有證據可以證明，就算隊長是打後衛的位置，球隊也能夠獲得勝利。

▌傳統理論2／和成員們的總體才能有關

2010年，德州大學的4位教育研究者進行了一項實驗，測量才能對團隊表現的影響，受試者是選了大型調查課程的101位大學部學生。

整個學期中，學生進行一系列的小考，每次15題，根據閱讀內容出題。個別回答問題之後，他們分成18個小隊，每隊5到7人，他們要一起討論這些題目，交出答案。在小組中，他們能看到自己答錯的題目，並有額外的更正機會。

研究者將團隊的成績與成員的個人成績對照，並進一步分析進步較少的隊伍。表現不佳的隊伍有個有趣的共通點：成員的個人能力差異甚大。隊伍通常有一位學習高成就的「明星」，身邊則環繞

著學業表現平均或不佳的學生。研究者寫道：「與其他隊員相比，明星的光環越耀眼，隊伍的總體表現就越差。」在考試方面，似乎GOAT成員的存在，對於團隊的總體表現反而會有負面的影響。

那麼，什麼樣的隊伍能表現最好呢？

在研究中，表現最頂尖的團隊的特色是，**成員雖然不盡然是超級明星，卻大部分都實力堅強，而且實力差距不大**。換句話說，最好的隊伍主要由表現高於平均的成員組成。

為了找出原因，研究者聽了小組討論的錄音檔。關於實力落差很大的隊伍，他們寫下：「小組討論中，學習成就最高的明星成員會主宰整個方向。」當這樣的成員主導時，其他學生很容易選擇服從，就算他們明知道他是錯誤的也不會反駁。正因為如此，他們的分數不佳。

在體育界，我發現同樣的情形也發生在有某位選手特別突出的隊伍。這類隊伍中，較為邊緣的選手會服從球星，而即便是其他選手沒人防守，球星大多數時候也會堅持自己出手。

然而，在成員程度相似的隊伍裡，研究者發現考試答案的討論更為民主。小組多數成員都積極參與，發表看法，辯論的時間較長，也更為全面。研究者寫道，通常這樣的團隊「能在正確的答案選擇上達成共識。」

德州學者們證明，當隊伍的規模和籃球隊差不多時，集體發揮的程度，以及民主合作的能力，遠比單一成員傑出的個人技巧更有價值。他們寫道：「**唯有在其他成員的得分也高於平均時，超級明**

星的存在對於隊伍才有益處。」

同理，才能總和的概念似乎也能應用在不同領域的著名團隊上。舉例來說，在商業界，「9位老人」創立了華特‧迪士尼的動畫工作室；而一群工程師開發了Google搜尋的演算法。歷史學家時常讚譽「美國憲章」編纂者和亞伯拉罕‧林肯戰時內閣的智慧；科學家則推崇三國合作的「曼哈頓計畫」，後來發展出第一個核子武器，以及牛津大學發明盤尼西林的團隊，和設計出史波尼克衛星的一小群蘇聯工程師。這些例子裡，團隊的成功都不被歸功於單一成員的遠見視野，而是因為集結了成員們不凡的腦力。

體育界也有許多才能總和的例子，其中最著名的包含1992年奧運會的美國籃球夢幻隊，成員有麥可‧喬丹、賴瑞‧博得（Larry Bird）、「魔術」‧強森（Earvin "Magic" Johnson）；NFL1981年到90年的舊金山四九人隊，集合了喬‧蒙塔納（Joe Montana）、傑瑞‧萊斯（Jerry Rice）、羅尼‧洛特（Ronnie Lott），以及傳奇教練比爾‧威爾許（Bill Walsh）；1950年代晚期的皇家馬德里隊網羅了阿爾弗雷多‧迪斯帝法諾（Alfredodi Stéfano）、費倫茨‧普斯卡什（Ferenc Puskàs）、弗朗西斯科‧亨托（Francisco Gento）和雷蒙德‧卡帕（Raymond Kopa）。這些隊伍都達到二級隊伍的標準。

我研究中的一級隊伍裡，雖然沒有如此閃耀的陣容，但不少隊伍卻也集合了許多出色的運動員。

為了驗證「總和理論」，我以棒球為例。棒球差一點無法滿足我的研究標準，正如我前面提過，球員間互動的比例有限，而個別

選手的表現則影響甚大。事實上，許多研究都指出，不斷增加新血的球隊始終不會達到收益遞減的臨界點，一支棒球隊的明星球員越多，表現就會越好。如果才能總和與出色表現有關連性，棒球似乎是很好的研究對象。

為了找出史上最有才華的球隊，我研究球員的總體評價（WAR）。這套公式運用比賽的統計數據，計算每個球員與球員總體平均相比，對勝利貢獻度的多寡。下列是由FanGraphs以2015年球季以前，球員總體評價總和（攻擊與守備）來看，史上最頂尖的10支球隊：

1. 1927 紐約洋基隊（New York Yankees）　　66.3
2. 1969 巴爾的摩金鶯隊（Baltimore Orioles）　65.1
3. 1998 亞特蘭大勇士隊（Atlanta Braves）　　64.6
4. 2001 西雅圖水手隊（Seattle Mariners）　　63.3
5. 1905 紐約巨人隊（New York Giants）　　61.4
6. 1976 辛辛那提紅人隊（Cincinnati Reds）　60.5
7. 1997 亞特蘭大勇士隊（Atlanta Braves）　　60.3
8. 1944 聖路易紅雀隊（St. Louis Cardinals）　59.4
9. 1939 紐約洋基隊　　　　　　　　　　59.3
10. 1931 紐約洋基隊　　　　　　　　　　59.3

1920年代晚期到1930年代早期的紐約洋基隊有著強勁的打線，包含強棒貝比‧魯斯和路易士‧賈里格（Lou Gehrig），在1927年打

出158支全壘打，是聯盟平均的3倍之多。如果按照才能總和理論，洋基應該要成為一級球隊。同樣的，1990年代末期的亞特蘭大勇士隊連續2個賽季都榜上有名，理應要有所表現。

然而，眾星雲集的洋基隊連續3年贏得2次冠軍，卻沒能成為一級或二級的隊伍；勇士隊從1991年到2005年連續贏得分區冠軍14次，勉強符合二級球隊的標準，卻只贏過1次世界冠軍。即使是明星球員不嫌多的棒球，球員陣容最豪華的隊伍也不能保證登上巔峰。

然而，清單最大的問題是：棒球中唯一符合本書標準的一級球隊，也就是「1949年到53年的洋基隊」，並沒有在這份清單的榜上。

這支洋基隊在取得5連勝時，陣容中有一些優秀的球員，包含名人堂的尤基·貝拉和菲爾·里佐托（Phil Rizzuto）。喬·狄馬喬參與了連勝的前3個賽季，不過他的生涯正在走下坡。米奇·曼特爾（Mickey Mantle）在1951年以菜鳥的身分加入球隊，但他的巔峰還要等上好幾年。

然而，統計上來說，這些洋基球員都稱不上霸主。在5個賽季中，個人的單季總體評價最出色的，是1950年的里佐托，排名史上第7。洋基的總教練凱西·史丹格（Casey Stengel）喜歡依照對手的先發投手來調度球員，因此限制了他們上場的時間，影響了統計數據；然而，這支球隊無論如何都稱不上史上最才華洋溢的隊伍。

無論是從全壘打數、打擊平均等單純的數字，或是防禦率和其他更複雜的評分，這支洋基隊的每一項數據都不怎麼突出。從總體

評價看來，球員們才能總和的排名從未超過150名。而1953年時，洋基贏了99場比賽，是鼎盛期最亮眼的賽季，但隊伍的總體排名連隊史前10也進不了。

我想再給總和理論一個機會，於是參考了西班牙足球強隊皇家馬德里隊做過的策略。從2000年開始，皇家馬德里隊的主席佛羅倫提諾‧佩雷茲（Florentino Pérez）執行了後來被稱為「銀河艦隊」（Galáctico policy）的計畫。每個賽季間的夏天，隊伍會打開金庫，簽下聯盟的頂尖球星，其中包含了路易斯‧菲戈（Luís Figo）、席內丁‧席丹（Zinedine Zidane）、克里斯蒂諾‧羅納度（Cristiano Ronaldo）和大衛‧貝克漢（David Beckham）。最終，球隊有了近代足球史上前所未見的豪華陣容。

銀彈實驗的短期成果讓人眼睛一亮：皇家馬德里隊在前3個球季中，贏得2個西班牙聯盟冠軍，以及1座歐洲冠軍聯賽的獎盃。然而，隨著時間流逝，隊伍網羅球星的進度陷入膠著，接連3個賽季連1座獎盃也沒拿到，雖然巨星如雲，球隊的表現卻不斷退步，而銀河艦隊也在2007年宣告沉沒。

我相信德州的研究者們確實有所發現：每支球隊都需要一些優秀的球員，但球員們的實力相當或許會更理想。然而，無論是我對棒球的總體分析、對洋基隊的個案研究，或是皇家馬德里隊的經驗，都無法佐證高度的「總體才能」是必要的。或許對於怪物隊伍的成功有部分幫助，但鼓舞隊伍的動力顯然不在於此。

傳統理論3／一切都是因為錢？

每一年，當自由球員和球員交易的結果出爐時，全球的球迷都會開始挑毛病，抱怨某些隊伍的浪費或不公平待遇。無論是棒球的洛杉磯道奇隊，或是足球的巴黎聖日耳曼隊（Paris Saint-Germain）都是如此。球迷們一再提出的指控是：隊伍亂砸錢來買冠軍。

當然，在球員身上花再多錢都無法保證取得冠軍頭銜。舉例來說，紐約洋基隊從2002年到2012年，投下比聯盟球隊平均多出120萬美元的資金，卻只換來一場世界大賽的勝仗。而我們也已經看到皇家馬德里隊打開金庫的結果了。

毫無疑問地，出手大方在職業體育的世界，的確能提升隊伍的競爭力。《經濟學人》雜誌在2014年發現，決定英國超級聯賽球隊表現唯一的重要因素就是球員的薪水。每個賽季最後的戰績排名，都與隊伍在球員上投注的金錢緊密相關。相似的研究也發現，大聯盟中球員薪資大幅高於平均的球隊，通常能贏得超過半數的比賽。因此，先不論大手筆到底能不能換來冠軍頭銜，至少能贏來更多勝利。

「大手筆理論」在一級球隊中最強而有力的例證是巴塞隆納隊。2008年到2013年的連霸期間，隊伍享受了豐厚的轉播、贊助和授權合約所帶來的種種好處。2013年，隊伍的收益達到6億美元（根據通膨調整後），是10年前平均年收入的3倍，讓巴塞隆納隊成為世界上第二富有的足球俱樂部，也讓隊伍有足夠的資金在簽下新球員的同時，留住隊伍中像里昂內爾·梅西等級的超級球星。在稱霸的5

個賽季裡，不算球員的薪資，巴塞隆納隊單是在球員交易這個項目就花了超過4億美元。

　　沒有人會否定金錢在足球的重要性。大部分的球迷相信，勝利的方程式結合了高額資金和對人才培育的重視，這也成了巴塞隆納隊的寫照。然而，攤開16支一級球隊的財務史：巴塞隆納隊卻是例外中的例外，事實上，更多的一級隊伍似乎都是在相對的貧窮狀態中奮起。澳洲足球的科林伍德喜鵲隊時常因為缺乏現金而脫手明星球員，而聖安東尼奧馬刺隊在稱霸的19個賽季中，球員薪資都無法進入聯盟的前段班。而有些隊伍雖然資金比競爭對手充裕，卻選擇不花費在人才上：1949年到53年洋基隊和1974年到79年鋼人隊的管理階層都是出了名的鐵公雞，對於球員的薪水總是討價還價、斤斤計較。

　　說到口袋深度，一級球隊間也有一道鴻溝：巴塞隆納隊等職業球隊必須依照市場趨勢支付高薪；而古巴、匈牙利、澳洲等參與國際賽事的國家代表隊，則可以說市場由國家獨占，在薪資方面自然沒有太多競爭與議價的空間。如果運動員對國家隊願意付的薪水感到不滿，他們的選擇只有退出，或是放棄國籍。

　　不少屬於一級球隊的國家隊手頭都很緊。古巴女子排球隊的球員在國際錦標賽的薪水甚至微薄到引起對手的同情，還帶她們去買衣服。美國足球官方甚至一度在1996年亞特蘭大奧運前中止女子足球隊活動，只因為球員要求重新簽約、薪水應該足以支付生活，讓她們不必再找一份工作補貼，或是尋求父母金援。

所有的一級國家代表隊裡，只有一隊的球員薪水扮演關鍵角色——2011年到15年的紐西蘭黑衫軍。紐西蘭國家隊的規定是，假如選手與其他國家的職業橄欖球俱樂部簽約，就不能夠代表國家參賽；因此，主管黑衫軍的紐西蘭橄欖球聯盟必須開出有市場競爭力的薪資，設法讓球員留下。為了達成目的，聯盟積極開發贊助，賣出轉播權，在2015年甚至創下隊史最佳的9,300萬美元獲利。

確實，爭取贊助的努力保住了黑衫軍的競爭力；然而，最終看來，金錢似乎不是隊伍唯一的重要資產。與英國足球聯盟同一年將近3億元的獲利相比，紐西蘭橄欖球聯盟的獲利簡直是九牛一毛。

因此，對於怪物般的成功隊伍來說，金錢似乎不是絕對。

▎傳統理論4／團隊的管理與文化

我測試的第4個理論是：怪物隊伍的誕生可能源自於組織的優良傳統，或是常勝軍的文化？再一次地，我的手頭上又有許多資料要整理。16支一級隊伍中，有11支代表著世界運動史上最受喜愛的運動王朝。

在巴西，國家足球隊又被稱為「被選中的人」（the Seleção），獲得世界盃冠軍的次數超越其他國家隊，足球幾乎成了巴西世俗的信仰。而北美冰球聯盟蒙特婁加拿大人隊獲得的史丹利盃數目，也領先其他國家冰球聯盟的球隊，是法裔加拿大人至高的文化歸屬和驕傲。西班牙巴塞隆納隊在歐洲冠軍賽史上排名第三，與加泰隆尼亞地區的獨立意識和政治認同感有著無比緊密的連結，甚至在主場

的座位區漆上「不只是俱樂部球隊」（Més que un Club）的標語。

同樣得勝歷史與民族熱情連結的情況，也發生在鋼人隊、洋基隊、塞爾提克隊與科林伍德喜鵲隊的球迷間，雖然規模和牽扯的層面沒有巴塞隆納那麼大，而這4支隊伍獲得冠軍的總數在各自的項目中，都排名第一。

隊伍的受歡迎度與成功源自於上百個微觀的面向，例如讓小球迷們有強烈認同感，而隊伍內部的文化和球員本身的態度也息息相關。然而，即便傳統看似重要，卻難以衡量。到頭來，如果要說隊伍登峰造極的成就大部分出於傳統與文化，基本上與宣稱「鬼魂存在」沒什麼兩樣。這些隊伍的熱血球迷或許喊得比較大聲、期望比較高，在隊伍吞敗仗時會算得特別兇，不過其他隊伍的球迷聲音也不會太小。隊伍的文化傳統和獎盃數目，在球場上是沒有意義的。

在體育界，運動員的生涯短暫，教練也來來去去。最有能力決定隊伍能否維持住優良傳統的，其實是看似平凡無奇的管理層面。於是，針對這個理論，我整理了一張表，列出16支一級隊伍的主管人員，其中有幾個的管理能力很出名：在巴西隊的連勝期間擔任隊伍主管的商業大亨保羅‧曼徹多‧狄卡瓦何（Paulo Machado de Carvalho）、洋基隊的擁有者丹‧圖品（Dan Topping）、戴爾‧偉博（Del Webb）和總經理喬治‧衛斯（George Weiss）、匹茲堡備受推崇的羅尼世家（Rooney），以及2008年到13年巴塞隆納王朝急躁又充滿爭議的主席祖安‧拉波塔（Joan Laporta）。

然而，其他一級隊伍的管理者似乎就沒那麼亮眼了。共產國家

匈牙利和古巴會監視球員，禁止他們在國外比賽，而科林伍德喜鵲隊和美國女子足球隊則因為薪資問題與球員發生衝突，幾乎停擺。如果要說這些隊伍經營得有聲有色，似乎太過牽強。

「管理理論」若真的成立，紐西蘭黑衫軍應該能成為標竿隊伍。他們不只兩度晉級一級隊伍，1961年到1969年得黑衫軍也達到二級隊伍的標準。無論從什麼角度來看，紐西蘭橄欖球代表隊的黑衫軍都是世界頂尖的運動王朝。從1903年起，黑衫軍80%的國際賽事都是以勝利或平手收場，而紐西蘭這個國家的人口在2013年時只有440萬，差不多與底特律相同而已。紐西蘭的死對頭有英國、法國、澳洲、阿根廷和南非，人口最多達到紐西蘭的15倍。如果有效的管理是延續隊伍文化傳統的關鍵，而「球隊傳統」又是成功的不二法門，那麼黑衫軍就該是最好的樣本了。

紐西蘭橄欖球聯盟在某些方面確實很有一套，特別是發掘和培養新人。而正如我曾提到的，聯盟近年來收益良好，足以與規模更大、資金更充足的國家並駕齊驅。然而，並非所有的決策都有助於提升隊伍的勝率。

紐西蘭橄欖球聯盟最令人費解的決策發生在1990年，聯盟負責球員徵召的人宣告隊長雪福特已經不符合隊伍的標準，即便他擔任隊長的期間一場比賽也沒有輸過。將雪福特除名的決定造成群情激憤，占據晚間新聞的頭條，甚至引發紐西蘭史上最大的示威抗議，一共有超過200場示威，參與總人數高達15萬人。毫不易外地，隊伍在不到1個月後的比賽輸給澳洲。雪福特的隊友尚恩・費茲派屈表

示，隊伍近期的確表現不佳，「但要把責任都推給巴克實在不太公平。」

從那時起，紐西蘭橄欖球聯盟的決策每況愈下。一年後，聯盟判定應該指派不只一位，而是兩位教練一起領軍參加1991年世界盃，但黑衫軍在準決賽時出局。接下來的4次世界盃期間，隊伍的決策者毫無來由地讓一位曾經擔任隊長的明星球員坐冷板凳，於是隊伍在準決賽出局；又推動（接著捨棄）新潮的調配計畫和淒慘的「輪替」系統，本意是希望讓每個球員都有出場機會。聯盟甚至一度脅迫球員跳過重要的暖身錦標賽，讓他們在準備不足的情況下參加世界盃。即便從1991年到2007年的5次世界盃，紐西蘭在賽前有4次被看好是冠軍熱門，卻還是等了24年才得到第2個冠軍頭銜。

如果要求紐西蘭橄欖球的行政人員從不出錯，那也不太公平，要因此就小覷橄欖球文化的影響力，卻也顯得不智，畢竟文化或許正是永遠流傳的精神。當我們談到球隊文化時，指的通常不是組織和架構，而是球員們的內在精神。

然而，無論隊伍的情感多麼緊密，如果管理階層不斷製造障礙，隊伍就無法發揮全部的潛能。黑衫軍就是個最好的例子。因此，要說隊伍的成功源自於經營者運籌帷幄的智慧，是絕對無法成立的。

紐西蘭橄欖球聯盟的掙扎，更間接佐證了隊長的重要性。畢竟，隊伍長達20年的掙扎始於1990年，也就是聯盟決定開除不敗隊長雪福特的那一年。

▍傳統理論5／當然是教練的功勞

前4種理論都在充分的證據下被推翻，只剩下第5個理論，而判定的過程相當棘手，值得花一章的篇幅來說明。概念是：最能左右隊伍表現的單一影響力是球隊的總教練或是經理。

為了檢驗這個理論，我決定研究腦海中第一位浮現的傳奇教練：文森・湯瑪士・倫巴底（Vincent Thomas Lombardi）。

──本章重點──

＊如果要說隊伍的成功源自於球員的才華，其實相當有爭議。畢竟，這意味著若要史上留名，隊伍必須匯集當代最頂尖的球星，或是讓全隊技術能力的總戰力超越其他對手。16支一級隊伍裡，有些的確眾星雲集，集合了球技超群的選手，有些卻兩項標準都沒達到。

＊當組織團體達成非凡的成就時，我們常會忽略實際付出的人們，反而相信要歸功於團體的架構組織；我們總是相信，出色的管理或豐富的資金比一切都重要──然而，歷史上大多數的運動王朝並沒有這些優勢。

第4章

教練重要嗎？

1967年 · 洛杉磯

　　低著頭，解開頭盔的釦子，心亂如麻的威利‧戴維斯（Willie Davis）蹣跚地走進體育館通道的陰影中。他的隊伍綠灣包裝工隊上半場以14:10微幅領先，但走進更衣室看到隊友們臉上的表情時，他知道自己不是唯一惴惴不安的。「大家都有點害怕。」他說道。

　　堪薩斯城犀利的四分衛蘭恩‧道森（Len Dawson）在綠灣引以為傲的防禦中找到破綻，傳球推進153碼。就在上半場結束前，道森幫助隊伍推進50碼，倒數幾秒時3分射門得分。包裝工隊可以感受到，風向正倒向堪薩斯城隊。

　　那天是1967年1月15號，綠灣包裝工隊是國家美式足球聯會（NFL）的衛冕冠軍，可以說是美式足球的王者。他們和以堪薩斯城酋長隊（Kansas City Chiefs）所代表的美國美式足球聯盟（American Football League，AFL）相比，評價向來又高上好幾個檔次。這場比賽吸引了2,700萬電視觀眾，是第一屆超級盃，也是第一次兩個敵對的聯盟願意讓各自的冠軍交手。

但沒有人料到競爭會如此激烈——包裝工以14分領先，但酋長隊似乎不放在心上，因為他們已經掌握了比賽的步調和氣勢。比賽還剩下30分鐘，誰都有可能獲勝。

雖然威利·戴維斯一共贏過3次冠軍，被譽為聯盟最傑出的防守球員之一，但他的美式足球之路走得艱辛。他之所以能進入國家聯盟，只是因為克里夫蘭布朗隊（Cleveland Browns）的教練來看他大學的隊友比賽。他一直到選秀的第15輪才被簽約，在克里夫蘭過了乏善可陳的兩年後，1960年被交易到綠灣，而當時的綠灣隊在前12個賽季只有一季勝場數超過敗場。戴維斯說：「在那個時候，我簡直像剁碎的肝臟一樣沒人想要。」

▌名教練文森·倫巴底的故事

拯救了戴維斯黑暗的足球前景的是文森·倫巴底。他在一年前接任綠灣的總教練，為人很低調，在球員人才培育方面有一些創新的見解。轉變來得很快，在戴維斯的第一個賽季，包裝工隊差一點就贏得聯盟冠軍賽，並在接下來兩個賽季都獲得冠軍。在球隊1964年的低潮後，倫巴底決定無視聯盟的種族歧視，召集許多被矮化的黑人球員來重組球隊。1965年，他進一步任命戴維斯為防禦隊長，讓戴維斯成為聯盟中第一位擁有這個頭銜的非裔選手。

戴維斯一接下任務，包裝工就贏得了下一座冠軍。他們在1967年的頭銜賽對戰酋長隊，戴維斯是6個防守先發球員之一，其中有4個人最後入選職業美式足球的名人堂。

倫巴底在戴維斯身上看到體型、速度、敏捷和智力的罕見組合，但他也看到了其他東西：被排除在外帶來的饑渴感。倫巴底對這樣的感受深切地感同身受——在1954年到1958年間，他是紐約巨人隊（New York Giants）評價頂尖的進攻協調員，理論上應該很快就能升上總教練，卻一直沒有機會。倫巴底懷疑問題出在自己的義大利姓氏，讓他無法爬到能夠主掌許多大學獎學金計畫的位子。他淪落到綠灣隊的唯一原因，就是其他隊伍都不想要他。

　　戴維斯告訴我：「倫巴底教練覺得自己處處碰壁，老是被忽視。當他進入綠灣時，就決心讓綠灣成為人生轉機，這是他展現自己的機會，證明自己不容小覷。」

　　於是，戴維斯和倫巴底建立了堅定的搭檔關係。

　　體育史上最偉大的教練可能是大松博文（Hirofumi Daimatsu）、亞力士・富格森（Alex Ferguson）、埃倫尼奧・埃雷拉（Helenio Herrera）、菲爾・傑克森（Phil Jackson）、安納托里・塔拉索夫（Anatoly Tarasov），或是約翰・伍登（John Wooden）；但在大多數美國人的心中，文森・倫巴底無疑是史上最了不起的美式足球教練。在他的任期內，倫巴底把聯盟墊底的包裝工隊一路拉到巔峰，在7個賽季中贏得5次冠軍。包裝工隊沒有成為我名單中的一級球隊，是因倫巴底有3個冠軍頭銜是在國聯與美聯尚未進行冠軍賽之前獲得。

　　倫巴底的下顎方正，牙齒不太整齊，戴著黑色的半框眼鏡，理個平頭，模樣稱不上俐落或高雅。在邊線時，他喜歡穿西裝和白襯

衫，打著細領帶，配一頂圓帽，看起來就像為了參加面試而精心打扮的消防栓。讓倫巴底在教練群中顯得突出的，是他雄辯的口才。

倫巴底的演說總是簡單有力、情感豐富，彷彿戰前的精神喊話，能成功鼓舞士氣。當時的體育記者有很大的版面，文采卻未必動人，於是記者們會在專欄裡引用倫巴底的佳句，羅列了洋洋灑灑的勵志小語，例如「勝利不是一切，而是唯一」、「完美無法企及，但我們若追求完美，就能成就不凡」，以及「不在乎你是否被打倒，重要的是你是否再站起來」。

半場的休息時間要結束了，包裝工們沉默地坐在洛杉磯紀念體育館擁擠的更衣室裡，緊張而滿腹疑竇。他們面對下半場的比賽，戰敗的失落景象實在令人不忍想像，而教練則按照慣例，要在半場時隊球員講一些話。

倫巴底站起身來，將外套掛在椅子上，慢慢走到眾人面前，開口說道：「我想跟各位說說話，我有些事想告訴你們……」

倫巴底說話時，他的腿擦過戴維斯，讓戴維斯注意到不尋常的事：倫巴底在顫抖。戴維斯說：「一開始，我不知道為什麼，不知道是什麼讓他的情緒那麼激動。」最後，他想通了。倫巴底發抖的腿洩了底，透漏了他對於輸球的恐懼。

戴維斯的印象裡，倫巴底教練說的很簡短：「你們已經花了30分鐘適應堪薩斯城，所以大概體驗過他們所有的招數了。你們撐過來了，懂嗎？現在，我要你們在下個30分鐘展現綠灣的球風，看看他們能不能適應。」

最後，倫巴底用一個問題作結：「你們是世界冠軍綠灣包裝工嗎？上場比賽，用實際表現來回答我吧！」

隊伍離開更衣室時，戴維斯看著隊友臉上的表情，想知道倫巴底這番話能帶來多少影響。他說：「那些話引發的迴響真的很不尋常。我們一邊走上球場，一邊彼此打量。對每個人來說，感覺就像：『記得教練剛剛說的吧，我們必須讓他們知道厲害！』」

在下半場混戰的第四次進攻機會中，酋長隊的四分衛道森退後準備第三輪的進攻。戴維斯在邊線附近，巧妙地先發制人，擺脫掉防守球員，衝向道森。

道森意識到戴維斯衝著自己而來，太過急躁地出手，結果球落在隊友後方。包裝工的防守後衛威利・伍德攔截了這一球，衝向得分區；戴維斯改變方向，為他開出一條路。戴維斯看見道森在前方衝刺，追擊持球者。戴維斯穩如泰山地守住隊友的路徑，讓伍德繼續跑完50碼達陣得分，包裝工以21:10繼續領先。

要假設比賽的任何一次攻防預示了整場比賽的勝負，未免有些輕妄武斷；然而，這個因為戴維斯對道森施壓，而促成的防守性達陣，無疑是關鍵的一擊。綠灣隊接連又完成兩次達陣，完全不讓嚇傻了的酋長隊接近得分區。結束的哨聲響起時，比數是綠灣隊35分，堪薩斯城只有10分。

身為防守隊長的戴維斯接收了教練的激動情緒，轉化為球場上的力量。戴維斯表示：「我不知道自己還能不能在球場上體驗那種感覺。每一球我都告訴自己，不管下一步怎麼做，表現都必須比上

半場還要好。教練的那番話有種奇怪的力量，讓我打得更好。我想是倫巴底教練促成這一切的。如果你仔細看我們下半場的表現，水準比上半場提高了，提高的原因就是他和我們說的那段話。」

我之所以特別飛到洛杉磯與威利・戴維斯進行訪談，正是因為我相信他是世界上少數能幫助我理解教練如何成為頂尖隊伍背後推手的人。從他的自傳裡我讀到，戴維斯相信隊伍的成功幾乎全部要歸功於教練的激勵鼓舞。

現在已80歲的戴維斯住在洛杉磯富庶的普拉亞德爾雷區，是一棟現代建築，可以飽覽太平洋的風光。他坐在廚房的藤椅上，穿著黑色運動衣和潔白無瑕的運動鞋，昔日充滿威嚴的男中音如今變得柔軟低沉，略微沙啞。

美式足球生涯結束以後，戴維斯修了企業管理碩士，擁有一系列廣播電台，也進入幾間大型公司的董事會。他是那個世代最具備商業頭腦的前美式足球員之一。當選手時，戴維斯卻總是溫和謙遜，不願居功。我想，他如此推崇倫巴底，或許也是為了不凸顯自己的貢獻吧。

戴維斯談完倫巴底的中場演說時，我追問他是否真的認為教練的幾個字就足以讓整個球隊加倍努力，「真的嗎？倫巴底只要對大家說些話就可以了？」

戴維斯看了我一眼，微笑說：「我說啊，倫巴底教練或許能成為很棒的牧師，因為他說話的聲音，那種聲調有時候可以讓你冷靜下來。」戴維斯轉過身，看著窗外緩緩拍打的海浪。從他的眼神，

我可以看出他的心思已經飄向遙遠過去的足球場。沉默了許久後，他從胸口深處長長地吐出一口氣。

「狗屎，狗屎，狗屎！現在是怎樣？」

那不再是戴維斯向來渾厚的嗓音，而顯得尖銳、有力而迫切。我立刻就知道他在做什麼——他重現了文森‧倫巴底的神韻。他告訴我：「他會說些話，那些話像是緊緊抓住你，要給你一些能量，彷彿他能讓你振作，表現出連自己也不知道的實力。」

戴維斯相信，倫巴底的心中有一股強烈的渴望，近乎是走投無路地想證明自己的價值。他用自己的言語和強烈個性，將這股欲望傳染給身邊的人。戴維斯說：「他非常強調這個，直到讓我們每個球員都有一樣的感受。」雖然包裝工隊已經實力堅強，比賽時卻總是表現出爭取認同的強烈企圖心。

在倫巴底的年代，還沒有無限制自由球員的制度，因此倫巴底的權力恐怕令現代的教練不敢奢望。即使在連勝之後，他也能完全掌控包裝工隊的球員，完全不用擔心他們跑了。假如他在球員擁有更多自由的時代執教，或許他的要求會嚇跑不少人才；然而，倫巴底的球員都被綁死在包裝工隊，所以他能鍛鍊他們，將他們的個性塑造成他要的樣子。

毫無疑問，倫巴底很清楚自己在做什麼，也知道如何運用自己的天分。他曾經說過：「我們必須體認到，真正的戰場在人心，必須在心理上獲勝。人們會全力回報領導者，一旦你贏得人心，他們就會跟隨你到天涯海角。」關於領導，他又補充道：「領導很

重要的是心靈的特質，你必須有能力去激勵他人，讓他們願意跟隨你。」在另一個場合，他說：「能夠在黑板上演練戰術的教練一個銅板就能請一堆，但是真正能獲得勝利的教練，是能夠進入球員心裡激勵他們的。」

威利·戴維斯對倫巴底教練的信任是如此堅定，讓我在回家的飛機上忍不住要想，或許這樣的「倫巴底效應」，就是世界上所有頂尖隊伍的共通點了。

▌戰略教練VS.戰術隊長

我展開隊教練們的研究，而我第一個想到的比較基準是：在他們的一級隊伍攀上巔峰前，他們的成就如何。

這些教練的成就可以明確區分成3個等級。一開始時，我假設最高等級的人數會最多，但情況並非如此。事實上，只有一位教練達到標準——1927年到30年科林伍德喜鵲隊的教頭賈克·麥克赫爾（Jock McHale）。在他的隊伍朝向連續4個冠軍頭銜邁進之前，他就帶領他們8次打進澳洲足球總決賽，贏得2次冠軍。

第二個等級則是像文森·倫巴底這樣的成就。這一級的教練可能是曾經在擔任他隊總教練時有所成就，取得過重要的冠軍頭銜或打贏大部分的比賽，也可能是在擔任助理教練或較低階隊伍的教練時，展現出過人的能力（舉例來說，倫巴底當助理教練時曾經贏過國聯的冠軍頭銜，他卻不曾擔任過總教練）。這一級有7個人：波士頓塞爾提克隊的瑞德·奧爾巴赫、巴西足球國家隊的維森特·

費奧拉（Vicente Feola）、古巴排球隊的尤金尼奧‧喬治‧拉菲塔（Eugenio George Lafita）、匹茲堡鋼人隊的恰克‧諾爾（Chuck Noll）、蘇維埃冰球隊的維克多‧提荷諾夫（Viktor Tikhonov）、第一支紐西蘭黑衫軍的亞力士‧「葛利茲」‧威利（Alex "Grizz" Wyllie），以及法國手球隊的克勞德‧歐尼斯塔（Claude Onesta）。

第三級，也就是最低層級的結果反而令人意外──有最多教練屬於這個區間。這9位教練先前的經歷沒有任何令人稱羨之處，幾乎可以說是毫不起眼，其中3人曾經擔任過總教練，卻沒有贏過頭銜，有的還曾經被開除，有的甚至創下全敗的紀錄。他們是紐約洋基的凱西‧史坦格（Casey Stengel）、巴西足球隊的艾莫雷‧莫雷拉（Aymoré Moreira，他在1962年費奧拉生病後接手球隊），以及第二支黑衫軍的史帝夫‧韓森（Steve Hansen）。

其他6個第三級的教練，加入球隊時幾乎是零經驗：匈牙利的古斯塔夫‧西比斯（Gusztáv Sebes）、蒙特婁加拿大人的托爾‧布雷克（Toe Blake）、澳洲陸上曲棍球的里克‧查爾斯伍思（Ric Charlesworth）、聖安東尼奧馬刺的葛雷格‧波普維奇（Gregg Popovich）、美國女子足球隊的湯尼‧迪西可（Tony DiCicco），以及巴塞隆納隊的皮普‧蓋帝歐拉（Pep Guardiola）。

和我的預期完全不同，3個等級教練的分布基本上可說是倒三角形，沒有太多常勝將軍，反而充滿新手和不得志的老兵。更甚者，16支一級怪物隊伍裡，有5隊在教練辭職、退休、生病或被開除後，仍然繼續強盛下去。這麼看來，談到怪物隊伍的建立，教練的專業

經驗和獲獎紀錄並不如我們所想像的那麼重要，甚至於，中途更換教練也似乎沒有影響。

我研究的下一個項目是教練的特質，特別是威利‧戴維斯在文森‧倫巴底身上所看到的，鼓舞啟發他人的能力。

有些一級球隊的教練是出了名的火爆，對球員的要求極度嚴格，馬刺隊的波普維奇和紐西蘭黑衫軍的威利就是很好的例子。然而，有嚴苛毒舌的教練，就也有另一種極端，巴塞隆納的蓋帝歐拉總是和球員保持距離，只在必要時才冷靜地與他們對話，而且很少踏入球員的更衣室。巴西隊的費奧拉是個眼睛瞇到幾乎看不見的胖子，比賽時漠不關心，有時甚至看起來像在板凳上打起盹來。這樣的教練當然沒什麼令人印象深刻的激勵演說，也不會有人把他們說過的話釘在布告欄上。

在某些一級隊伍裡，教練非但不是鼓舞人心的象徵，反而很討人嫌。史坦格手下的洋基隊員，有不少人認為他是個煩人的丑角，有時甚至完全無視他的指令。蘇維埃紅軍冰球隊的教頭維克多‧提荷諾夫嚴守紀律到不近人情的地步，讓他的球員公開表現對他的厭惡。因此，並非所有怪物隊伍都有能激勵士氣的教練。

關於教練部分，我第二個研究的層面是戰術：或許這些一級球隊的教練能設計巧妙的策略，讓隊伍實戰時能搶得先機？

事實上，有幾支一級球隊的教練確實讓隊伍在戰術上大幅進步。舉例來說，在蓋帝歐拉的帶領下，巴塞隆納施展出以保持控球權為中心的魔幻戰術，稱為「位置遊戲」（juego de posición），或

是「極致攻守」（tiki-taka）。戰術要求球員培養敏銳的第六感，從自身的位置判斷該將球移動到何處，傳給哪位隊友。澳洲陸上曲棍球的里克‧查爾斯伍思同樣以新穎的策略聞名，其中包含融入冰球式的球員調配系統，讓他的球員時時維持振奮的精神。

然而，這樣的法則仍然無法成立，大約有半數一級球隊的教練稱不上厲害的戰略家。匹茲堡鋼人隊的諾爾和波士頓的奧爾巴赫除了少數的基本攻擊戰術外，沒有留下什麼新的見地。法國手球隊的教練克勞德‧歐尼斯塔將戰術部分全權交付給助理教練，而古巴的尤金尼奧‧喬治‧拉菲塔讓球員自行演練，研擬比賽的戰術。巴西的費奧拉的管理風格鬆散，甚至時常將責任丟給老經驗的球員。

我決定更進一步分析其中一位教練：古斯塔夫‧西比斯。他帶領匈牙利足球隊「無敵的馬箚爾人」在1953年的溫布利體育場以6:3的成績智取英國隊。

西比斯和匈牙利的貝拉‧古特曼（Béla Guttmann）等充滿創意的球隊經理一起研擬戰術。古特曼後來去巴西，成為舉足輕重的球隊管理者。西比斯當時以他們的點子為基礎，組織匈牙利流暢的進攻風格，後來被巴西隊改良成為全盛時期的4-2-4陣型。這些點子其實不完全是前所未見，但和英國這類還在採用數十年老方法的球隊相比，已經是大幅躍進了。

對大部分的歐洲足球迷來說，偉大隊伍的兩個要件是戰略和教練的水準，反而資金、球員水準、明星球員、隊長、球隊的傳統文化等因素顯得微不足道；而所有的足球界智囊中，西比斯更享有崇

高的地位。

西比斯式的戰術討論很有名，他會把球員留下4個小時之久，在黑板上密密麻麻寫下戰術。作家強納生・威爾森（Jonathan Wilson）在他2008年的著作《倒轉金字塔：足球戰術的歷史》（*Inverting the Pyramid: The History of Football Tactics*）中，將西比斯形容為「啟發人心而一絲不苟」，對於細節也相當敏銳。

然而，也正如威爾森所言，足球並不是在黑板上比的。無論隊伍的戰略在紙上看來如何完美，如果想在場上成功，還是得靠執行的球員。而這些球員有時會有自己的想法。

矮小強壯的匈牙利隊長費倫茨・普斯卡什就是個不願任人擺佈的傢伙。他在場上強悍兇狠，藐視權威，不會對任何人屈服。在1997年一段口述的歷史中，羅根・泰勒（Rogan Taylor）和卡拉・傑米奇（Klara Jamrich）寫下普斯卡什16歲在職業比賽出道時，其他球員都覺得他的態度驚人。「他的聲音是全場最大的，不斷地下指令和批評，有時候甚至是對比他資深許多的前輩。」

普斯卡什在生涯早期常與教練發生衝突。他曾經在某場重大的比賽說：「教練不是背負重任的人，球員才是。教練可以試著幫球員調整情緒，整場比賽說很多話。不過，真正得在球場上解決問題的還是球員。」時間一久，匈牙利有些人甚至相信他對國家隊的掌控和西比斯差不多。

西斯比承認自己會在場外和普斯卡什討論球隊事務，但他也說普斯卡什不會質疑他的判斷，也不會對他指手畫腳。普斯卡什則說

他在球場上從未試著指揮球隊，主要是因為球員彼此相當了解，不需要多的指令。但他說：「如果有人傳歪了，我還是會吼一下。」普斯卡什也展現出對西斯比至深的情誼，形容對方是他認識最真誠的人，也是「隊伍真正的頭腦和心臟」。

然而，提到西斯比的指令時，普斯卡什重申自己有自由意志。匈牙利出身的足球記者拉斯‧莫雷（Les Murray）說：「普斯卡什對教練和教練的指導都沒什麼耐心。他曾經告訴我，每場比賽前，西斯比都會在更衣室的黑板上畫一堆方塊和圖表。但當他帶著隊伍，進到球場通道時就會叫大家忘了那些鬼話，『像往常那樣比賽就好了』。然後，他們就會像往常那樣獲得勝利。」

就算西斯比被他的隊長的行為激怒，他也沒有公開表示過。事實上，他對普斯卡什讚譽有加：「普斯卡什很有戰術頭腦，能夠在幾秒間領悟到克服問題的方法……他從不是個自私的選手，雖然能力很強，傳球給位置更好的隊友時絕不遲疑。他是隊伍在球場上真正的領導者，不斷鼓舞隊友前進。」

1956年，普斯卡什離開匈牙利，西比斯和他的其他隊友則繼續參賽。然而，魔咒已經被打破了。南爾多‧希德庫蒂（Nándor Hidegkuti）這麼說：「國家隊就此改變了。在那之後，我通常會打他的位置，卻沒辦法填補他留下的空缺。他不只是個傑出的選手和隊長，同時也是『比賽的教練』。他能綜觀全場，讓隊伍紀律嚴明，還能一邊比賽一邊分析情勢。他只要從場上給幾個指令，就能輕鬆解決隊伍的麻煩。」

古斯塔夫‧西比斯為匈牙利的足球王朝在戰略方面打下基礎，這樣的貢獻不會因此磨滅；然而，就像綠灣包裝工一樣，匈牙利隊的成就或許可以歸功於教練和隊長之間互信共榮的合夥關係。

在一級隊伍成功的原因之中，戰術上的創新只占了一部分。有時候是重要因素，有時候卻一點也沒有影響。以匈牙利隊的例子來說，讓他們從一般的足球隊中脫穎而出、成為歷史頂尖球隊的原因雖是個人，但那個人不是教練。

▍我們是否高估了教練的重要性

在一級球隊的教練間，我找不到共通的特質，也沒有強力的證據能證明他們就是我在尋找的成功催化劑。於是，我腦中不禁浮現對體育大不敬的問題：教練的影響真的有意義嗎？

像普斯卡什這樣的評論我以前也聽過。比爾‧羅素在波士頓塞爾提克隊期間，某次難得心情愉快地接受採訪，卻如此批評他的教練：「瑞德會說是他成就你的，但他可沒辦法把球放進籃框裡。」麥可‧喬丹在2009年進入名人堂的演說也有類似的看法：「不要誤會我的意思，球團組織當然也重要，不過別把這些放在球員之上了。」

甚至有些知名的教練也抱持類似的看法。曼聯的傳奇教練富格森帶領球隊的26個賽季，贏過13個英超頭銜、5座英格蘭足總盃（FA），以及2座歐洲冠軍盃，在世界各國的聲望和倫巴底在美國的相似。但他相信教練能做的很有限，曾經這麼寫到：「不管我如何

精進領導的技巧，努力創造贏球的條件，一旦開球，場上的一切就在我的掌控之外了。」

　　雖然科學方面的研究總量很有限，一些學者和資深統計學家嘗試衡量教練在菁英運動項目中的相對重要性，提出了3個根本的結論：

1.教練無法影響比賽勝負

　　在大聯盟中，每個觸擊、盜壘、犧牲打、換投或替換選手都必須經由總教練同意，大部分球迷都相信這些決定累積起來能左右比賽結果；然而，統計學家尼爾·潘恩（Neil Paine）的研究發現，對於95%的大聯盟球隊總教練來說，一個球季126場賽事中，教練在比賽當下的決定能影響勝負的，大概只有兩場而已，而球員的影響力要大得多。事實上，幾個明星球員的表現對球隊季終總排名的影響，勝過於所有聯盟總教練的總和。

2.教練對球員的表現影響不大

　　2009年《國際體育財金期刊》的研究中，來自4所大學的研究團隊分析30年的NBA數據，觀察個別球員與新教練接觸前後的表現有何差異。結果顯示，雖然62位教練中，有14位似乎能讓球員的表現稍微提升，另外77%的教練卻沒有明顯效果，甚至帶來負面影響。研究者寫下：「我們最驚人的發現，就是與一般的教練相比，我們的研究對象大部分對球員表現都沒有顯著影響。」即使像菲爾·傑

克森（Phil Jackson）和聖安東尼奧馬刺的波普維奇等表現較好的教練，所能帶來的改變也微不足道。

3.更換教練沒辦法徹底解決問題

　　荷蘭經濟學家巴斯塔・威爾（Baster Weel）在2011年展開研究，想知道如果荷蘭足球甲級聯賽（Eredivisie）的隊伍在低潮時開除總教練，會帶來什麼影響。他發現面臨危機的隊伍換掉總教練與否，最後的結果並無二致。換句話說，讓教練捲鋪蓋其實不會比咬緊牙關撐下去更有效。

　　2006年有一篇類似的研究，針對國家冰球聯盟，發現更換教練的影響是中性的。（但短期來說，大部分換教練的隊伍會比不換的隊伍差。）

　　教練不是隊伍的動力，也不是最重要的角色，長期來看或許甚至可以隨意調換，這樣的概念我們或許會覺得很難以接受。全世界有數十億的人從小就像我一樣參加團隊運動，於是養成了從不質疑教練的習慣，相信教練們都知道自己在做什麼，是球隊不容挑戰的權威。回顧歷史，我們也不會覺得這樣根深柢固的觀念有什麼不對。有名的教練就算一再轉換隊伍，卻總能得到成功，例如菲爾・傑克森、比爾・波希爾斯（Bill Parcells）、唐恩・舒拉（Don Shula）、赫伯特・查普曼（Herbert Chapman）、荷西・莫林荷（José Mourinho）、費比歐・卡培羅（Fabio Capello）和佩普・蓋帝歐拉等人。現代體育界的主流想法是，隨著人才流動率增加，球星

越來越自我中心，於是教練的重要性也提升到前所未有的程度。

　　而談到像倫巴底這樣的昔日英雄、激勵大師、演說家、心理學家和戰略家，我們自然而然地認為他們是隊伍最重要的人物——對啊，聽起來很合理吧？這麼說來，歷來的菁英隊伍都會有個菁英教練？

▎懂得與隊長合作的明星教練

　　一級球隊的教練裡，唯一擁有倫巴底這種特質的，大概是科林伍德的賈克・麥克赫爾。他在澳洲足球界被稱為「教練王子」，教練生涯從1912年開始。在他的機械隊（Machine）進入全盛期以前，他就已經帶領8支球隊打進決賽。在科林伍德的一級表現終止後，他又繼續帶隊5次進入決賽，奪得2個冠軍頭銜。他在第37個球季後，以66%的勝率退休。

　　像倫巴底一樣，麥克赫爾是激勵大師，會運用許多不尋常、甚至有點激烈的手段讓隊伍團結一心。其中之一是不允許個人英雄的存在。他曾經說：「我可沒時間浪費在培養幾個明星球員的小團體，要就給我一些平均水準夠格的球員吧！」

　　麥克赫爾也像倫巴底一樣，運用如今不復存在的威權統治貫徹自己的主張。他堅持無論才華能力如何，隊伍每個成員的薪水必須相等。他同樣要求自己只領極低的薪水，甚至逼得他得到墨爾本的酒廠工作才能養活自己。在大蕭條時代，科林伍德兩次調降球員的薪水，麥克赫爾也堅持自己要承受和球員等比例的損失。聯盟裡有

許多隊伍願意用豐厚的報酬挖角他，但他對科林伍德的忠誠不容動搖。

麥克赫爾也是個想法創新的人，是公認「自由搶球手」（ruck rover）這個位置的發明者，同時也教導球員用更快的步調比賽，並適時即興發揮。他曾經說過：「我一開始的目的不是為了要打造足球機器。我很不喜歡那個詞，因為那意味著球隊按照既定計畫嚴格執行，而沒有思考的能力。如果科林伍德只要求一件事，那就是球員要有敏捷的思考，和快速的想像力。」

麥克赫爾的才智和對於隊伍堅定不搖的投入，讓球員對他無比崇敬，也奠定了他在澳洲的傳奇地位。就像超級盃以倫巴底命名，麥克赫爾的名字也被刻在澳洲足球頒給冠軍隊教練的獎牌上。

無疑的，麥克赫爾和倫巴底是同等級的出色教練。但他的生涯有個重要的標記：球隊的鼎盛時期從1927年到1930年，正是麥克赫爾決定換掉現任隊長，改為任命席得‧柯文特里的時候。

柯文特里為科林伍德效力12年，幾乎可以說體現了麥克赫爾的精神。身為自由搶球員，他很少得分，而是專注於毫不搶眼的任務，像是起大腳將球清出己方的半場，或是向對手發動強烈攻擊。他的身高5呎10吋，體重190磅，以澳洲足球來說算是嬌小，臉上總是帶著虛弱的微笑，髮線不斷後退，看起來完全不像隊伍的防守主力。唯有他強壯的手臂和常受傷的長鼻子透露了他在球場上扮演的角色。根據球隊的歷史，他的註冊商標之一，是「有能力在喜鵲隊陷入危機時拉他們一把」。與勁敵卡爾頓隊（Carlton）的一次對決

中，柯文特里全力衝撞一群對手，「毫不必要」地將他們撞翻，換來裁判的警告。後來，隊友問他為何冒著犯規的風險這麼做時，這位隊長回答他是要「提振這邊的士氣」。

麥克赫爾在球隊中創造「一體同心」的氣氛，但柯文特里是真正的實行者。科林伍德有兩次想調降球員的薪水，在隊友們幾乎要退隊抗議時，柯文特里勸阻了他們。假如沒有他，這支隊伍就不可能成為一級隊伍。

總結來說，關於教練的真相是：他們其實並不如一般人所想的重要。誠如研究顯示，有些教練確實有影響力，但對於王朝的推波助瀾卻沒有我們想像的那麼戲劇化（當然，在球隊的組織管理，一定有一些無法數字化的層面存在）。但這本書談論的是勝利多於失敗的隊伍，以及它們如何達到怪物般的偉大成就，而我們發現歷史上頂尖隊伍的教練不是神，甚至未必是鼎鼎大名的人物；他們的人格特質和帶隊哲學更是包羅萬象、南轅北轍。

事實上，職業運動員和青少年運動員截然不同。一旦屬於菁英階層，他們找到自己奮鬥的動機來源，並投入上千個小時練習。他們知道自己何時該加強基本功，訓練量是否充足，對戰術也能夠好好掌握。但正因為倫巴底教練的名氣如此響亮，反而讓世人有了盲點，忽略到包裝工隊在威利・戴維斯出現之前，根本不成氣候。

同樣的情況也發生在匈牙利隊、科林伍德隊，以及其他的一級怪物隊伍，奧爾巴赫、布雷克、蓋帝歐拉、歐尼斯塔、波普維奇、史坦格等教練和球隊的隊長都保持時而親近時而衝突的關係。

從這個角度來看，許多頂尖的二級球隊似乎也有類似的情形。新英格蘭愛國者隊的稱霸之路正是歸功於教練比爾‧貝里奇克（Bill Belichick）和四分衛兼防守隊長湯姆‧布雷迪的合作無間。芝加哥公牛的菲爾‧傑克森和麥可‧喬丹、舊金山四九人隊的喬‧蒙塔納（Joe Montana）和比爾‧威爾許，以及英國曼聯的亞力士‧富格森和中鋒羅伊‧基恩也是類似的例子。

我們也忽略了另一件顯而易見的事：許多一級隊伍的名教練和經理，例如布雷克、蓋帝歐拉、麥克赫爾和威利，以及二級的弗朗茨‧貝肯鮑爾（Franz Beckenbauer）和約翰‧克魯伊夫（Johan Cruyff），球員時期也曾經是出色的隊長——這意味著，他們在球場上所領悟的「隊長學」，或許也影響了往後帶領球隊的方式。

一般人總認為，教練是一股超然的力量，但我的研究顯示，即便是最崇高的教練也必須有另一股助力，能成為超級教練的方法，就是幫隊伍找到最完美的超級隊長。

至此，我更加深了一開始的想法：讓菁英隊伍誕生的關鍵人物是隊長，而非名教練。

本章重點

＊孩提時代，我們學到的第一課就是尊敬權威。我們認為父母和師長有著特別的力量，能培養形塑我們，如同球迷也對教練投注同樣的期望。傳統認為決定隊伍成功的主要動力是站在球員背後的教練，因此，在菁英隊伍中，教練應該具備獨特傑出的才能。然而，在16支一級隊伍中，情況卻不是這樣。

＊有些教練似乎具備某種魔力，他們能透過創新的戰略改變比賽的樣貌，打造出人人都能發揮潛能的球隊文化，或是用言語和意志力激勵球員做出不可思議的表現。然而，教練若要在運動中成功，還必須仰賴球員在場上扮演代理人的角色。這樣的合夥關係通常是由教練和隊長組成。

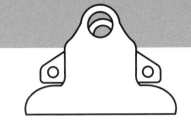

- II -
怪物隊長的7種領導法

2010年秋天，比爾‧羅素已經將近40年沒穿球鞋了。他的現職是NBA教練，也是電視主播、作家和勵志演說家。他仍然不喜歡出名的滋味，卻稍稍卸下防備，願意參加從前不屑的剪綵活動、簽名會和頒獎典禮。他如今已是籃壇的權力中心。

　　然而，我心中的羅素仍然凍結在1960年代，被重重謎團包圍著。即便當我在釐清隊長的重要性時，我仍無法理解為何像他這樣不屑傳統，在公開場合態度總是不合群的人，卻能成為不凡的領袖。

　　從我的研究開始以後，我注意到羅素和其他一級隊長的生涯結束時，人們總會有類似的評論：不會再有像他們一樣的人了！畢竟他們和我們理想中的領導者典型不同，他們的成就通常被當成異數，沒有辦法套用和反覆驗證。如果真的如此，那麼我研究他們又能夠學到什麼呢？

　　那個秋天，羅素接受《紐約時報》採訪。當時歐巴馬邀請他接受總統自由勳章，這是美國政府頒發給平民的最高榮譽，認可他運動方面的成就和一生對人權的付出。文章順帶提到羅素過去最令人費解的事件：他拒絕參加1975年名人堂的頒獎儀式。羅素解釋，名人堂表彰的是個人，而他拒絕的原因是他相信自己的籃球生涯應該是團隊合作的象徵。

　　就我所知，羅素以前不曾這麼說過。我從未聽哪個菁英運動員有類似的言論，特別是在好萊塢的誕生處美國。在這個個人主義充斥的地方，人們會為了買麥可‧喬丹的鞋而在寒冷的人行道打地

鋪，大部分的明星會為了表現出眾而無所不用其極。

在那一刻，羅素複雜人格的謎團漸漸解開。他得分不多，因為隊伍不需要；他不在乎統計數據或個人成績，也不介意讓隊友把功勞搶去。他曾經說過：「我從不在意合約或金錢，也不曾注意MVP或代言費。我只在乎隊伍贏得多少冠軍。」於是，羅素全力投入防守，補強隊友的疏漏之處。

我領悟到，羅素在球場上激烈的防守和團隊至上的球風，與球場下帶刺又不居功的態度，其實是一體兩面的。他之所以拒絕籃球界的獎項，其實是反對人們將個人與團體分開的表現。他的領導風格不受外在世界的影響，也不在乎別人的眼光，而只關注隊伍內部的動能。只要塞爾提克隊獲勝，他不介意有沒有人注意到他的貢獻。

羅素的隊友不認為他複雜而孤僻。對他們來說，他更像個動作片的英雄，單純、一貫，而且真誠。他的隊友湯姆‧海因索恩（Tom Heinsohn）說：「羅素是我遇過最積極求勝的人。他幫助我們很多次，我們全心相信他。我們之間就像是心靈的溝通，而且信任彼此。」

我了解到：比爾‧羅素並不像某些人懷疑的那樣，人格有所缺陷，只是他的領導風格太過不尋常，沒有人看出來。人們從未將他非典型的領導方針和塞爾提克出人意表的成功連結在一起，反而認為那是兩件毫不相干的事。

的確，一級隊伍的隊長們在各自的背景和領域中，看起來絕無

僅有，絕非我們想像中完美無瑕的領導者。然而，在整理他們的傳記時，我注意到一件事：他們彼此間如此相似。

他們的行為、信仰和工作態度相似得讓人毛骨悚然。他們看似衝動魯莽、不按牌理出牌的行為，其實可能經過巧妙計算，目的是讓隊伍更加強化。他們怪異的個性看似不夠格帶領隊伍，實際上卻不會帶來傷害，反而讓隊友們在場上表現更好。說到底，或許這些男女球員並不是變異種，而是失落已久的另一個種族。

總結來說，他們有7個共通點。

1. 極度頑強，面對比賽有超強恆毅力。
2. 侵略性強，不斷試探規則的底線。
3. 願意做不被看見的工作，不求感激。
4. 低調、務實、民主的溝通風格。
5. 擅長用非口語的表達方式熱情地激勵他人。
6. 強烈的信念和與權威抗衡的勇氣，讓他們脫穎而出。
7. 絕佳的情緒控制力。

在這本書的第二部分，我將分項探討這些領導特質，從具體的例子討論這些隊長們面對比賽的態度，他們如何挑戰、啟發，並且與隊友溝通，以及他們如何調控自己的情緒。過程中，我也會參考科學研究，試著解釋為什麼這些個人特質能帶來非凡的勝果。

第5章

執著到底：隊長的另類恆毅力

2000年·巴塞隆納

　　開賽前幾分鐘，戴著可怕黑色頭盔的鎮暴警察在球場四個角落佈署完成，警棍蓄勢待發。路易斯·菲戈穿著白色球衣，站在邊線前，伸手摸了脖子上的皮項鍊。項鍊的墜子是尖角的形狀，是個能阻擋邪靈詛咒的護身符，開賽時他慢跑到場上時，他低下頭親吻這枚護身符。

　　那是10月底一個溼冷的夜晚，上萬人湧入巴塞隆納的魯營球場（Camp Nou）看菲戈比賽，那是歐洲最大的體育館。可以說現場大部分的球迷都對他充滿惡意，當他進入視線時，他們發出低沉恐怖的喧鬧聲，有的則猛吹口哨，大叫著「婊子！」有人揮舞白色床單做的布條，上頭凌亂地寫著「叛徒」、「騙子」和「猶大」等字眼。

　　菲戈加入場中的隊友，開玩笑地用手指堵住耳朵；接著，他帶著疲憊的微笑將雙手舉向空中，希望這樣的示意已經足夠。但是不夠。觀眾席的聲音越來越大，各式各樣的物品飛過鎮暴警察頭頂，其中有硬幣、瓶子、電話，甚至還有腳踏車的鏈條。菲戈的嘴角下

垂了，每當他看向觀眾席，球迷就會對他比中指。菲戈還不了解自己做的事有多麼嚴重，他開始露出擔心的表情。

3個月之前，在2000年夏天，這位高挑、黑髮、英俊的頂尖邊鋒做了個痛苦的決定。巴塞隆納隊當時陷入低潮，決定換掉教練；而在魯營球場踢了5個賽季的菲戈心生去意，他告訴經紀人開始在球員交易的市場試水溫。

當時，傭兵性質的國際足球巨星或是眾星雲集的職業球隊都還不普遍。像菲戈這種等級的球員應該要向一支職業球隊宣誓效忠，而不該一直跳槽。雖然巴塞隆納在接下來的幾年會因為足球市場的拓展而獲利驚人，但驕傲的球迷們還是把比賽視為部落般的儀式，認為球員與球隊的連結是一輩子的。雖然菲戈出生於葡萄牙，在里斯本出道，巴塞隆納球迷卻把他視為一份子。他們原本相信巴塞隆納已經深深擄獲他的靈魂。

菲戈離開的宣言對球迷來說可謂一大打擊，而相關的細節公開後更讓一切雪上加霜，因為他並不是到英國或義大利淘金，而是和西班牙皇家馬德里簽下了6,000萬元的轉隊合約。

巴塞隆納的位置在思想獨立、政治激情的加泰隆尼亞區，在1939年西班牙奉行法西斯主義的獨裁者弗朗西斯科・弗朗哥（Francisco Franco）掌權後，球迷們就認為皇家馬德里隊已無道德可言，是統治者的爪牙。在他們眼中，巴塞隆納隊則是正氣凜然的反抗者。這條政治斷層也成了西班牙所有派系爭鬥的分界，出生在其中一邊的人絕對不會轉換陣營到另一邊去。兩個陣營間的恨意恐

怕令外界難以想像，而兩支球隊頻繁在經典大賽（El Clásico）中碰頭，競爭的激烈程度更是可見一斑。

雖然有一些球員為兩邊效力過，但他們都不是明星球員，更別說是未來的「歐洲足球先生」了。對於兩者皆是的菲戈來說，10月這個迷霧的夜晚是他第一次披上敵隊戰袍，在巴塞隆納的主場比賽。

這是史無前例的狀況，沒有人知道會發生什麼事。比賽前一周，西班牙的記者更火上加油，刊登一張菲戈的海報，把他的臉印在鈔票上，大大寫著「搶錢」兩個字。當天不只球場爆滿，更有超過1,000萬的西班牙人（大約是總人口的1/4）收看電視轉播。如果巴塞隆納輸掉比賽，或許球迷真的會一把火將體育場燒掉吧！

就算是一般的情況下，菲戈也不是省油的燈。他又高又壯，速度很快，球感無人能及，射門幾乎百發百中。巴塞隆納的新教練洛倫佐‧塞拉‧費雷爾（Lorenzo Serra Ferrer）知道菲戈一定能大展身手；但假如真的讓他得分，那就是奇恥大辱了。

比賽前幾天，費雷爾決定對菲戈採取足球中罕見的緊迫盯人戰術。被指派的球員就算離開守備位置，也要緊盯著菲戈，阻擋他、制服他，把握每個搶球的機會。但他遇到一個問題：他不覺得隊上正規的防守球員裡，有誰的魄力足夠令菲戈感到壓力。

連著幾天，費雷爾和教練團絞盡腦汁。記著們猜測他會挑選荷蘭籍的右後衛邁克爾‧雷齊格（Michael Reiziger），畢竟他是全隊最快也最資深的右後場防守球員。然而，費雷爾在比賽當天早上宣布他的決定時，挑選的不是雷齊格，而是23歲的菜鳥球員卡爾斯‧

普約爾（Carles Puyol）。

　　巴塞隆納球迷對普約爾並不熟悉，這只是他在這支歷史悠久的球隊的第二個球季而已，還沒什麼表現機會，更別提揚名立萬了。他最有名的特色不是球技，反而是他的髮型：及肩的濃密長髮，跑步時會上下跳動。在清一色英俊白淨的隊友間，普約爾的捲髮濃眉和圓臉顯得格外醒目，簡直像上古時期漁獵的原始人。

　　一年以前，普約爾成為先發球員無望，巴塞隆納隊當時的教練路易斯‧范加爾（Louis van Gaal）本來談好條件，想把他交易到較低階的馬拉加隊（Málaga）。他沒去成的理由是他不願意。隊伍決定讓他留下，但不確定該拿他怎麼辦。打了一陣子的左後衛之後，他被換到中間，因為球隊認為他的速度不夠快，防守範圍太小；即使如此，他的身高以中後衛來說太矮，處理球的能力也不太好。而且如果想守住菲戈，這個來自加泰蘭山區的鄉下男孩必須換到右側防守，所有的動作都得相反過來。

　　無論普約爾在巴塞隆納隊有沒有未來，費雷爾至少可以肯定的是，他的反應很快。在前一個賽季的訓練中，普約爾與菲戈對壘，雖然遠不及對方，但他輸得不算太難看。而且普約爾有個優勢，就是他相當在意菲戈轉隊這件事。普約爾的家鄉是個名叫波夫拉德塞古爾（La Pobla de Segur）的小鎮，從小到大，他都將巴塞隆納隊視為偶像，在他們輸球時痛哭流涕，對於菲戈的背叛，或許普約爾是巴塞隆納隊中感到最痛苦的——至少，保衛巴塞隆納榮耀的任務，應當交給一位愛國者。

當球員進場時，魯營球場的氣氛達到前所未有的緊繃。普約爾和他的隊友，以及體育場中所有的人，都知道這是決定未來成敗的關鍵時刻。

▌傳奇菜鳥隊長的誕生

從開場的哨聲起，卡爾斯・普約爾追逐著路易斯・菲戈來回跑動，從左翼到右翼，緊緊黏著那位高大的葡萄牙人。他說：「我緊跟著他，他到哪裡，我就跟到哪裡。」

從皇家馬德里的第一次進攻開始，普約爾就在試探裁判容忍的底線——他將手掠過菲戈的肩膀，或是探進對方手臂下，試圖破壞他的平衡。每一次，菲戈都憤怒地把他的手揮開，他就有機會向裁判爭取對方犯規。在前幾次對決中，某次菲戈拿到球後，普約爾從他背後靠近，抓住他的側邊，讓他硬生生轉了180度，打斷了他的進攻。裁判決定放他一馬。

比賽26分鐘時，巴塞隆納得分，以1:0領先。費雷爾的「普約爾計畫」暫時收到成效，但比賽還很長。

上半場的倒數10分鐘，菲戈在巴塞隆納的半場接到球，但普約爾飛身把球鏟開。接著，當普約爾意識到菲戈可能重新搶到球時，他立刻爬起，重新翻滾到菲戈的腳前，擋住他的路線。普約爾又擋住傳向菲戈的球，用頭槌頂開時，菲戈對他露出嫌惡的表情。

在第40分鐘前，比賽來到高潮。一次角球之後，馬德里的後衛把球踢到左翼中線附近的空檔，而菲戈已經守候多時。他察覺到機

不可失，便全力追球，領先普約爾好幾步。以他的速度來說，他毫無疑問會先追到球，把握機會向巴塞隆納防守不夠緊密的球門進攻。這樣的場面他可說見過太多了。

普約爾大口喘氣，汗濕的長髮蓋在臉上。他知道自己追不上菲戈，而又被對方搶得先機，恐怕用規矩的手段阻止不了對方，唯一的希望是等菲戈停球的那一瞬間，以迅雷不及掩耳的速度擺平對方。最好的狀況下，普約爾只會收到一張黃牌，警告過後還能繼續比賽；最糟的情況，例如他的釘鞋刺傷菲戈，或是出手太過暴力，就可能吃下紅牌被逐出球場。當菲戈追到球，普約爾也準備出手，所有的球迷都屏氣凝神。

菲戈的計畫是跳起閃過普約爾的鏟球。他將球踢出，準備起跳。但普約爾緊咬不放，直直鏟向菲戈的右腳，讓他失去重心。菲戈以胸口重重著地，又彈了一下，飛過普約爾滑鏟的身子。他最後左肩著地，無助地被強勁的力道彈到場外，撞到圍欄上。球迷們歡欣鼓舞，紛紛將垃圾丟入場中。菲戈挫敗地起身，任由滿場的噓聲將他淹沒。

普約爾沒有停下來炫耀他的戰績，而是跳起身來，揮手示意隊友準備發邊線球，臉上一點表情也沒有。當裁判伸手拿牌時，巴塞隆納隊的命運，甚至是普約爾本人的命運，都可說是懸於一線——黃牌代表救贖，紅牌代表滅亡。裁判拿的是黃牌。

1分鐘後，皇家馬德里在巴塞隆納的門前得到自由球的機會，由菲戈負責。菲戈起腳，卻正中巴塞隆納的人牆，其中一個球員跳起

用頭擋住了球，正是普約爾。

在比加熱一碗燕麥粥還短的時間裡，普約爾這個毛髮濃密又粗魯的小鎮青年，瞬間成了西班牙家喻戶曉的名字。

下半場比賽，菲戈的挫敗感終於超過極限。65分鐘時，普約爾搶身擋在菲戈與球之間，後退時的力道太強，將菲戈撞得踉蹌。重新穩住重心後，菲戈爆發了，前臂揮向普約爾的後腦勺。菲戈吞了一張黃牌，全場爆出當晚最大的歡呼聲。

巴塞隆納隊在79分鐘時得到第2分，接著便下起雨來。以惡劣的天候狀況看來，比賽大半勝負底定。哨聲前幾分鐘，全身溼透、心情低落的菲戈在角落追到球。球迷全都站起身來，指著他叫囂，丟下一堆垃圾。有兩顆水球掉在菲戈腳邊，他停下腳步，退縮了。皇家馬德里徹底地輸了，最終比數是巴塞隆納2分，皇家馬德里0分。然而，比賽結果的意義不是記分板能反映的：背叛的猶大被處決了。

費雷爾在賽後告訴記者，普約爾的表現「相當傑出」。一份巴塞隆納的報紙稱讚普約爾「不可思議而無可挑剔」，《馬爾加日報》（Marca）則說他「成功扮演菲戈永遠的影子，讓他降級成二流的選手」。

在賽後的訪問裡，普約爾不居功的態度更贏得球迷的好感。他被指派一件任務，順利完成，沒什麼值得大肆褒揚的理由。他說：「我只有一個目標，就是要阻止他。」

回首這段過去時，普約爾知道自己盯緊菲戈的那天，就是他在巴塞隆納闖出名堂的時刻。但他並不放在心上，而是說：「我們贏

了，這才是最重要的。」

在那個光榮的夜晚，巴塞隆納的球迷還不知道前方有什麼在等他們。他們想像不到隊伍將要達成怎樣的成就，也想像不到卡爾斯・普約爾會成為怎樣的球員。

教練對選手最大的稱讚大概就是形容他們堅毅不屈、永不放棄，但不是每個明星球員都有這樣的特質，有些人會跳過比賽，有些人則在關鍵時刻退縮。而一級球隊的隊長們卻一再展現出堅毅的特質。

羅素的「柯爾曼演出」、雪福特在南特球場的表現，以及普約爾徹底打敗菲戈是3個重要的例子。但類似的例子還很多，舉例來說，莫里斯・理查在1952的一場決賽因為腦震盪和前額撕裂傷暫時退場後，在第3局又重新上場，雖然繃帶還滲著血，他卻滑過3個波士頓防守球員，得了致勝的1分。

其他一級球隊的隊長則以勤奮不懈的準備和訓練聞名。美國女子足球隊的卡拉・歐福貝克是隊上頂尖的運動員，生涯有一段時間連續63場比賽上場，整整3547分鐘都沒有離場過；古巴的米蕾雅・路易斯花了太多時間練習跳躍，讓她的膝蓋髕骨裂開，角度超過30度。

傑克・蘭伯特在NFL的選秀一被匹茲堡鋼人簽下後，就馬上到隊伍的訓練中心看影片學習。他的教練從沒看過哪個菜鳥那麼認真。賽季開始時，蘭伯特對防守已經有相當深入的理解，於是教練們安排他成為中線衛。他必須指揮防守陣形，並且與比他強壯許多的內防守線鋒們競爭。在賽季結束時，他的後衛隊友傑克・海姆

說：「我都忘了他其實只是個菜鳥。」

怕別人笑？別打球了，去玩沙吧！

如果要找一級球隊最能體現頑強精神的領袖，非紐約洋基的捕手羅倫斯‧彼得‧貝拉莫屬了。

1941年，外號「尤基」的貝拉參加了聖路易斯紅雀隊總經理布蘭奇‧瑞基（Banch Rickey）主持的選秀。當天參加者眾多，同樣來自本地的喬‧加拉加奧拉（Joe Garagiola）獲得簽約，附贈500元的簽約獎金，而貝拉的合約金額只有他的一半，沒有獎金。瑞基告訴他：「我不覺得你有可能成為大聯盟的選手。」

故事很可能在那時就畫下句點，但貝拉鍥而不捨，每天都在附近的沙地從早練到晚。幾個月之後，洋基隊與他簽約，付了和加拉加奧拉當時一樣的500元獎金。

貝拉在1946年加入大聯盟，他的未來卻仍充滿未知。雖然身高只有5呎7吋，他卻有著厚實的胸膛，體重將近190磅，得穿17號的上衣。他有一對招風耳，五官深邃，眉毛濃密。因為有著貝比‧魯斯的豐功偉業，以及盧‧賈里格（Lou Gehrig）、湯米‧亨利奇（Tommy Henrich）、查理‧凱勒（Charlie Keller）和喬‧狄馬喬等英俊瀟灑堪比演員的球員，洋基隊可說是當時全美國最光鮮亮麗的運動隊伍。貝拉在洋基隊顯得格格不入，無論是在觀眾席、報紙，甚至是在場邊練習時，總會有人對他翻白眼、開過頭的玩笑，或是模仿猴子的動作。體育記者吉米‧卡農（Jimmy Cannon）曾經形容

他長得像「公牛企鵝」。到最後，洋基的管理階層擔心貝拉會留下陰影，便交代球員不要再煩他。

貝拉的打擊能力毫無疑問。初次在洋基站上打擊區時，他就打出全壘打，7場比賽一共繳出8支安打。然而，不管打擊技術再怎麼純熟，他揮棒的模樣只為他又添上幾分喜感。洋基隊大部分的打者會謹慎地等球進入自己擅長的區域，但貝拉的打擊總是像在趕火車。球數落後時，只要有點接近好球帶，他幾乎每一球都會揮棒。隊友們嘲笑他用力揮棒而一腳騰空，或是對挖地瓜的壞球也亂出棒的糗樣。

雖然人們嘲笑他球來就打的風格，但貝拉在洋基的第一個完整球季就達成.280的打擊率，長打率是接近頂尖的.464，而整個賽季更只吞下12次三振。事實上，在貝拉的棒球生涯中，只有4.9%的三振率，是同期平均的一半左右，更比2015年大聯盟的數據低了79%。大聯盟史上只有10位選手單季超過30支全壘打，而被三振數低於30，貝拉就是其中之一。

然而，貝拉在洋基隊的發展卻有個很實際的隱憂：他不是個好捕手。在第一個球季裡，他蹲捕時的判斷和技巧實在太差，讓他只能坐冷板凳。有個記者就這麼寫道：「身為捕手，貝拉根本會妨礙投手。」第二個賽季，貝拉也只參加了一半左右的比賽，幾乎都是守外野。洋基的投手對貝拉的球技不屑一顧，寧願和他的替補選手搭檔；即便他蹲捕，也不肯看他的暗號。雖然洋基在1947年打進世界大賽，貝拉卻被布魯克林道奇隊（Brooklyn Dodgers）狠狠羞辱。

他們把握每個機會，在3場比賽內就成功盜壘5次，逼得洋基將貝拉調到外野。

在1949年的春訓中，洋基的總教練凱西‧史丹格決定送貝拉去學習。他簽下名人堂的傳奇前捕手比爾‧迪奇（Bill Dickey），請他教貝拉如何當個捕手。他們每天花好幾個小時在一起，讓迪奇從貝拉的蹲捕姿勢、投球暗號，一路批評到他的投球技術。迪奇毫不留情地近距離操練貝拉，直到他全身滿是汗水和泥土。

於此同時，洋基3位投手老將艾迪‧洛帕特（Eddie Lopat）、維克‧拉斯齊（Vic Raschi）和埃里‧雷納德（Allie Reynolds）了解到，如果他們想要獲勝，就必須設法讓貝拉成為更好的捕手。他們三人在球場外也是好朋友，將他們的指導暱稱為「那個計劃」。洛帕特、拉斯齊和雷納德與貝拉分享他們漫長選手生涯所學到的一切。貝拉認真投入，甚至與妻子卡門一起搬到投手們居住的紐澤西街區，讓課程與交流能一路進行到晚餐後。

到了1950年，貝拉有了戲劇性的進步。他不再只是個還過得去的捕手，而是相當傑出，迅速、敏捷，能確實擋住每一球。那個球季中，他傳球刺殺了56%的盜壘者（聯盟的平均是49%）。到1958年時，他累積了88場零失誤的比賽。他同時也成為聯盟耐力最好的捕手之一，蹲捕的場次領先全聯盟8倍之多，並且有117次一天連續蹲捕兩場比賽的紀錄（這是許多現代捕手不敢想像的）。1962年，洋基與底特律老虎（Detroit Tigers）進行馬拉松式的比賽，37歲的貝拉堅持蹲捕完22局。

貝拉同時也努力讓搭配的投手保持專注，時常會在投手精神開始渙散時走上投手丘。投手惠特尼・福特（Whitey Ford）就曾說過：「尤基會讓你撐下去。」

從跌跌撞撞的起步，貝拉最終在生涯19個賽季贏得14個聯盟頭銜，以及10次世界冠軍，是聯盟選手之最。他在1972年獲選進入名人堂。

我們毫不意外地發現，所有像貝拉這樣頂尖的球員，都有著與眾不同的堅定決心。然而，貝拉、雪福特、普約爾和其他一級隊長所展現的堅持和毅力，即便在菁英選手之中，都可以說是極為不凡的。

他們與其他人最主要的不同，是他們天生的能力與成就高低沒有關聯。他們能擺脫限制，不將批評和懷疑放在心上。怎麼辦到的？是什麼讓這些人堅持下去，直到創造出不凡的成就？

▎想解決問題的人VS.只想表現聰明才智的人

國際知名的心理學家卡羅・杜威克（Carol Dweck），過去四十幾年來持續探究人們（特別是孩童）面對挑戰和困難的心理。她的研究著重於人們面對挑戰的心態變化，以及態度的改善和提升。

她的一項早期研究在1970年代的伊利諾州大學進行，團隊召集60位10歲左右的孩童進行測驗。首先，孩子們要先完成8題相對簡單的圖案判斷題。過程中，杜威克會請他們分享各自的想法和感受。完成後，杜威克會再給他們4題「失敗題」，也就是對他們的年齡來說太過困難的題目。她觀察了他們的解題策略，並請他們分享自己

的想法。

　　解答簡單的問題時，大部分的孩子對考試和個人表現都有正面的觀感，都展現出快樂和信心；然而，面對較困難的「失敗題」時，他們容易情緒低落，說自己不喜歡這個測驗，或是感到無聊或焦慮。被問到「為什麼覺得自己表現不佳」時，許多孩子不會認為是問題太難了，反而會怪自己「能力不足」，面對困境時，他們解決問題的能力隨之惡化，甚至試也不試就直接放棄了。

　　然而，有少數的孩子反應不同。面對失敗題，他們仍繼續努力，他們並不覺得自己是笨蛋，而會告訴自己只是還沒找到正確的方法而已。有幾個孩子的反應更是正向得令人驚奇：一個男孩把椅子靠上，搓著手，說道：「我喜歡挑戰。」

　　整體來說，這些堅持的孩子在解決簡單的問題時並沒有比其他人突出，事實上，在解題策略方面，他們反而稍遜一籌；但難度提升時，他們不會感到挫敗自卑，而是將未解的問題視為挑戰，認為只要努力就能征服。

　　結果讓人驚豔：這樣「精熟導向」（Mastery Oriented）的孩子有8成在面對難題時，仍然維持對問題的解決能力；而其中更小一部分（大約25%），甚至在策略的層次上有所提升。這些孩子並不特別聰明，表現卻能超越「習得性無助」（Learned Helplessness）型的同儕。

　　杜威克接著發現，這兩類的孩子有著不同的目標。「習得性無助型」的孩子太過在意自己的表現，為了展現出自己很聰明的樣

子，反而會逃避作答困難的問題；而「精熟導向」的孩子則對學習有著強烈的渴望和動機，把失敗視為改進自身技巧的機會。

2011年，密西根州立大學的5位研究者組成小組，想測試杜威克的理論。他們監測大學生的腦部活動，觀察他們在意識到解答出了錯時的反應。正如杜威克的研究，感到無助、固定思維模式的學生面對失敗時，腦部基本上是停止活動的；他們逃避不想尋找更新更好的策略；然而，精熟導向的學生腦部卻格外活躍，顯示他們不斷思考新的方法。

杜威克的研究最終發現，這些孩子對能力有著不同的看法。「習得性無助」型的孩子認為能力和技巧都是天生注定的，他們相信聰明才智決定一個人是否有能力做特定的事；而「精熟導向」的孩子則認為智商和能力具有延展性，能夠透過努力來增進。杜威克說：「他們不一定認為每個人都一樣，或每個人都能成為愛因斯坦。但他們相信，每個人都能透過努力變得更加聰明。」

從常識看來，個人天生的能力應該能引發自信心；然而，杜威克的研究卻顯示，在大部分的情況下，能力其實無關緊要，真正重要的是面對失敗的反應。

如果把杜威克的研究應用在體育上，或許就能解釋為什麼即便這些一級隊長的天分並未特別突出，卻能克服自己的弱點，成就甚至超越比他們更有天分的選手。我想他們不僅是「精熟導向」的人，更是那少數面對困難時、技巧和策略都會提升的25%。正因為他們認為人的能力是可塑的，有著強烈學習和改善的動機，而不是

只在乎自己的表現，所以他們從不會失去信心。

當面臨可能被交易的前途、或參加MLB紅雀隊的選秀失利，又或者世界大賽的不佳表現……很多運動員可能會認定自己實力不夠格；但是這些隊長不同，他們帶著強烈的熱忱和意志力面對挑戰，有決心要脫胎換骨。

然而把杜威克的研究套用在隊長身上，除非他們能夠影響其他隊友，否則整體的幫助不會太大。接下來，我們要問的是：隊長的拚勁能讓整支球隊一起進步嗎？

幾年下來，巴克·雪福特厭倦了不斷重複南特的故事。在訪問中，他不願意再回答關於可怕傷勢的各種問題。他曾經說：「那場比賽很艱難，我受了一些傷。這本來就是男人的運動，你得夠強悍才行。如果不夠強悍，去玩別的吧！」

「南特之戰」中最常被忽略的，是接下來發生的事。輸給法國的6個月後，紐西蘭隊在1987年世界盃分組賽時以難以想像的156分之差領先義大利、斐濟和阿根廷；8強賽時，以3分之差擊敗蘇格蘭，4強時則以49:6打敗威爾斯。決賽時，他們再次與死對頭法國交戰，終於以22:9氣走對方。

世界盃後，雪福特的教練任命他為隊長。從那一刻起，直到1990年充滿爭議的除名，他帶領的黑衫軍未曾嘗過敗績，一場也沒有。雪福特在南特展現的「心態致勝法」彷彿打開了隊伍的開關，讓他們所向披靡。但這真的可能嗎？

球場上，雪福特的注意力從不會渙散。他時常在更衣室裡鞭策

隊友更加努力，在場上更將他們推到崩潰邊緣。1989年與法國的對決中，紐西蘭的莫瑞‧皮爾斯臉頰受了嚴重的撕裂傷，顯然需要縫針，當他走向板凳區時，廣播音響傳來雪福特在他背後的呼喊，命令他回到場上。

轉播員說：「這些球員不需要醫護人員。如果你在黑衫軍，就把痛苦吞下去。」賽後，雪福特被問到皮爾斯和其他受傷的隊友，他回答：「我想他們撐一晚沒問題。」

另一次紐西蘭以50分擊敗威爾斯隊時，雪福特告訴記者：「我想我們還要再拚一點！」當記者提醒他，黑衫軍10次觸地得分，他聳聳肩，說道：「對啦，聽起來不錯，但誰知道，拚一點或許可能有13或14次的。」

羅素、普約爾、貝拉、理查和其他所有怪物隊長，都展現過同樣不屈不撓的衝勁。早期的掙扎累積到臨界點，接下來的突破證明了他們無論如何都要獲勝的決心。在每位隊長的生涯裡，一旦他確立自己的決心，隊伍就會開始獲勝。他們的獲勝模式幾乎如出一轍，證明了怪物隊長的頑強確實有感染力。

▋ 林格爾曼效應：1+1＜2？

研究團隊努力的先驅之一、法國的農業工程師馬克西米利安‧林格爾曼（Maximilien Ringelmann），在1913年進行一場實驗，讓學生以個人和小組為單位拉動繩子，測量他們出的力氣。一般人會認為，合作就是力量；換句話說，如果拉動繩子的人數增加，總力量

就會有加乘的效果。

　　然而，結果讓人詫異：雖然隨著新的人加入，總力量確實會增加，但每個人平均出的力卻減少了。集體努力非但沒有使個人的力量增強，反而讓每個人出的力比獨自進行時小。後來的研究也驗證了這樣的現象，稱為「社會性散漫（social loafing）」。

　　而後，心理學家又重複了這個實驗。每一次，他們得到的結果都相同，人性本如此——越難看出個人付出的情況下，混水摸魚的情況越多。

　　林格爾曼實驗的65周年，研究者決定探討「社會性散漫」是否能夠被克服。1979年，俄亥俄州立大學的研究小組讓受試者竭力大叫，記錄他們叫聲的分貝數；接著，受試者分成小組，重複一樣的喊叫動作。結果和林格爾曼實驗相呼應，群體裡每個人的叫喊聲都比獨自時下降，差距有時甚至高達20%。福特漢姆大學的研究者又將實驗做了調整，讓受試者倆倆一組，在開始前先告訴他們，他們的搭檔會全力以赴。這次，有趣的事發生了：兩位受試者一起大喊時付出的努力，和單獨時一樣。

　　這項實驗證明了，拚命三郎的精神會傳導，有時甚至只是個念頭也有同樣的效果。光是知道自己的搭檔會全力拚了，就足以使人們付出更多了！這也證實了，我在一級隊長身上所看到的韌性和拚勁，的確足以影響其他隊友的比賽表現。

　　林格爾曼效應真的存在，但是可以克服，解決的方法就是成員認知到隊伍裡有其他人毫不保留地付出。

怪物般的恆毅力，打敗「社會性散漫」

2015年一個晴朗的2月下午，卡爾斯‧普約爾穿過巴塞隆納市中心旅館的前門。沒有公關或隨行人員跟著，他穿著設計師牛仔褲，拿著手機和汽車鑰匙。普約爾即將邁入37歲，最近才剛從足壇退休。他告訴我當選手時，他每天都得喝7、8杯咖啡，最近終於戒掉了。不過從他不斷抖腳這點看來，似乎不完全是這樣。他指著我的錄音機，說道：「開始吧！開始吧！」

普約爾的家鄉是加泰蘭山區的一個小鎮，鎮上沒有青少年足球隊。因此，他參加一種名叫「室內5人制足球」（fútbol sala）的比賽；唯有答應當守門員，較年長的孩子才願意讓他加入。比賽時他時常得全身撲倒在地，導致後來背部受傷。一直到15歲，他才正式加入真正的足球隊。

普約爾的父母從不覺得兒子能成為明星，他們希望他專注在讀書而非足球。然而，在兩年系統性的訓練後，他的表現已經足以讓教練聯絡巴塞隆納隊，詢問他們的青年隊是否願意讓他參加測驗，挑戰相對高階的17歲組。4年後，他在巴塞隆納隊正式出道。

普約爾的足球生涯在與菲戈的對決後起飛，他不只是個球員，更是個領導者。他很快地成為巴塞隆納的固定班底和防守中心，更在短短4年後成為隊長。普約爾在2000年獲選入西班牙國家代表隊，後來更擔任副隊長。同一時間，巴塞隆納隊稱霸職業足壇，而以巴塞隆納球員為主的西班牙隊也稱霸世界，一共贏得兩個歐洲冠軍頭銜，以及2010年世界盃冠軍，是二級球隊。

接下來的10年裡，普約爾持續著拚命三郎的表現，不像隊友的足球優雅而精準，讓對手目眩神迷，他在球場上就粗魯得多，會用身體阻擋強勁的高球，有一次甚至導致顴骨骨折，只好帶著面罩護具上場。普約爾對訓練更是出了名的認真，他總是最後一個離開，結束後還會進行瑜珈或皮拉提斯的練習。在生涯最早期的3個球季裡，他在場上的時數超過除了守門員的其他球員。2012年10月，普約爾在比賽中因為手肘嚴重脫臼而倒下，他沒浪費時間掙扎，直接用沒受傷的手招呼教練。預期的恢復時間是8個星期，普約爾在6個星期後就回到場上。

在比賽中，普約爾時常太過拚命，與醫療縫合器建立出密不可分的關係。在2012年4月一場激烈的頭銜爭奪戰中，對方的教練提醒裁判注意普約爾額頭的傷口，他和其他球員衝撞時受了撕裂傷。

普約爾衝向訓練員，緊迫的表情像卡通一樣誇張。除了把普約爾換掉（他們並不想），巴塞隆納隊唯一的選擇就是在邊線將傷口縫合。普約爾沒什麼意見，只希望過程越快越好。訓練員檢查他的傷口時，普約爾不耐煩地伸手要拿縫合器，彷彿想要自己動手。訓練員將傷口固定好，普約爾連眉頭也沒皺一下。他衝向邊線，對裁判瘋狂地招手。幾分鐘後，普約爾歸隊，巴塞隆納的里昂內爾·梅西踢進致勝的一球。訪問中，普約爾形容自己的傷勢「沒什麼大不了」。

我把縫合的影片給他看後，普約爾說他希望自己能對醫生道歉，「我對他們來說很棘手，因為我一直催他們。」因為隊伍防守

力不夠好，身為防守球員的他一秒也不想浪費。他說：「如果對手趁機得分，我一定會覺得很糟。」

問及為什麼生涯受過這麼多嚴重的傷，普約爾歸因於他的球風和毫不畏懼的態度。即使已經退休，他說自己還是保持同樣強烈的拚勁，「我總是覺得自己得全力以赴，一向如此。這是我向足球和隊友們表達尊重的方式。」

如果向隊友們問起普約爾這個人，他們都會提到同樣的故事，不過版本不太一樣。如果巴塞隆納在對手很弱的比賽中取得壓倒性的優勢，多數球員們只會應付了事，普約爾卻像在比冠軍賽那樣全場奔跑。有人說，大家以8:0遙遙領先的情況下，他卻在最後幾分鐘還衝去攔截對手的球；另一個版本則是比賽只剩3分鐘，他們領先4分，他仍然大吼著要隊友集中精神。很有名的例子是在某次與巴列卡諾隊（Rayo Vallecano）的比賽中，普約爾衝去打斷兩位隊友的慶祝。巴塞隆納當時如入無人之境，取得第5分，但普約爾認為這樣有失尊重，也不希望因此激起對手的反擊意志。

比賽的時間越長、巴塞隆納領先越多，普約爾就越迫切地督促隊友集中精神，就像拉繩實驗那樣不斷用力。他說：「勝利很困難，第二次取勝更是難如登天，因為人性的自我會浮現。對大部分的人來說，贏一次就已經達到目標，野心也就沒了。」

普約爾擔任隊長的前4個賽季，巴塞隆納成為世界上最強的隊伍，贏得2次西班牙冠軍和1次歐洲冠軍。但球隊的巔峰是2008年到2013年的5個球季，球隊有93%的比賽都獲勝或平手，得到4座西甲

冠軍、2次歐洲冠軍，以及許多其他獎項，隊伍的ELO分數更在職業球隊中高居第一。球隊的主席約瑟夫・瑪利亞・巴爾塔穆（Josep Maria Bartomeu）在普約爾的退休儀式中發表演說，稱讚他是隊史最偉大的隊長。

讓我驚訝的是，普約爾宣告自己的獲勝決心，在場上展現拚命到底的狠勁，對於隊友的影響竟像福特漢姆實驗中全力大叫的受試者一樣。普約爾全力以赴，他的努力激勵隊友向他看齊。他的隊友們的足球優雅華麗、充滿律動感而巧妙，他則全力為他們解決不那麼美麗的場面。

訪問快結束時，我問普約爾，他會不會覺得自己激烈的表現激勵隊友、帶給他們熱情，而這是否就是讓球隊實力提升的原因？他說：「我想，不只是我，當你看到任何隊友用盡全力，你真的沒辦法呆呆站著，讓敵方的球員輕鬆超過你。**如果每個人都付出100%的努力，你卻只有80%，差別會很明顯**。我想這就是為什麼大家都卯足勁全力以赴。」

不凡的決心、頑強的堅持，再加上專注到最後一分鐘的恆毅力，這是怪物隊長的標記，從羅素、雪福特、貝拉和普約爾身上都能看見，然而，這不是使他們突出的唯一特徵。我們在下一個章節會看到，他們挑戰極限的渴望有時卻會以極端的方式出現，讓他們做出不見得符合運動家精神的行為。

本章重點

＊人性最根本的通則之一是，比起共同分攤責任，人們獨自執行任務時會付出較多努力，這個現象稱為「社會性散漫」。破解的方式確實存在：只要有一個人表現出毫無保留的拚勁就能帶動大家。

＊怪物隊長都有個特徵，就是他們毫不保留地發揮極限。雖然他們幾乎都不是傑出的運動員，卻在比賽、練習和準備中展現了極度的韌性。即使看似勝負已分，他們仍驅策隊友繼續認真比賽。

第6章

戰略型攻擊：遊走規則邊緣

1996年·亞特蘭大

　　某個7月清晨，在其他人起床之前，米蕾雅·路易斯穿上她的運動衣，溜出奧運選手村的房間，來到電話亭。她要做一件絕對不能讓隊友知道的事。

　　古巴卡瑪圭市郊一棟樸素的農舍裡，名叫卡塔麗娜的老婦人拿起話筒：「哈囉？」

　　一開始，亞特蘭大那一端一片沉默。

　　接著傳來吸鼻子的聲音，然後是啜泣。

　　米蕾雅是卡塔麗娜9個孩子裡最小的，長得高挑苗條，穠纖合度。她有一雙杏眼，眼距很寬，臉上帶著大大的微笑，露出門牙的縫隙。她與生俱來的溫暖很吸引人，然而，她也鬥志十足、有些固執，是天生的運動員和鬥士。當她年幼時，卡塔麗娜看著她花無數個小時在後院裡練習跳躍，試著把樹上的芒果摘下來。米蕾雅16歲時，卡塔麗娜勉強答應讓女兒離家，到哈瓦那加入國家排球代表隊，卻也在教練說她的身材太嬌小，無法成為攻擊手時鼓勵她繼續

努力。如今，29歲的米蕾雅已是瘋靡全古巴的名人，她帶領的球隊拿過1次世界冠軍，在1992年巴塞隆納奧運會摘金，又連續贏得3座世界盃。沒有任何參加亞特蘭大的隊伍有她們這樣的輝煌紀錄。

　　古巴隊的選手不特別高，運動細胞未必勝過其他人，排球上的技巧也不特別突出，但她們有個很大的優勢，就是擊球的方式。練習時，古巴隊會把球網上升8英寸，調整成和男子組一樣高。她們鍛鍊腿部肌肉，握著啞鈴跳到箱子上100次。退休的美國排球教練麥克・赫伯特（Mike Hebert）在看過她們練習後，說道：「她們擊球的力道比某些男子隊還要強勁，每次攻擊都像是賭上攻擊手的名譽。」

　　路易斯只有5呎9吋，比典型的攻擊手矮了好幾吋，並不是隊伍最全方位的選手。然而，她的運動神經卻無疑是全場的焦點。她的隊友瑪蓮妮絲・柯斯塔（Marlenis Costa）說，她有一次跳得太高，腳趾幾乎要擦到球網底部，「她很害怕，以為落地時腳會被纏住。她的跳躍能力真的太誇張。」

　　對於對手來說，古巴的自信與氣勢深具威脅性。賽前暖身時，球員會全速全力擊球，逼得球網另一側的對手不斷閃避。古巴的教練尤金尼奧・喬治・拉菲塔曾說：「對手尊敬我們，但不見得喜歡我們。」

　　然而，在古巴國內，她們深受愛戴。古巴全隊的膚色都很深，她們的成功成了所有非裔古巴人的驕傲，特別是女性。她們總是面帶微笑、情感緊密、冷靜沉著，有了「美麗的加勒比海黑人女孩

們」的美稱。

然而，路易斯在亞特蘭大打電話給母親的那個7月早晨，她的隊友飽嚐思鄉之苦，士氣低落。古巴隊花了幾個月的時間在日本與當地的頂尖職業球隊一起艱苦訓練，而卡斯楚政權決定奧運後就不讓她們在國外參加職業比賽，但一些男性運動員依然有這樣的權利。

在亞特蘭大，球員們一發現奧運的美髮沙龍有擅長黑人髮型的設計師後，就無心準備比賽，每天花許多熱情和精力整理造型。她們在分組賽時心不在焉，一面倒地輸給俄羅斯和巴西，差一點無法打進淘汰賽。

路易斯很擔心隊友們已經灰心喪志。她知道情勢緊迫，而身為隊長，她必須做點什麼。然而，路易斯一直隱瞞著隊友一個秘密：她的膝蓋幾年前動過手術，如今又嚴重腫脹。她不確定自己在場上能發揮多大的效果，甚至考慮在奧運之後退休。

路易斯對著話筒傾吐累積已久的情緒，而另一頭遲遲沒有回應。有一瞬間，她以為母親或許搞不清楚是誰打的。

「媽咪，是我……」

「我是誰？」卡塔麗娜冷冰冰地回答。

米蕾雅擔心是不是發生了什麼事，問：「媽，一切還好嗎？」

「古巴的人過得很不好！」

「對，我知道，但是……」

卡塔麗娜說道：「聽著，我生妳可不是要讓妳在逆境前哭哭啼啼。然後不要再去做頭髮，我注意到妳換髮型了。妳去亞特蘭大是

為了打排球，而不是弄頭髮！」卡塔麗娜也給了女兒一些關於下一場比賽的技術性建議，接著就掛掉電話。

路易斯擦擦眼睛，試著冷靜下來，她不希望隊友看見自己沮喪的模樣。母親說得再清楚不過了，她並沒有養出一個半途而廢的女兒。路易斯有遠比自身利益更大的目標，有責任控制好自己的情緒。她別無選擇，必須設法讓隊伍挺過去。

下一場比賽，古巴隊似乎重新找回節奏，打敗實力較弱的美國隊，進入準決賽。但她們知道自己沒有慶祝的餘裕，準決賽的對手是巴西，由堅韌的老將安娜・莫瑟（Ana Moser）和強勁的攻擊手瑪西亞・富・庫妮雅（Marcia Fu Cunha）領軍。這是大賽中唯一令她們真心畏懼的隊伍。

巴西隊的身高比她們高，身材也更加強壯，在自信心方面也與她們並駕齊驅。兩支隊伍的氣味相投，甚至曾經結為好友，一起在國際錦標賽的半夜溜去酒吧參加派對。然而，過去的兩年間，隨著古巴不斷贏得頭銜，兩隊間的嫌隙漸漸加深。在1994年聖保羅的世界冠軍賽前，報紙報導了巴西隊的勝利宣言。古巴隊到達後，巴西球員的態度冷若冰霜，讓她們不禁懷疑巴西的教練是否禁止她們社交。除了巴西球員的冷漠外，決賽球場更擠滿叫囂的群眾。然而，古巴隊依然以絕對優勢取勝。比賽之後，巴西球員甚至拒絕看他們一眼。

在亞特蘭大的小組賽，渴望復仇的巴西隊趁著古巴隊分心之際，氣勢如虹一路過關斬將，在這次大賽中只輸過一局，路易斯很清楚，就算古巴隊恢復最佳狀態，也不見得能夠取勝。為了獲

勝，古巴必須想方設法讓巴西隊自亂陣腳，就算手段極端一點也沒關係。路易斯告訴我：「在亞特蘭大，我們已經不談戰術了。基本上，我們為了獲勝不計任何代價。」

古巴隊在充滿敵意的情勢下總是如魚得水，觀眾越鼓噪，她們的表現就越好。路易斯不認為巴西隊有同樣的心理素質，她說：「我知道我們能影響她們。她們對排球很有熱情，也很堅強，但她們也相當軟弱。不，不是軟弱，是敏感。」

準決賽前一天，路易斯集合了全部的球員，宣布自己的計畫。她希望她們在比賽時盡可能地打擊對方，侮辱也沒關係，而且越多越好。

排球是面對面的運動，隊伍向來會運用心理上的技巧搶得優勢，無論是瞪視、叫喊或是叫囂，偶爾也會互相比手勢。路易斯認為是時候讓這些伎倆更上一層樓了。

她的隊友不太理解：「你說『侮辱』她們是什麼意思？」

她說：「罵什麼都可以。」

她們問：「例如呢？」

「女人罵女人最惡毒的話。」

雖然有違運動家精神，排球的規則事實上並沒有明確禁止辱罵對手。辱罵的舉動也可能觸怒裁判，將選手驅逐出場，但面臨隊史上最嚴峻的情勢，路易斯決定先把運動家的理想放到一邊去。經過冷靜和理性的思考，她決定要試探規則的底線。

聖人隊長VS.怪物隊長，你想做哪一個？

在禮貌的社會中，只有兩種場合能為了勝利對他人做出侵略性的行為：第一是戰爭，第二是體育。

當然，這類行為仍然有所限制。在戰爭中，化學武器的使用、對平民的攻擊和囚犯的待遇都受到國際公約的制約，並且由國際戰爭法庭執行；在體育中，運動員的行為受到規則的限制，由裁判或管理機構執行。但在奧運等體育項目中，人們最強調的是運動家精神。重點不是全力求勝，而是光明榮譽地比賽。

這樣的體育傳統可以追溯到英國上流社會，人們的娛樂活動對禮儀的要求很高。注重榮譽的思維可以在羅德板球場觀察到，而溫布頓網球場也充滿禮數規範和傳統，球員至今仍必須穿著白色球衣。體育理應屬於上流社會的紳士淑女，運動員不應該靠著辱罵對方的心理戰術獲勝。

隨著時光流逝，維多利亞時代的理想漸漸褪去，運動迷對於偶爾的粗暴無禮行為越來越能容忍，然而，他們的寬容不是無條件的，球隊隊長仍必須維持最高標準。

數十年來，世界各地的體育聯盟不斷有隊長為了與戰績毫無關聯的原因被換掉，像是蹺掉練習、被逮捕、批評管理階層、與批評者爆發衝突，或是合約談不攏等。

大衛‧貝克漢擔任英國足球隊隊長的6年間，飽受各種殘酷的批評，包括他「可笑」的髮型、缺乏「戰鬥意志」，以及他曾經在世界盃八強賽戰敗時，在邊線落淚。2006年，他意志消沉，決定辭去

隊長一職。

　　接任他的約翰・泰瑞（John Terry）的強悍雖然沒有遭到質疑，球迷卻批評他的道德操守。他兩度失去隊長臂章，一次是被控訴與隊友的前女友發生外遇（他當時已婚），第二次則被控訴以種族歧視的言語攻擊對手。英國官方在泰瑞辱罵的案子開庭之前就先將他降職，原因是他在場內場外的表現太過張揚。

　　在我認識的現代隊長之中，最能體現人們對領袖期待的是紐約洋基的隊長德瑞克・基特（Derek Jeter）。他在2003年受到指派，受到一面倒的好評。基特英俊、冷靜、認真而自制，總是賣力比賽，在關鍵時刻的打擊表現更是亮眼。他是土生土長的洋基人，長年以游擊手身分入選全明星賽，幫助球隊得到4次世界大賽冠軍、5次美聯冠軍。

　　即便真的怒火中燒，他也絕不會表現出來。他從不在場上引起衝突，甚至不會加入爭執。他不用禁藥，也不作假。他來自良好的家庭，不惹麻煩，又相當熱心公益。難能可貴的是，他能為孩子樹立正面的角色典範，並散發者領袖的光芒。他的魅力讓洋基欣欣向榮，他當隊長任期內，洋基價值15億的新體育場開幕，年度門票收益更在2010年突破4億元，是基特剛加入時的兩倍以上。

　　但基特的隊長生涯裡，最讓我意外的是獲獎的數量。12個球季中，洋基竟只贏過1次世界冠軍，雖然球隊的實力依舊，與過去的王朝相比，卻還是差了一點。

　　基特的支持者甚至包含其他隊伍的球迷，對於他們來說，缺

乏頭銜或獎盃一點也不重要。幾乎所有對他的稱讚都聚焦在他的形象和行為舉止。他登場，簽名拍照，低下頭，投入比賽。基特被譽為偉大的隊長，因為他有高度自制力，遵從運動家精神的最高原則。基特的形象和隊長任內的成績如此不協調，或許也反映了他的世代。當時的報紙頭版充斥著其他高薪運動員的醜態，包括施打禁藥、場外行為荒腔走板、自私自利等等。

但很顯然，基特的個性和比賽風格與怪物隊長們相比，可說是天壤之別。

古巴的路易斯絕不是一級隊長中唯一作風令人爭議的。再來看另一個對比。

▎怪物隊長的獲勝之道：永不放棄測試規則的底線

2015年，紐西蘭黑衫軍以世界第一的排名參加英國橄欖球世界盃，是奪冠的最大熱門，然而，在對戰阿根廷的開幕戰時，他們似乎受不了壓力而失常了，表現得遲鈍混亂，甚至漏接掉球。反觀阿根廷隊充滿鬥志、一擁而上的防守漸漸瓦解他們的進攻。

上半場開始了一陣子，裁判吹紐西蘭犯規。阿根廷把握機會，從中線附近的黑衫軍手中搶到球，傳給他們的隊長胡安・馬汀・費南德茲・羅比（Juan Martín Fernández Lobbe）。羅比轉身衝鋒，黑衫軍顯然沒有人能及時阻止阿根廷直搗黃龍，衝向得分線。然而，在羅比要進入無人防守區的關鍵時刻，卻跌倒了。

官方重播影片，發現羅比不是自己摔倒的。通過一群倒在地上

的球員時，紐西蘭的側衛隊長利奇‧麥考把腳伸直，偷偷把腳趾又向前探了幾吋，把羅比絆倒。麥考被判犯規，送上「受罰席」10分鐘。觀眾爆出毫不留情的噓聲。

　　紐西蘭上半場以16:12落後，下半場展開反攻，在最後25分內連續2次進攻得分，追平阿根廷領先的4分，最終以10分之差取勝。然而，觀眾最後談論的都是麥考毫無運動家精神的行為。麥考告訴記者：「有些事情發生的那瞬間，你就後悔了。我立刻就知道這個反射動作是錯的，我也覺得很痛苦。」

　　麥考的解釋絲毫無法平息眾怒，來自其他國家的球迷早就相信黑衫軍都很卑鄙，特別是麥考，絕對不會放過任何來陰的機會，肘擊對手的臉、壓制對手太久，或是像這次一樣，偷偷伸腳絆人。

　　英國記者批評麥考的行為「卑鄙」、「狡猾」，而澳洲的報紙則修改照片，將他的頭接到一隻蠕蟲上。他在家鄉的名聲也好不到哪去，紐西蘭的專欄作家說他的行為「偏激」、「輕率」，他「故意試探底線」，而使自己的聲名更加狼藉。另一個作家則說他沒有直接自首犯規，而是等裁判發現，事後又沒有向羅比道歉，違背了「紐西蘭的公平競爭精神」。

　　麥考的手段清楚顯示了球員為了取得優勢，如何打破規則，這毫無運動家精神可言。然而，最令人們反感的是，這似乎是某種常態性的行為模式。對麥考來說，測試規則的底線是一種戰術策略。他的生涯中，他經常在比賽前找裁判談話，試探他們打算嚴格或寬鬆地判決，以及他們當天會特別注意哪些部分。有了這些資訊的輔

助，他就能遊走在裁判容忍範圍的邊緣。愛爾蘭的報紙說麥考對裁判的判讀簡直到了「藝術的境界」。

麥考在絆人事件發燒時得到的評語，絕對不會出現在洋基的基特身上。麥考不斷試探規則，而且唯有自己的行為影響隊伍時才會表達悔意，在在都違背了普世的公平公正精神，而他的隊長身分，只會讓大眾的觀感更差而已。

麥考在比賽時展現的個人道德雖然讓他不受歡迎，但他帶隊的成績卻不容懷疑。到2015年，麥考擔任隊長的第10個球季，黑衫軍創下111戰95勝的最佳成績，也是史上唯一連續奪下2座世界盃的隊長。相對地，在基特擔任洋基隊長的12個球季中，洋基只獲得1次世界冠軍。

其他一級隊長也試探規則的底線，有時場面不太好看。他們的行為固然，有些是時常出自衝動，在比賽激烈時攻擊對手、挑戰自己的教練，甚至一度攻擊裁判，但也有些時候，他們是經過深思熟慮的執行。

然而，沒有其他一級隊長像米蕾雅・路易斯對戰巴西時一樣，想過如此精密計算，又厚顏無恥的戰略。

▌精密計算的「智慧型犯規」

來觀看女子排球決賽的觀眾不多，距離要把奧尼體育館塞滿還差得遠，但當天的鼓譟聲聽起來一點也不遜色。上百名巴西的球迷穿著金黃色的衣服，萬眾一心地希望看到古巴落敗。他們擠在球場

前排，揮舞國旗，在座位前跳舞。有個男子在通過警衛時偷帶了喇叭，其他人則偷渡了小鼓和康加鼓。在球員介紹時，他們對古巴發出陣陣口哨和噓聲，對路易斯更是充滿敵意。

古巴隊穿著白色球衣和粉藍色球褲，拿掉了之前比賽時會綁的假辮子和接髮。她們恢復以往的模樣，在板凳區走動，避免交談，試著放鬆，但臉上緊繃的神情很明顯。播放國歌後，兩隊集中到球網前打招呼，有的球員面色僵硬、有的眼神憤怒或閃避，握手時也冷若冰霜。

巴西隊先發制人，靠著安娜・莫瑟勇猛的扣球取得發球權。她面色凝重地走到後場，完美地發球。巴西的轉播員大喊：「巴西得分！」球迷都瘋狂了。古巴球員似乎亂了陣腳，防守時不斷互相碰撞，回擊軟弱無力。巴西以10:3領先時，路易斯傾身隔著網子開第一砲，罵道：「婊子！」

巴西球員的反應冷靜，只把路易斯的辱罵告訴裁判佩托斯・卡羅勒斯・雪弗（Petrus Carolus Scheffer）。裁判沒採取行動。路易斯扣球得分，追到4:12時，又喊了另一句粗話。雪弗叫她上前，開了一張黃牌。路易斯被公開警告，球迷對她指點鼓譟。路易斯發球界外。羞辱似乎一點效果也沒有，巴西那一局以15:5獲勝。

第二局，古巴找回自己的節奏，以8:6暫居領先。古巴的瑪格麗・卡瓦喬（Magaly Carvajal）攔網失誤，想起隊長的叮囑，於是向巴西隊喊了幾個髒字。她同樣也收到一張黃牌。

古巴以15:8拿下第二局，卡瓦喬仍繼續口頭上的攻擊，目標集

中在巴西的明星球員瑪西亞・富・庫妮雅身上。但巴西利用體型上的優勢，以15:10取下第三局，只差一局就能獲得勝利。

休息結束前，路易斯在教練不在場時集合球員。她告訴她們，如果情況這樣下去，她們一定會輸。她和卡瓦喬一直刺激侮辱對手，現在每個人都該加入攻擊的行列了。

兩隊一路糾纏，比數達到7:7平手時，觀眾都坐立難安。接著，古巴開始逐步釋放。她們在得分後聚集到球網前，對巴西大聲叫囂，到脖子上青筋暴露。妓女。母狗。醜陋的母牛。路易斯回憶：「我們叫她們蕾絲邊！」卡瓦喬也說，在網前近距離接觸時，「我們甚至對她們吐口水。」巴西最易怒的球員富・庫妮雅成了攻擊目標，當古巴球員叫她「狗娘養的」時，她喊著：「你們才是狗娘養的！」

巴西隊又向裁判抗議，這次沒那麼冷靜優雅了。古巴的教練尤金尼奧・喬治・拉菲塔對路易斯的計畫一無所知，雙手圈住嘴巴向隊伍喊道：「專心比賽！」

13分平手時，離勝利只差2分的巴西隊開始以路易斯期待的方式回應辱罵。她們魯莽地回擊，撲救無法挽回的球，每次失誤就用力拍打地面。富・庫妮雅幾乎失去控制，揮舞雙手想制止隊友。巴西隊一次攔網失敗，讓球出界，給了古巴隊關鍵的領先分。接著，卡瓦喬擋下巴西的扣球，結束這一局。比賽即將進入決勝的第五局。

情勢至此，比賽的統計數字顯示兩方勢均力敵。古巴隊有85次攻擊和17次攔網，巴西則是75次攻擊、16次攔網。而巴西在發球得分則有6分的優勢。然而，兩隊在板凳區的表現卻有天壤之別。第四

局累積的情緒和古巴的辱罵終於產生效果，富·庫妮雅眼神空洞地看著前方。在古巴的休息區，路易斯卻無視膝蓋的痛，像兔子般跳來跳去，充滿活力地到處擊掌。拉菲塔已經放棄控制球隊，坐在板凳尾端，雙手交疊在肚子上。

即便古巴的辱罵不絕於耳，巴西在第五局仍奮戰不懈。兩分平手時，巴西的費南達·文圖里尼（Fernanda Venturini）示意隊友接球，古巴球員把握機會激道：「費南達，自己接這球，從屁眼塞進去！」

至此，路易斯的策略進入最危險的階段。裁判雪弗召集雙方隊長，問路易斯為什麼她的隊伍一直侮辱巴西。「我告訴他，『別擔心，我們不會再犯。』」接著，她走回隊友身邊時，比出了類似「克制點」的手勢。

但路易斯沒有因此而收斂，反而決定變本加厲。在裁判聽不到的距離，她告訴隊友：「姐妹們，我們必須繼續羞辱她們。」

古巴隊逐漸找回她們的自信，而巴西隊的肢體語言開始萎靡了。在每一分之間，她們搓揉額頭，或緊張地摸著頭髮。巴西的球迷感受到不安的氣氛，開始用同樣難聽的字眼稱呼古巴隊。路易斯還記得：「操他媽的、婊子、人渣。但我的隊伍很冷靜。」

比賽進行至此，路易斯扮演的角色原本相對不太重要，因為要保護受傷的膝蓋，但古巴以12:10領先時，她高高跳起扣球，力量猛烈到直接穿過攔網球員的雙手。她落地以後，又向後一躍，發出喜悅的高呼，而她的隊友則圍繞著她歡慶。古巴球員已經嗅到血腥

味。巴西隊絕望地替換球員，希望補上攔網的漏洞，但一切無濟於事。很快地，比賽來到14:12的決勝點，古巴即將獲勝。

短暫交鋒後，球來到古巴的半場，瑪蓮妮絲‧柯斯塔將球高高朝路易斯的方向托起。看著球上升，路易斯開始計算腳步。踏步，跳躍，換步，跳躍。球開始下降，她蹲下，然後跳躍到空中。在她達到最高點時，巴西攔網球員的頭差不多只到她的肚臍。接著就是她右手猛烈的重錘。

啪！

球劃過巴西攔網球員指尖上方一尺處，筆直飛向富‧庫妮雅，她一點辦法也沒有。球重重打在她的胸口，掉到地上。「結束了。」沮喪的巴西播報員說道，重重強調每個字，「結、束、了。」

比賽結束。古巴隊的戰術奏效，她們撐過最困難的試煉，而且沒有人被驅逐出場。然而，互罵時釋放的腎上腺素還沒褪去。路易斯與3個巴西球員隔著球網互瞪，氣氛劍拔弩張。她開始大吼大叫，搥打著球網。巴西球員怒火中燒，安娜‧莫瑟走向路易斯，手指穿過網子，叫道：「尊重點！」

兩隊都在隊長的身後聚集，古巴球員繼續辱罵。富‧庫妮雅彎身鑽過球網，朝古巴隊衝去，但卡瓦喬伸手勒住她的脖子，粗暴地將她往後拉。拉菲塔眼見情勢節節上升，雙方的敵意幾乎沸騰，立刻將卡瓦喬推開，喝道：「退後！退後！」

當兩隊在通往更衣室的通道前交會時，球員又開始叫囂推擠。

保全上前關心。富‧庫妮雅朝古巴隊丟了一條毛巾，古巴球員立刻回丟。一進入通道，巴西的安娜‧寶拉‧康娜莉（Ana Paula Connelly）撞向古巴的萊薩‧奧法蕾爾（Raisa O'Farrill），奧法蕾爾抓住康娜莉的頭髮往下拉。這成了兩隊大打出手的導火線，她們開始互相揮拳。路易斯說：「所有的巴西球員都衝過來，然後是古巴球員，我就在正中央，沒被打真的很幸運。」

　　直到亞特蘭大的警察到場，球員們仍互丟水瓶、拳腳相向。路易斯說，一共來了12個警察，「雖然他們身材高大，不過女人爭執時，沒有人能處理的。」

　　恢復秩序後，警察要古巴隊先不要離開更衣室，因為巴西隊正在考慮提告。巴西隊與排球官方討論，決定不再追究，但協會仍會正式對她們的行為作出處置。一直到凌晨三點，在憤怒的巴西球迷終於散去以前，古巴隊都無法離開體育場。

　　這場比賽是排球史上壯烈的激戰，但同時也是最難堪的，後世的評價也毀譽半參。路易斯的行為和麥考一時衝動的出腳絆人不同，是經過深思計算的攻擊策略，完全背離公平公正的精神。而策略成功了，咒罵喚醒古巴隊的攻擊性，同時讓巴西隊心煩意亂，甚至自取其敗。巴西的維娜‧迪亞斯（Virna Dias）事後說：「她們達到目的了。」

　　古巴在金牌戰打敗中國，勝利紀錄又持續了4年，直到路易斯退休。有個問題令我百思不解：我們該如何看待路易斯在這場比賽展現的領導方式？這是強者的象徵，或只是個魯莽女暴君？

▍有目的性的侵略動作，是一種戰術

當然，菁英領袖為了讓隊伍前進，而對他人做出醜惡不道德的事所在多有，絕不只侷限於體育而已。其他競爭的場域也能找到許多例子，特別是商業世界。

史帝夫·賈伯斯（Steve Jobs）被驅逐多年後，終於又在1997年回到蘋果電腦。他改變了公司的現狀，從規模小、虧本、一心想打垮微軟的電腦製造商，躍升成為充滿創意的超級公司，創造出一系列改變文化的產品。到2012年，蘋果的市場價值達到美國史上最高。

然而，賈伯斯在過程中得到「殘酷」的名聲，據說他會大肆批評員工，直到對方受不了而哭出來。華特·以薩克森（Walter Isaacson）在2011年為賈伯斯寫的傳記裡，提到賈伯斯在聽到新的電腦有光碟機而不是插槽時，對工程師大發脾氣。賈伯斯有一次罵晶片供應商的員工「他媽的沒種垃圾」，因為對方沒有準時將貨品送達。

2008年夏天，蘋果的新產品「MobileMe」遭受嚴厲批評，賈伯斯把商品小組召集到公司的演講廳，問：「你們可以告訴我這產品預定的功能是什麼？」團隊成員給了答覆後，他說：「那為什麼他媽的做不到？」

賈伯斯當場開除了MobileMe團隊的領導人。

因為工作上的失誤而怒罵對方，甚至把對方痛斥到哭，這在一般的職場也令人難以接受，甚至會引來官司。雖然賈伯斯沒有真的犯法，他顯然無視業界人際關係的法則，但他似乎不太在意。

很多人拿賈伯斯性格上的缺點做文章，批評他的人會說，上述

的例子證明他只是個獨裁的混蛋，蘋果的成功有許多負面汙點，這樣的模式無法被複製……然而，比較少人注意到的是，人們對於批評會有所修改、回饋。雖然過程不太好看，成果卻很耀眼。從這個角度來看，賈伯斯和怪物隊長們其實沒什麼不同，他的領導模式反映了同樣的道德兩難。

1961年，匹茲堡大學的心理學家阿諾・伯斯（Arnold Buss）出版了第一本完整研究人類侵略性的書。根據實驗室的研究，他發現人類展現出的侵略性可以明確區分成兩種類型：第一種帶有「敵意」，源自憤怒或挫折，期待看到別人受傷或受罰的滿足感；第二種則有「功能性」，並不渴望傷害他人，而是決心達成有價值的目標。

伯斯認為，這類目的性的行動因為任務而起，不會公然觸犯規定，本意也不在造成傷害，或許不是真正的侵略性。用「堅定」來形容或許更適當。伯斯說：「我們應該要區分堅定和侵略性，兩者之間的關聯性其實很低。」

在那之後的數十年，發展心理學家漸漸接受「目的性」的侵略性或許不全然是洪水猛獸，而有侵略性的人在面對社會兩難時或許更能輕鬆駕馭。在2007年出版的《侵略性與調適：惡行的光明面》（*Aggression and Adaptation: The Bright Side to Bad Behavior*）中，美國的心理學家團隊注意到商業界幾乎所有極具野心、位高權重的成功人士，都展現過某種程度的敵意與具有侵略性的自我表現。作者們並未試圖爭論他們的行為是「道德良善」，卻也不認為該純然被歸類為罪惡。他們寫道：「侵略性的行為會帶來個人成長，幫助我

們達到目標，也贏得同儕的正面認同。」

　　這樣的標準套用到史帝夫・賈伯斯、米雷雅・路易斯、利奇・麥考和其他怪物隊長身上都通用，他們有時會跨過那條線，做出充滿爭議的決定。雖然可能對他人的身體和心理造成傷害，他們試探底線的目的卻不是為了傷人。他們的目標是獲勝。毫無疑問，這些習慣去踩紅線邊緣的人永遠不會像基特那樣廣受愛戴，但理論證實，如果就這麼把他們的行為歸類為暴力，未免顯得過度簡化。他們的行為的確充滿侵略性，挑戰人們容忍的極限，卻也充滿目的性。

　　有人將侵略性視為一種技巧，許多菁英隊長的行為等於為這樣的想法背書。迪蒂埃・德尚（Didier Deschamps）身為法國馬賽奧林匹克足球隊前隊長以及國家代表隊前隊長（兩支球隊都是二級球隊），只要他認為「必須」犯規，動作就會充滿侵略性，「但我的目的從來不是要傷害人。」他說這些舉動都經過計算，是為了更遠大的目標。「我們會說這是『智慧型』或是『有效的』犯規。但犯規就是犯規，我也會接受黃牌，至少我們不用面對更慘的結果。」德尚說，關鍵在於保持自制，要知道什麼時候可以犯規，而什麼時候裁判已經盯上你，不打算放你一馬了。「這是一種感覺，是一種智慧。」

　　1986年，加州大學柏克萊分校的布蘭達・喬・布雷迪米爾（Brenda Jo Bredemeier）和大衛・謝爾德斯（David Shields）訪問了40位運動員對於侵略性的看法。他們發覺，受試者對於這個議題往往考慮過許多。運動員們認為在運動時，他們不再感受到必須背著

道德光環的壓力；比賽時，他們只要專注求勝就好，不必顧慮其他人。其中一個參與者說：「當你在場上時，踢球就是踢球，遵守規則就好；但比賽前後，你被道德所約束。」運動員們同時也提到，規則某種程度上是有「彈性」的，他們可以因此調整策略。其中一個參與者表示：「你應該要遵守規則。我有時不會，但我不會明目張膽地違規。」

怎樣的侵略行為算合理？參與研究的運動員意見不同，但他們有個基本的共同信仰：為了造成痛苦而嘗試傷害對手是錯的，但如果為了驚擾或使對方分心而動手，就是可行的。

換句話說，他們對米雷雅·路易斯或利奇·麥考的行為的看法，遠比一般大眾正面得多。

布雷迪米爾和謝爾德斯認為，運動中的侵略表現在道德上的意義由許多變因決定，其中一個就是事發時的情境。他們在書中寫道，運動員比賽時處在競賽的情境中，自動轉換競爭的思考模式，他們的行為準則會與日常生活時不同。這個現象被稱為「括號裡的道德」（bracketed morality）。

他們的理論是，運動員一旦上場，就是進入一個平行宇宙，其中的規則和習慣都不同，按照外界的道德所採取的行動反而未必正確。換句話說，只要進入競賽的情境，人們就會用不同的準則評斷自己的行為。

2015年一個下雨的日子，米蕾雅·路易斯在哈瓦那看了1996年奧運準決賽對戰巴西的錄影帶，看了最後的那一分，以及她接著出

拳打球網的畫面。她竟感到驚訝，也覺得有些羞愧。

「那時候我太亢奮，精神集中，一切都在巔峰。」她解釋著，同時將手高舉在桌上示範。我問她本意是否在於激怒巴西球員，或是羞辱她們。她說：「不，我是在慶祝，或許也可以說是釋放。」

大部分的人或許都認為賽後的衝突只是比賽的自然衍伸而已，但路易斯的看法不同。一旦比賽結束，任何不當的攻擊反而只會有礙古巴決賽獲勝的機率。賽後衝突爆發時，她站在隊友和巴西球員之間，請求她們停止。她說：「對我來說，最重要的是不要有人受傷，因為金牌在一切之上。」

比賽隔天，路易斯在記者會上說明衝突事件。她面無表情，毫無情緒起伏，所有的激情都已耗盡。她說：「就我所知，已經沒有什麼問題。我想這都結束了，我們會避免負面的情緒。」

頒獎典禮上，古巴隊得到強烈的噓聲。拉菲塔在接下來兩年失去教練的位置，因為他沒有能力控制球隊。但古巴仍繼續稱霸下去。

我問路易斯，如今回想起來，對於球隊對巴西的羞辱和事後面臨的譴責有什麼看法。她說：「我對球隊和球員們總是充滿尊敬。但在比賽的時候，只要你不傷害……好吧，我們的確在口頭上傷害她們，我想這取決於當時的情勢。」她說，「侵略性是比賽的一部分，而展現的方式很重要。我不認為我們當時很過分，我們並不想……我不知道該怎麼解釋，這件事當然不好，但動機源自我們對金牌的追求。」

身為隊長，路易斯總是留意自己表現出的情緒。即便是在最

緊迫的情況，即便她心情低落，她總是試著表現出輕快的自信心。她說：「我總是試著透過微笑，傳遞喜悅或能量。這能激勵我的隊伍。」對路易斯來說，侵略性只是另一種表演，是領導者必須帶上的許多面具之一。科學家將這樣的行為稱為「表層演出」（surface acting）。

對戰巴西的比賽結束，表演就跟著結束。她說：「這意味著我要表現出專業。你不能把專業上的行為變成一種武器，你只能在比賽時表現出來，否則不會有什麼好處，因為一離開球場，人們就會把你當成一般人。我總是希望在情勢所逼時，我是個強大而充滿侵略性的排球選手。」而不分場內外、隨時隨地充滿侵略性的人，在她眼中就只是粗魯無禮而已。

但我提醒她，與巴西交手時她們是有些無禮。

她回答：「沒錯，但那是情勢所逼。」

我研究的怪物隊長不是天使，他們有時會為了勝利做一些不太乾淨的事，特別是情勢逼迫的時候。他們不認為得分分秒秒保持運動家精神才能有偉大的成就。

旁觀者或負責報導蘋果等公司的財經記者看待事情的方法，往往與當事人迥異。他們身處「正常」的世界，受到傳統道德與法則的規範。然而，局中人卻在兩套法則間掙扎。比賽的情境中，錯誤的行為會受到既定的規則懲處，或許是一張黃牌、下場10分鐘、驅逐出場，或甚至是禁賽。如果你達到目的，又逃過一劫，就是德尚所說的「智慧型犯規」。

在體育或其他競爭活動中，我們從小受到教育是：比賽時的人格和你真實的人格並沒有不同。有些領導者遵守這樣的金科玉律，因此廣受愛戴，像是基特；但怪物隊長們更在意其他層面：與其關注形象，他們會無所不用其極地帶領隊伍克服挑戰。

世人們總是給運動員很大的壓力，特別是隊長們，總期盼他們奪冠的同時，也能成為價值的楷模。但這兩件事不一定正相關，有時甚至只能二者擇一，史上偉大的隊長們都理解這一點。

本章重點

＊體育最悠遠的傳統就是運動家精神。每個國家和文化裡，總有另一種比計分板上的成績更重要的評價。我們都相信勝利有「正確」和「錯誤」兩種，而面臨道德兩難時，才能凸顯出一個人的人格。在運動隊伍中，最應該符合道德標準的就是隊長，然而，16支史上最偉大的隊伍中，隊長卻未受到道德標準的侷限，反而時常有意試探規則的底線。

＊談到侵略性，許多人認為這是基因或人格有所缺陷。人們所不了解的是，侵略性並非只有一種。「敵意」的侵略性目的是惡意傷害，而「目的性」的侵略性則是一種追求目標的手段。當怪物隊長做出不太好看的行為時，他們仍盡力在規則的範圍之內行動。和隨時遵守運動家精神的隊長不同，時而試探規則的隊長更在乎勝利，而非大眾眼中的形象。

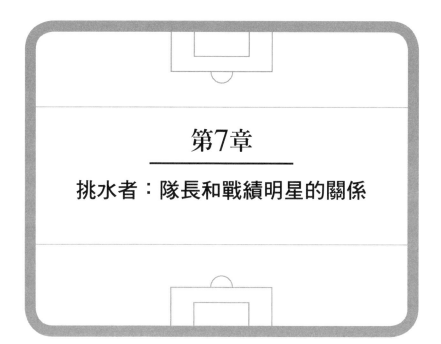

第7章

挑水者：隊長和戰績明星的關係

1996年9月的晨曦中，義大利各地印刷廠外的卡車司機抽著菸，準備發動引擎。車廂裡放了大約40萬1,000份《米蘭體育報》，這份亮粉紅色的報紙可以說是義大利的足球聖經。這個特別的早上，卡車司機開得特別急，因為體育報有獨家大新聞。

　　兩天之後，義大利最好的球隊尤文圖斯隊就要對上曼聯隊，進行歐洲冠軍聯賽的初期比賽。歐冠盃是歐洲頂尖足球聯盟的年度盛事，在比賽前，體育報特別派了記者到英國，訪問曼聯的隊長埃里克‧卡托納（Eric Cantona）。這位高傲、易怒的法國人又被稱為「埃里克國王」。

　　卡托納以粗暴直白的個性出了名，他批評對手和隊友時都毫不留情，甚至在某次訪問中說教練是「一袋狗屎」。體育報的編輯想必認定了卡托納會在比賽前說出很有新聞價值的話，而卡托納確實沒有讓他空手而歸。

　　把尤文圖斯球員說完一輪後，卡托納將話題轉到迪蒂埃‧德尚身上。卡托納很了解德尚，因為兩人都曾是法國國家隊成員。而德尚和卡托納不同，不是搶眼的球星，也沒什麼明星光環，他是中場防守球員，沒得過幾分。在生涯早期，他甚至被馬賽奧林匹克隊認定是可以隨意割捨的球員，還被租借給其他球隊。

　　1年前，也就是1995年時，卡托納因為在英國的比賽中踢擊對方的防守球員，被罰禁賽8個月，而德尚被選中代替他擔任法國隊長。對於被換掉，卡托納一直感到不悅。對於德尚，他沒什麼好話，告訴記者，像德尚這樣的球員，「在每個街角都可以找到」。他又

說，德尚是「能力有限」的球員，唯一的任務就是把球傳給較優秀
的球員。他接著補充，德尚唯一值得讚美的，大概就是他是個「挑
水者」（porteur d'eau，指在背後默默付出的人）。

▌ 默默付出的補給供輸者

　　卡托納的評語從《米蘭體育報》一早的新聞，一路傳遍整個歐
洲，讓倫敦的《鏡報》下了「德尚！」的頭條，而蘇格蘭的《每日
紀事報》也做出「德尚：無用之人」的報導。

　　比賽在義大利都靈的阿爾卑斯球場（Stadio delle Alpi）舉行，但
過程中沒有什麼令人印象深刻的事。尤文圖斯隊開賽不久就靠著罰
球領先，接著在卡托納和曼聯球員的猛烈進攻下退居防守，讓對方
屢次無功而返，比賽最後以1:0結束。然而，對於聚集的媒體來說，
比賽只是前奏而已，真正的重頭戲是賽後的訪問。德尚知道到時一
定會有無數的錄音機對著他，不管他說了什麼，都會在全世界反覆
播放。

　　德尚表現得很謙遜，也帶著幾分驕傲。和卡托納不同，他已經
擁有兩座歐冠盃，其中一座是隸屬尤文圖斯，另一座則是擔任馬賽
的隊長時拿到的。在2001年退休時，他是我的研究中3位帶領兩支不
同隊伍進入第二級的隊長之一。每個人都很好奇他會如何回應。

　　一開始，德尚先告訴記者他在賽後去找卡托納，問他的評語到
底是什麼意思，卡托納唯一的回答是「忘了吧」。德尚銳利的眼神
可是出了名的，而他此刻也露出如此眼神。記者等著他反擊，但他

沒有按照劇本走，不回擊卡托納的侮辱，反而冷靜地接受了。

「我並不在意被稱為挑水的。」他說道。

西元前7世紀，斯巴達的奇奧尼斯（Chionis of Sparta）席捲奧運的短跑項目。為了紀念他的成就，希臘人決定將他的名字刻在奧林匹亞的紀念碑上。200年後，克羅頓的阿賽羅斯（Astylos of Croton）超越他的紀錄，於是詩人西莫尼德斯將他寫進永垂千古的詩句裡。克羅頓的摔角手麥羅（Milo of Croton）連續贏得6次奧運冠軍頭銜，因此名留亞里斯多德和西賽羅的著作中。

從那時起，文明社會開始推崇運動明星。西元1240年左右，蒙古的文獻記錄了一場比賽，參與者包含蒙古不敗的摔角冠軍布里‧博科（Buri Bokh），而且由成吉思汗主辦，大汗本人也躬逢其盛。歐洲中世紀晚期，騎士比武時會舉著長槍衝向對手，槍上綁著醉心於他們英勇氣概的貴族女士所贈予的緞帶。

詹姆士‧菲格（James Figg）是英國最早期的運動明星之一。他從事的項目是拳鬥，又稱為裸指拳擊。有些人估計，他可能贏得難以置信的269場比賽，其中一場還被寫進1726年的頌歌〈觀戰者〉（The Spectator）中。美國拳王傑克‧登普西（Jack Dempsey）曾經將菲格譽為現代拳擊之父。到了19世紀，英國的拳擊賽聚集了超過20萬人觀戰，而騎師、高爾夫球手、網球員和划船、橄欖球、足球的明星球員，也分別吸引了狂熱的支持群眾，或是獲得「最有價值」、「最頂尖傑出」等獎項。

而現代人對於運動明星近乎狂熱信仰，或許始於棒球明星貝

比‧魯斯的時代。貝比‧魯斯身高6呎2，胸膛寬厚，是巴爾蒂摩一家酒吧老闆之子。他善於社交，其父也平易近人，卻有一連串的不良紀錄。貝比‧魯斯發跡於1920年代，日益流行的收音機、報紙、新聞影片和電影帶動大眾媒體的發達，而他更備受關注。他除了不斷揮大棒打破全壘打紀錄，也在好幾部電影中飾演自己、主持過收音機節目、參與歌舞雜耍表演，甚至出現在汽油、菸草、香菸、早餐玉米片和內衣廣告中。

貝比在1930年賺進8萬美元，比總統赫伯特‧胡佛（Herbert Clark Hoover）還要多。對此，他曾說過一句名言：「為何不呢？我今年過得比他還好。」

20世紀中期，電視台砸下賭注，第一次在全世界現場轉播巴西球王比利（Pelé）的比賽。令人驚豔的天分和陽光的微笑使他成為第一位世界足球名人，無論造訪哪個城市，都會有人認出他、追逐他。曾經有記者問比利，他的名聲和耶穌比起來如何，比利回答：「在世界有些地方，耶穌還沒那麼出名。」而在1980年代中期，喬丹靠著球場上不凡的表現和Nike創新的行銷策略，證明了運動員的名聲或許比他本人的運動能力更能帶來收益。

像貝比‧魯斯、比利和喬丹這樣的GOAT球員，在球隊中扮演複雜而耀眼的角色，球迷們也習慣不將他們當做只是整體的一部分，球迷相信他們的才華太出眾、貢獻太偉大，所以無論他們是否擔任隊長，必然都扮演著領導的角色。

大多數的球員不會和球迷爭論，畢竟球迷才是花錢進場看球星

的老大，然而，在少數的例子裡，我訪問隊長時，他們會直白地暗示，其實在幕後，隊伍運作的階級與大眾想像的截然不同。

▋是英雄，還是虛幻的媒體寵兒？

在更衣室中，曼聯的前隊長羅伊・基恩曾寫下：「我們的所做所感與其他人的認知竟有如此鴻溝，令人擔憂。媒體的英雄未必是真正的英雄，寵兒也是。我們活在媒體創造的世界裡，或許有幾分真實，絕大部分卻是虛構。虛構的英雄往往只是現實中的混蛋而已。」

基恩在曼聯的總教練亞力士・富格森同樣認為球員真實的運動能力和領導能力是完全獨立的兩件事。他說道：「確實，隊長的角色有象徵的意義，因為隊長是負責上台受獎的人。然而，**我想要的是真正的領袖，而不是看起來好看的裝飾品。**」

毫無疑問，有的運動員能兼備兩種形象。費倫茨・普斯卡什、尤基・貝拉和莫里斯・理查都有著足以成為GOAT球員的輝煌個人戰績，同時也帶領球隊進入一級球隊。普斯卡什的得分紀錄更是世界第一，在84場比賽中得到83分。

然而，我研究中大多數頂尖隊伍的怪物隊長都沒什麼太轟動的事蹟。像迪蒂埃・德尚、席得・柯文特里、維拉里・瓦西列夫、巴克・雪福特、卡拉・歐福貝克和卡爾斯・普約爾這樣的選手，甚至鮮少出現在MVP名單上。

更重要的是，大部分的一級隊長對於名聲都毫無興趣，他們

連隊長的位置也不主動追求。在2004年，當普約爾的隊友匿名選擇他擔任隊長時，他是全場唯一投下反對票的人。他告訴我：「我覺得投給別人比較道德。」巴塞隆納在2011年冠軍聯賽的決賽獲勝後（那個球季只要他出賽，隊伍就不曾輸過），他把隊長的臂章交給隊友埃里克·阿比達爾（Éric Abidal）。阿比達爾剛結束肝癌的治療歸隊，代表球隊上台領獎。巴塞隆納的大衛·維拉（David Villa）這麼說：「這樣的夥伴情誼並不常見。這是對於隊長來說最重要的時刻，但他卻讓給了阿比達爾。」

　　我的研究在在說明了，與一般球迷的想法相反，挑水者更有可能偏好默默付出，成為強而有力的隊長。事實上，頂尖的領導極可能是來自隊伍的後方，而不是前線的明星。

　　或許不是什麼激勵人心的事蹟，也不會有人因此寫詩或雕刻石碑紀念，但默默付出，特別是擔綱防守的堅強後盾，毫無疑問會是隊伍成功的關鍵。然而，正如我先前提過，偉大的領導者就定義上來說，仍然會在關鍵時刻有所作為，在極度的勝敗壓力下發光發熱。生死一瞬間時，隊長必須當仁不讓，大展身手。

▋ 好隊長鄧肯的特質：功能性領導

　　1997年有一本艱澀的臨床心理學教科書出版，名叫《厭惡型人際行為》（*Aversive Interpersonal Behaviors*），其中有一章是「吹噓、勢利、自戀：對於過度自我者的人際反應」，作者是威克森林大學（Wake Forest University）的教授和數名他的大學部學生。該篇

章的結論是，自我中心的人容易在言語和肢體語言中透露出自大傲慢的訊息，因此不受到他人喜愛，可能會影響團隊的團結。

這篇作品最令人驚訝的是其中一位學生共同作者的身分——21歲的提姆·鄧肯不只是威克森林大學心理系的學生，更是學校籃球隊的明星。

提姆·鄧肯在美屬維京群島的聖克羅伊島長大，夢想成為游泳冠軍。颶風「雨果」在1989年摧毀了當地的游泳池，也摧毀了他的奧運之路。不久之後，他的母親在他14歲生日前一天，因為乳癌去世。

一直到進入高中，鄧肯才開始打籃球。即便他在高中最後一年飆高到6呎11吋，他纖瘦的身材和生澀的球技仍讓大部分的球探懷疑，認為他很難在大學籃球的競爭中嶄露頭角。威克森林大學是唯一提供他獎學金的重要學校。然而，鄧肯成長飛快，竭盡全力鍛鍊球技。在這篇論文出版的同一年，聖安東尼奧馬刺隊在NBA選秀中以第一順位選擇了他。

進入馬刺的第一刻起，鄧肯彷彿完全照著他大學論文的結論來待人接物。他從不要求特權，不會蹺掉練習，表現不好被訓斥時也不會發怒。在球場上，他灌籃後決不會掛在籃框上，或是斜眼俯瞰對手。馬刺的教練葛雷格·波普維奇曾經說鄧肯這個人一點「戲劇性」也沒有。

當22歲的鄧肯在1998年上台接受NBA年度最佳新人獎時，他穿著球褲和破舊的運動衫，臉上幾乎沒有笑容。他似乎一點也不想被

選中，更沒興趣把自己的故事告訴全世界。他曾經告訴記者：「你們想寫什麼就寫吧，別再試著分析我了。」

1999年6月25日晚上，鄧肯在對戰紐約尼克隊（New York Kinks）的第五場比賽後獲得他的第一座NBA冠軍頭銜。馬刺領完獎後，我跟著其他記者一起進入他們歡欣鼓舞的休息室。

在此之前，提姆‧鄧肯從沒有見過這麼多相機。如果他像貝比‧魯斯或比利那樣，就會把握機會享受眾人的推崇，然而，在鄧肯接過獎盃後，我看著他冷靜地穿過房間，打開浴室的門。他拉了最親近的隊友大衛‧羅賓森（David Robinson）一起進去，然後關上門。無論鄧肯當下需要發洩的情緒是什麼，都與大眾毫無關係。

鄧肯在球場上的得分能力或許能與當時單場平均得分29分的喬丹匹敵，但鄧肯並不堅持自己投籃，反而時常將球傳給有空檔的隊友。他會掩護隊友，採行進攻型的防守，打低位，防守籃框。他第一個球季平均單場21分，是聯盟第13名，籃板數則是排名第3。

他的隊友感念他比賽時無私而實在的付出，親暱地稱呼他「大基本功」（The Big Fundamental）。

接下來幾年，籃球記者看著鄧肯的實力逐漸茁壯成熟。他們想找時間寫他的報導，他卻興致缺缺，不然就是面無表情地回應。於是報導中開始出現「無聊」這個形容詞，起初還帶點親暱，後來漸漸有了幾分批評的味道，有個專欄作家甚至說他是「體育史上最無聊的超級明星」。2012年調查青少年最喜歡的NBA球星時，鄧肯連一票也沒有得到。

然而，鄧肯無私的球風卻為他換來一位重要的支持者。另一位一級隊長比爾‧羅素稱讚鄧肯是全聯盟最有效率的球員，在球場上幾乎不會有多餘的動作或情緒。羅素特別欣賞鄧肯未持球時的表現，曾說：「他的掩護幫助隊伍順利進攻，卻不執著於自己得分。」

　　鄧肯的教練波普維奇說過：「他的球風嚴守基本功，既不華麗也不呆板，不會偏離正統。說到正統，現在很少見了，每個人都搶著用自己的方法在做事，他卻依照我們小時候學到的道理來行動，無論是腳步、身體動作，或其他任何事都如此。雖然看起來不太吸引人，卻很有效率。」

　　當時的經濟狀況下，NBA球隊很難維持穩定的球員陣容。大部分像鄧肯這樣等級的球員會認為自己的任務就是專心得分，而其他部分則交由「支援」隊友負責；鄧肯的看法卻不同，他展現出驚人的彈性，幫助馬刺撐過球員陣容變動的危機。他的生涯中換過不同的位置，會根據隊伍的組合在中鋒和大前鋒間切換。有時他的進攻數據破表，有時表現則以防守為主。

　　在球場外，鄧肯做了一件前所未聞的事：他願意接受比市場價值更低的薪資，讓球團能在NBA薪資上限內簽下更好的球員。鄧肯在2015年簽下2年1,040萬的合約，遠遠低於他在公開市場所能爭取的。鄧肯的犧牲讓馬刺能簽下大前鋒拉馬庫斯‧阿爾德里奇（LaMarcus Aldridge），他的薪水是鄧肯的4倍以上。

　　鄧肯說，看待隊友最好的方式，就是「**你幫助他們，而他們也**

同樣幫助你」。

鄧肯在2016年退休時，球隊一共贏得5座NBA冠軍，在他出賽的19個球季都打進季後賽。他個人的紀錄也同樣驚人，是NBA史上在同一支球隊贏得最多比賽的球員。但他沒有舉行什麼盛大的告別巡迴，而是將退休計畫保密了整個賽季，最後只用143字的信宣告他的決定，結尾寫著：「謝謝聖安東尼奧市這些年來的愛護與支持，謝謝全世界各地的球迷，我永遠愛你們，提姆。」

鄧肯似乎以他在威克森林大學的論文為藍本，試著在「自戀狂」和「吹噓者」當道的聯盟中，努力扮演強力隊友的角色。

大眾始終都不太了解鄧肯，但他的隊友很明白。他的領導驗證了「挑水者」的真正價值。他在隊長群中擁有罕見的才華，足以掌控比賽，打出精采的NBA數據，但他的領導風格讓他壓抑自己的打球風格，甚至是壓低自己的薪水，專注於修補隊伍的不足之處。他不在意自己的公開形象，只在乎球隊的勝利。

管理學上兩難的課題是，會努力追求領導地位的人，往往都不適任。他們只是受到隊長特權的吸引，而並非真心想提升隊伍的目標和價值。

一些研究商界超級明星執行長（CEO）的學者發現，當他們褒揚自己時，往往會順帶貶損他人。他們時常讓自己的屬下覺得無能而不被信任，結果形成惡性循環：員工逐漸退縮，而執行長因此對他們的能力不抱期待，於是過度干涉，讓員工更加退縮。

鄧肯的領導風格恰好相反。他降低自己，因此激發出身邊球員

的無限潛力。

▌ 小團隊的管理，要像爵士樂手

　　已故的哈佛大學社會學與組織心理學教授理察‧海克曼（J. Richard Hackman），其學術生涯的大部分心力都投注在田野調查。他花了數百個小時觀察不同的團隊運作，像是籃球隊、手術團隊、飛機的機組人員、樂團，甚至是美國中情局內部的情蒐菁英團隊。海克曼身高6呎6吋，曾經是高中籃球員，他相信最珍貴的見解往往來自極度壓力下的團隊合作，特別是面臨犯錯就無法重新來過的緊急事態。

　　海克曼的中心思想之一，就是人們往往太快下定論，認為隊伍的成敗是領導者造成的。他認為，**有效的領導者必須像爵士樂手那樣，隨著情勢變化即興發揮，而不是像交響樂團，遵從指揮家的指揮，按照既定的樂譜演出。**

　　海克曼的研究證實了，隊伍的領導者應該是像鄧肯那樣的人，充滿彈性、默默付出，把隊伍的目標放在一切之上。海克曼把這樣的領導模式稱為「功能性領導」（the functionl approach），並寫道：「從功能性來看，有效的領導者應該要執行所有能幫助團隊達成目的的關鍵任務，或做出妥善安排，確定有人完成。」

　　鄧肯的功能性領導策略與其他一級隊長大致相同，卻又引發了新的疑問。

　　我前面提過，一級隊長的才能各自不同，有些是媒體明星等

級，有些卻不是。鄧肯的才華在光譜的頂端，所以當隊伍陷入艱困局勢時，他們知道只要他願意，就有辦法大展身手，解決困境，逆轉局勢。

　　但部分一級隊長卻沒有那樣的技術能力，他們的技巧中等，防守的位置往往也在後方。舉例來說，紐西蘭黑衫軍的利奇‧麥考的守備位置是側衛，是橄欖球中最需要體能的位置。他大部分的比賽時間都會與對手近距離粗暴接觸，試著壓倒、制服對手，從他們手中搶下球。他很少得分，離場時看起來總像是戰敗的拳擊手。

　　另一位隊長，美國女子足球隊的卡拉‧歐福貝克，她的得分紀錄低得出奇。國際足球生涯中，她一共只得過7分。只要一拿到球，她就會馬上搜尋可以傳球的隊友。即使有機會自己得分，她也會抑制衝動。她告訴我：「不，我不會那麼做。我會控制好球，然後傳出去。」

　　這樣的選手該如何解釋？他們究竟如何領導？

▌球技不如人，一樣可以是好隊長

　　卡拉‧歐福貝克1996年到99年帶領的女子足球隊，是美國女子足球史上網羅最多天才的陣容。在才華洋溢的得分高手米亞‧荷姆（Mia Hamm）、朱莉‧弗狄和柏蘭蒂‧雀斯坦（Brandi Chastain）的領軍下，國家隊4年的戰績亮眼，締造84勝6敗6和的紀錄，獲勝或平手的機率是94%，和史上最佳的男子隊已不相上下。然而，假如你問100個人這支隊伍的隊長是誰，很可能沒有人答得出是卡拉‧歐

福貝克。他們可能甚至連這個名字都不記得，不過這正是她所希望的。

隊伍贏得世界盃後，歐福貝克的隊友歡樂地享受著為期數周的勝利慶祝，其中包含數十場慶祝會和上電視的機會。但她對這些不感興趣，而是飛回北卡羅萊納州羅利市的老家看看家人。我問她當隊友在曼哈頓市中心慶功那天她做了什麼，她說她洗了三趟衣服。

「我的個性就是這樣。」歐福貝克說，「我不想要讓自己的名字出現在報紙上。只要隊伍贏了，我就很開心。我不在乎那些電視節目，也很高興他們沒有邀請我。」

歐福貝克身高5呎7吋，並不是特別高大強壯。她在達拉斯的市郊長大，從小身形消瘦，手和腳都很纖細，父親還為她取了綽號叫「白蟻」。在球場上，她總是把長長的褐髮扎成馬尾。她的隊友都很熟悉她尖銳的發言，而她又酷又嚴肅的臉上很少顯現出情緒。在許多隊友都還單身的情況下，她卻在24歲就結婚，甚至在球隊四處征戰、戰績狂飆的瘋狂之旅中生了一個兒子。

歐福貝克沒有鄧肯那種才華，她身為防守球員的球技被一位前教練形容「頂多到達平均值」。但無論是場內場外，她凡事都抱持著「哪裡需要我，我就在哪裡」的心態。當美國隊經過疲憊的長程飛行到達旅館時，歐福貝克會幫所有人把行李送到房間。她解釋道：「我是隊長，但我沒有比任何人高級，而且我的球技肯定不比大家更好。」

歐福貝克只要一有機會就會傳球，看不出她有太多自信心，或

是身為隊長應有的左右比賽的能力，但她的謙遜對隊伍有正面的影響。因為她不斷傳球，隊伍中其他主力戰將的持球時間跟著提高；而她很少離開球場，無私的本能幫助隊伍有更多得分的機會。

　　但她領導風格最中心的部分，卻是外界不曾看過的。在練習時，歐福貝克總是毫不懈怠地驅策自己和隊友。在某些特別嚴酷的訓練後，「她們會癱倒好像快斷氣的樣子，而我會說『他媽的挪威都是這樣訓練的！』我想她們應該很恨我。」某次間歇衝刺的訓練中，球員們跑到全身脫力才倒下，而歐福貝克一直撐到最後，還繼續跑了兩分鐘。第二天早上，歐福貝克看完醫生，隊友們才驚訝地發現她是帶著骨折的腳趾跑完的。

　　福特漢姆大學的叫喊實驗（參考第5章）顯示努力是會感染的，而個別成員的努力會提升其他隊友的表現。但歐福貝克的拚勁還有其他的成分，她在訓練時展現的職業道德與場內外一致的謙遜態度，累積成了她可以隨心運用的資本。但她沒有利用這些資本主控比賽，而是在隊友需要鞭策時驅策他們，因為她知道這樣不會令她們憤恨不平。安森・多倫斯（Anson Dorrance）從1986年到1994年擔任球隊教練，他說他相信歐福貝克之所以幫隊員搬行李，是因為她上了場之後，就可以「暢所欲言」。

　　「她有一種天生的才能。」歐福貝克的隊友布里安娜・史柯里（Briana Scurry）說，「就算她批評你，你也知道她是站在你這邊的。卡拉是隊伍的心臟和引擎，是隊伍的根本，她就是這樣的存在。」

▌主力戰將與領導者的供需關係

挑水者能支撐起隊伍的弱點，並拉升標準，讓整支隊伍進步，這樣的例子我們已經看過許多了，但謎題的答案還缺了一塊：如果隊長的職責是在場上指揮隊友，那麼他們就應該要找到方法影響，甚至是控制隊伍的戰略。

對於某些一級隊長，這樣「四分衛」般的角色顯而易見。傑克·蘭伯特指揮匹茲堡鋼人的防守，而米蕾雅·路易斯幾乎主控了古巴的練習菜單和比賽策略。洋基的捕手尤基·貝拉指揮投手和野手。米蕾雅·路易斯的古巴隊友瑪蓮妮絲·柯斯塔這麼形容她：「她總是表現得像個嚮導。她不會動怒，但如果你犯錯，她會立刻糾正你。她會糾正球員的任何錯誤，因為她對排球的視野很好。」

然而，在我的研究中，許多頂級隊伍的挑水者隊長在場上扮演的是輔助角色，當關鍵戰術執行時，他們往往離得很遠，守在己方的半場。既然遠離前線要如何鼓舞人心，或是全力以赴？這樣的輔助型選手要如何主宰比賽的走向？

挑水者的始祖德尚是最好的例子。雖然總是在後方，也很少得分，他卻能帶領馬賽隊連續拿下4次法國冠軍，以及1993年歐洲冠軍聯賽頭銜；此外，他也帶領法國國家隊贏得1998年世界盃和2000年歐冠盃。

在2015年於巴黎受訪時，德尚對於自己扮演角色的描述與歐福貝克如出一轍。他身高只有5呎7吋，很清楚自己的體型在中場沒有優勢，技術也不是頂尖。因此，他對自身的得分紀錄不太關心，很

自在地全心輔助隊友。在國家隊時，他主要的目標就是要把球傳給天才縱橫、得分的主力戰將中鋒席內丁・席丹。德尚說：「我踢出的10球裡，有9球是傳給他的。」雖然對哈佛教授海克曼的著作不熟悉，德尚的領導方式卻很符合功能性的領導。他說，在隊伍中，**「你不能只有建築師，也需要砌牆的人。」**

談論到與席丹的合作時，德尚卻提出了很有意思的觀點。他說，這樣的關係是雙向的。的確，他為席丹效力，確保席丹能拿到球，但席丹也得依靠他來傳球。

他說，席丹「也需要我」。

為其他隊友效力的同時，其實也能建立對方的依賴性，這樣的想法我以前不曾想過。德尚這樣主要在中場布局的球員，卻能夠藉著選擇傳球的對象，控制前場的比賽。他的明星隊友們不只要靠著他的傳球，也得贏得他的認同。對德尚來說，默默的付出不只是為球隊貢獻而已，更是他的領導模式，雖然這樣的模式對坐在觀眾席上的我們來說並不耀眼。「我知道自己沒辦法一步就改變比賽。」德尚說，「但時間一長，累積了上百步的付出和管理，我就能達到平衡，成為隊伍不可或缺的存在。」

換句話說，當電視攝影機總是關注前場球員時，領導的苦差事往往在後場進行著。

巴西在1822年宣告從葡萄牙獨立，卻和我們所想像的國家形式很不相同，匯集了天差地別的城邦、階級、種族、政治立場、宗教和微文化，只靠著一面國旗勉強維繫在一起。然而，自從19世紀晚

期，俱樂部球隊草創以後，巴西就有了團結的目標：足球。巴西國家隊的前教練卡洛斯‧阿爾貝托‧帕雷拉（Carlos Alberto Parreira）這麼告訴BBC體育台：「國家足球隊是國家認同的象徵，也是國家唯一團結的時刻。」

當巴西國家隊開始在世界盃與其他國家交手時，足球給了巴西另一項贈禮：巴西優越主義。巴西隊不只是贏得許多場比賽的獎盃而已。巴西獨特的背景融合了不同文化，從足排球（用腳踢的沙灘排球）到24拍的森巴舞，似乎創造了培育足球大師的溫床，來自不同背景的巴西人都能以超凡的創造力操控足球。

埃德遜‧阿蘭德斯‧多‧納西門托（Edson Arantes do Nascimento）在巴西又被稱為「球王」，而更廣為人知的稱呼則是比利。他是足球史上最偉大的奇才，從1956年出道到1977年正式退休，一共贏過3座世界盃，替桑托斯足球隊蒐集了超過20個冠軍頭銜，在參與的1,363場比賽中得分超過1,270分，堪稱史上頂尖。當比利在1969年得分破千時，巴西的報紙特別把頭版分成兩半，給了他和阿波羅十二號登陸月球同等的歷史地位。

開始研究時，我以為比利是世界盃冠軍隊伍的隊長，但後來發現事情並非如此，我感到很訝異。

1958年，當比利還只是青少年時，巴西的隊長是強勁的中後衛希德拉多‧路易斯‧貝里尼（Hilderaldo Luiz Bellini）。貝里尼有著電影明星般的帥氣長相，因為球場上強悍難以動搖的形象，有了「公牛」的綽號。巴西隊在1958年的賽事中新創了「平行四人站

位」（flat-back four）的防守陣勢，貝里尼扮演中心角色，負責守住中場，盯住其他隊伍最厲害的攻擊者。這代表他在面對世界上最強壯快速的球員時，必須像個沙包假人那樣，正面承受他們的衝擊。他在離場時，腳上往往因為衝撞時被對手釘鞋刺傷而血跡斑斑。他也曾經膝蓋碎裂，或是顴骨骨折。

當巴西的目光都集中在像比利那樣靈活、創新、敏捷的得分球員身上時，貝里尼在背後默默付出。他在國家隊的10年生涯中，連1分也沒有得過。

1958年瑞典世界盃決賽前，全巴西都籠罩在不安中。1950年的賽事，他們席捲全場，決賽時卻在主場心碎地輸給烏拉圭；1954年，他們則在4強賽時輸給匈牙利。雖然巴西很被看好，前兩屆失敗的陰影卻糾纏著球迷，甚至給了球員沉重的壓力。人們普遍認為他們不夠強悍，雖然可以取得領先，卻沒有辦法守住優勢。

決賽開場4分鐘，在斯德哥爾摩主場比賽的瑞典隊率先得分，幾乎不給巴西任何碰球的機會。當下，5,000萬木然的巴西球迷交換了心照不宣的眼神：又來了！

當瑞典隊慶祝時，巴西隊長貝里尼毅然走進球門，把球撿起。他知道自己年輕的隊友們受到打擊，而悲劇可能再次發生的想法吞噬了他們，奪走他們的力量。他走向負責開球的中場球員迪迪（Didi），將球交給對方，給了他一道嚴正的指示：「控制住球隊。」

迪迪聽從隊長的建議，把球挾在臂彎，緩慢而自信地走向中

場，叮囑隊友冷靜下來，是好好對抗這些「外國佬」的時候了。巴西隊像是活了過來，連續得了4分，以5:2痛擊對手，贏得隊史第一座世界盃。最終，他們以超群的才華扭轉了勝負，但貝里尼才是背後真正的支柱。

4年之後為1962年世界盃備戰時，巴西已經習慣了世界足球強國的地位，過去的焦慮早已一掃而空。然而，幕後的氣氛卻越來越緊張。巴西的技術監督保羅・馬查多・德卡瓦略（Paulo Machado de Carvalho）正在思考一個可能引起軒然大波的問題：希德拉多・貝里尼到底還是不是隊上最好的中後衛。

巴西對墨西哥的開幕戰前幾天，德卡瓦略的辦公室門被推開，貝里尼的替補球員莫羅・拉莫斯・德奧利維拉（Mauro Ramos de Oliveira）走了進來。莫羅的球技優雅，以冷靜的控球聞名，但體魄和氣勢都比不上貝里尼。然而，在這一天，他決定表現自我，告訴老闆他相信自己應該站在貝里尼的位置出賽。

德卡瓦略注意到莫羅的進步，也很欣賞他的自信。在震驚的觀眾和媒體面前，他不只同意換人，更任命莫羅擔任新的隊長。聽到臨場換人的消息，記者們連忙蜂擁到貝里尼身邊，想聽他的反應。他們期待著他至少會有些微詞，但貝里尼的答覆只有短短兩句話。

「很公平。」他說，「現在是莫羅的機會了。」

結果看來，貝里尼平淡的反應恰如其分。換人的決定並沒有引來隊伍內部的抗議，或是破壞巧妙的默契。莫羅從板凳來到場上，彷彿早已習慣隊長之職，帶領著巴西隊得到連續第二座世界盃，達

到一級球隊的標準。8年之後，巴西隊在1970年又一次贏得世界盃。莫羅和貝里尼當時早已退休，新任隊長也是後衛的一員，是名叫卡羅斯‧艾柏特‧托雷斯（Carlos Alberto Torres）的右後衛。

即使像巴西這樣才華洋溢的隊伍，卻仍必須仰賴挑水者的付出，我卻沒有感到意外，因為一級隊伍的模式就是如此。令我費解的是，這支隊伍如何在12年間贏得3座世界盃，任用的卻都不是同一位隊長。而在隊伍3次挑選新隊長時，卻從未把重任交給史上最傑出的足球員比利。

2015年春天，74歲的比利面色蒼白，身形脆弱，眼睛幾乎睜不開，肩膀也垮了下來。他在曼哈頓接受記者訪問，被問到為什麼巴西隊在他的年代總是能找到實力堅強的隊長。比利靠在椅背上，沉默了一下才說道：「原因很難說。我不知道原因。」

「他們邀請我當隊長。」他繼續說，「但我總是拒絕。」他解釋自己是基於戰術上的理由，「聽著，如果桑托斯隊或巴西國家隊的隊長是我以外的人，場上就會有兩個受到官方敬重的選手，就是比利和某人。但如果我是隊長，我們就少了一個。」

比利的答案很有道理，但卻沒辦法解釋巴西隊更大的謎題：為什麼在他們歷史上最偉大的足球皇朝，能自動「繁衍」出超群傑出的領袖。為了尋找答案，我買了機票到里約熱內盧。在2016年晴朗的10月清晨，我來到位在巴拉達蒂茹卡（Barra da Tijuca）的現代化社區，卡羅斯‧艾柏特‧托雷斯（Carlos Alberto Torres）為我開了門。

71歲的托雷斯依然精神飽滿,他是黃金時代碩果僅存的隊長。他曾經和比利同場踢球,一起舉起1970年的世界盃,一起巡迴世界,接著成為巴西受人敬重的足球球評。如果這樣的人都無法解釋為什麼巴西能成為優秀隊長的搖籃,或許真的沒有人知道答案了。

托雷斯告訴我,在國際足球生涯中,他和許多其他國家的隊長交流,總是很羨慕他們。他說,那些隊伍的成員同質性很高,球員的想法類似,而且通常教育程度不錯,帶領這樣的隊伍感覺很容易。「巴西的文化不同。」他說,「在巴西,沒有什麼共同的背景,大家接受正規教育的機會也少。有些很貧困的孩子只上了幾年學就開始踢球,而隊長必須意識到這樣的狀況。我們的領導者在許多方面都必須指引球員,因此,擔任巴西的隊長也是對自己人格本質最深的試驗。你必須試著了解他人,了解他們的背景。你越了解,就能幫得越多。」托雷斯雙手合十,「我們需要領袖來控制球員,你懂嗎?如果你強硬地安排,這樣不自然的領導者沒有辦法得到球員的尊重。」

根據托雷斯的說法,有件事降低了帶領巴西隊的複雜性:其他有可能成為隊長,或是在各自的俱樂部球隊擔任隊長的球員,都知道想讓巴西國家隊團結合作是多麼困難,因此會毫不猶豫地伸出援手。他說:「其他的領導者會幫助你。」

我問托雷斯巴西足球的另一個謎團:為什麼在比利輝煌漫長的生涯裡,球隊從未施壓讓他接下隊長臂章?更廣泛來說,為什麼「巴西國家隊隊長」這個位置很少交給滿坑滿谷的明星球員?

「最好的球員不一定會是最好的隊長。」托雷斯說，「像比利這樣的球員已經承擔許多壓力了，球迷和記者都對他抱著極高的期待。他只要為比賽的好表現做最好準備就夠了，不應該再擔心隊長的責任。隊長隨時都要擔心許多事，要專注解決問題，和教練溝通，找到隊伍最適合的策略，也要扮演官方與球員的橋樑。你得讓頂尖的球員離開人群，他們才能好好準備。」

換句話說，托雷斯的意思是，在巴西，作為球星的負擔和隊長同樣沉重，而兩者並不相容。或許其他國家的球星能自在地扮演起領導的角色，巴西卻沒有人能兩者兼顧。然而，他沒有說的是，巴西隊包含比利在內的每位球員，都直覺地知道這點。

如果有人在研究開始前，問我哪一個隊伍最能凸顯挑水者的力量，我大概不會選巴西國家足球隊。但從里約飛回家時，我意識到巴西隊之所以頂尖，並非單單只是因為集合了頂尖的球員，它能成為一級球隊，是因為符合制衡原則。他們的強盛乃是因為球星們知道自己無法成為好的隊長，而貝里尼、莫羅、托雷斯等隊長也認清，他們不會成為球星。在巴西，隊長就必須扮演挑水者的角色。

本章重點

＊自古以來，人們就渴望從人群中選出特別的人，推崇景仰他們。對於團隊，這樣的直覺卻可能帶來問題。我們很難區分隊伍真正的影響力和球星，我們會假設球隊即球星，球星即球隊。然而，16支怪物隊伍的隊長都不是球星，表現得也不像閃亮的球星。他們不喜歡受到矚目，傾向扮演功能性的角色，默默付出。

＊在比賽中，人們認為團隊的領導者應該在關鍵時刻表現不凡，而在場外表現謙卑，輔助隊友關鍵演出的選手，根據定義應該就只是配角而已。這本書中描述的隊長卻證明因果關係錯了，偉大的隊長會在隊伍中放低身段，贏得道德上的威信，讓他們在艱困的時刻鞭策隊友前進。在後方傳球的球員看起來或許像個僕役，但他會建立起他人的依賴性。事實上，最簡單的領導方式似乎就是為他人付出。

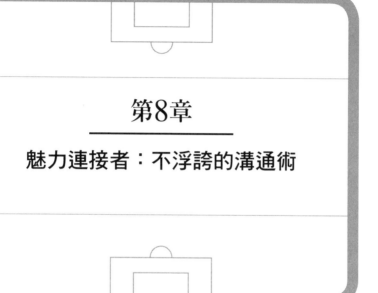

第8章

魅力連接者：不浮誇的溝通術

無庸置疑地，用煽動性的語調說出對的字眼，往往就能造成深遠的影響。語言能深入人的內心，在體內引起化學反應，帶給人們進步提升的力量。文森‧倫巴底教練在1967年對綠灣包裝工隊的中場喊話就是個好例子。

　　面對艱鉅挑戰時激勵人心的演說幾乎已經成了好萊塢電影的基本公式，不只是運動員，軍事領袖、太空員，甚至是詩人、老師都能套用。

　　但在這個部分，16位怪物隊長與我們想像中的偉大領袖截然不同。他們沒有三寸不爛之舌，也不擅長口頭上的激情鼓舞。他們甚至不喜歡公開發表演說。

　　事實上，他們甚至刻意避免這樣的場面。

　　我問法國手球隊隊長傑洛米‧費南德茲是否曾經發表過激勵隊友的精神講話，他說他只試過一次，結果卻是相當悲慘。巴塞隆納隊的卡爾羅斯‧普約爾告訴我，他完全不記得自己有正式公開對隊友們說過話。他說：「我不喜歡這種事。」匈牙利的費倫茨‧普斯卡什在一級隊長間算是相對外向，但他也不太來這套，因為他相信隊友們都是職業選手，應該有自我激勵的能力。他的教練古斯塔夫‧西比斯曾說：「普斯卡什惜字如金。」洋基隊的尤基‧貝拉8年級就輟學，似乎連基本的句法結構都沒學會。體育記者莫瑞‧艾倫（Maury Allen）說：「他連話都不太會說。有人說他和洗碗水一樣笨。」幾乎無法想像貝拉站在椅子上，發表像《蓋茲堡演說》那樣的言論。想當然爾，他從沒那麼做過。

關於一級隊長在場外與隊友互動，或是談論自己的溝通哲學的例子少之又少。他們通常會避開宣傳的場合或表揚典禮，甚至把採訪當成大腸鏡檢查那樣的苦差事。他們不喜歡談論自己，也很少提起自己對領導的想法，難得接受訪問時，通常也表情淡定，有時還對媒體抱持疏離的敵意。匹茲堡體育記者吉姆・歐布萊恩（Jim O'Brien）到鋼人隊長傑克・蘭伯特家中採訪時，蘭伯特拿著一把手槍應門。歐布萊恩回憶道：「他正在清槍，但拿著槍的目的是嚇我一個措手不及，或是要讓我緊張。」

隊友們說，一級隊長在休息室和球場上的模樣，與麥克風前受訪時簡直判若兩人。和隊友在一起時，他們其實並不孤僻，也不容易被問題激怒或只用三言兩語敷衍。事實上，他們有的時候聒噪健談。

卡拉・歐福貝克討厭眾人的注目，但她沉靜的態度在比賽開始的瞬間就會轉變。她告訴我：「我都會說出來。」如果隊友搶到球，她會第一個開口讚美，「但假如她們不夠努力，我也會讓她們知道。被我『釘過』不夠努力的球員，一旦讓對手好看了，我一定會大力稱讚，讓她們知道自己有多棒。」迪蒂埃・德尚則說，在隊伍中，他很少保持安靜，「我在暖身時說話，在更衣室說話，在球場上說話，半場時也說話，說個不停。你得一直說話，這是修正事情的方法。」

即使是尤基・貝拉也時常會開開玩笑，有時對象是隊友，有時則是打擊區的對手。波士頓紅襪隊的泰德・威廉斯（Ted Williams）就曾經被惹火，轉身對他大吼：「尤基，他媽的閉嘴！」

普約爾受訪時還算誠懇但老是有氣沒力，一上球場卻生氣蓬勃。同隊的防守球員傑拉德・皮克（Gerard Piqué）說：「我根本一秒鐘也不可能恍神，因為總會有人在我背後唱『傑拉、傑拉、傑拉』。」普約爾開始喊時，皮克有時會轉身問他怎麼了，而他會回答：「沒事，只是要保持清醒而已。」

　　一場對戰皇家馬德里的激戰中，皮克從地上撿起觀眾席丟向他的打火機，用「現在是怎樣」的誇張表情要向裁判抗議。不到兩秒，普約爾像個耐心耗盡的幼稚園老師，把打火機從皮克手上搶走，丟到場外，然後把還想抗議的皮克推回守備位置。普約爾說：「我有時候的確對隊友很嚴厲，但我沒有惡意，只是想幫他們集中精神而已。」

　　以上這些隊伍的氣氛開放熱絡，和隊長們的媒體前形象相反，他們能夠互相傾吐抱怨、討論戰略，面對批評時也能夠立刻處理。整個團隊朝氣蓬勃，鼓勵每個人有話直說。

　　在「打造團隊的一體性」這件事上，教練似乎扮演重要的角色。他們未必是創造者，卻要花心思加以保護。巴塞隆納的總教練皮普・蓋帝歐拉雖然很年輕，甚至和隊上某些球員同期過，但他卻從不踏進更衣室，確保球員保有彼此自在交流的空間。他把巴塞隆納的練習時間從早上改成下午，讓球員結束後可以一起用晚餐。當明星前鋒茲拉坦・伊布拉希莫維奇（Zlatan Ibrahimovi ）來到巴塞隆納時，他說蓋帝歐拉把他拉到一邊，說：「在巴塞隆納，我們每個人都腳踏實地。」意思就是，他不應該表現得像「特殊份子」。

1980年代蘇維埃紅軍的冰球教練維克多‧提荷諾夫並不受球員愛戴，他要求他們在極大的壓力下訓練和比賽，往往一整年有多達11個月與家人分離。但這也使球員緊密連結，不分彼此。隊上多年的翼鋒弗拉迪米爾‧柯爾托夫（Vladimir Krutov）曾經被問過每個隊友的閱讀習慣、興趣、嗜好等等，他覺得這個問題很蠢，說道：「都一樣，我們根本一模一樣！」

▌學會做團隊的「耳語者」

一級隊長們在塑造這些可貴的球隊文化上也出了一臂之力。舉例來說，當比爾‧羅素在1966年成為塞爾提克隊的球員兼教練時，他並沒有成為獨裁者，反而會在球隊舉行公開會議，讓每個人都能發表意見，達成協議。傑克‧蘭伯特擔任鋼人隊隊長時，隊伍的傳統是在比賽後聚集在桑拿室，在遠離教練和媒體的情況下紓解壓力，並開誠佈公地做賽後檢討。他們不會隨口亂說，發言皆有憑據，而且沒人能逃過批評。這也是蘭伯特最感到自在的地方，前隊友格里‧慕林斯（Gerry Mullins）曾說：「這是傑克‧蘭伯特的避風港，他總是最早進去，最晚離開。」

一級隊伍中，最開放熱絡的是1949年到53年的紐約洋基隊。在這支隊伍裡，新人們不會像尤基‧貝拉當年剛加入時那樣被欺負，老將們對新人總是照顧有加。為了避免派系分裂，他們會舉辦烤肉大會，邀請每個選手。投手老將們甚至在1949年通力合作，幫助貝拉成為優秀的捕手。

當貝拉成為隊長時，他維繫了這樣的文化。他不是個演講大師，卻找到和每個球員巧妙溝通的方式。他被稱為「投手耳語者」，會和搭檔討論好幾個小時，商量對打者的戰術。同時，他也關心他們的心情，學著如何幫助他們調整情緒。如果投手持續對暗號搖頭，貝拉也不會心存芥蒂；如果他們需要協助，他會立刻出手。貝拉對於他的投手瞭若指掌，而他們也發自內心地相信他。

　　貝拉和話很多的投手艾迪‧洛帕特合作數年，兩人幾乎可以讀彼此的心，到最後連投捕的暗號都免了；當另一位強投老將維克‧拉斯齊球速大不如前時，貝拉則引導他如何透過球種與球速的變化來三振打者。

　　在投手投得不順時，貝拉往往能表現得最好。有時他會要他們放鬆，或是說說笑話讓氣氛不再緊繃；有時他則會煽風點火。1953年是惠特尼‧福特在洋基的第一個賽季，那時貝拉對打者的判斷已經無人能及，所以福特完全按照他的暗號投球。「我很少對他搖頭。」福特說，「而我每次搖頭以後，通常會發現貝拉才是對的。」

　　當24歲的福特遇到問題難以克服時，貝拉會喊暫停，慢慢走上投手丘，說些類似「聽著，小子。電影院的強檔電影6點開場，現在4點了，我想準時到，所以快點結束吧！」

　　貝拉在洋基的18年生涯中，洋基輪值過數十位投手，但投球數據在聯盟名列前茅的人並不多。光是在1952年，貝拉就與15個不同的投手合作，每位都超過15局——然而，洋基仍然在貝拉離開之前

贏了10座世界冠軍頭銜！

　　一次又一次，不同類型的投手帶著尚未開發的潛能來到紐約，在貝拉的指導下達到生涯巔峰。作家索爾‧吉特曼（Sol Gittleman）寫道：「事實證明，貝拉不只是個很棒的傾聽者，更是捕手的理想典型。他是巧妙的心理大師，能夠操控他的投手。」

　　看到尤基‧貝拉結結巴巴的演說，或是他出了名有點無厘頭的「金句」，像是「比賽在結束前都還沒有結束」，或許好萊塢和一般大眾都很難相信吉特曼的話。然而，尤基‧貝拉的確代表了溝通的文化，是棒球史上最有才華的溝通者之一。

從戰爭模擬遊戲看「群體動力學」

　　人類的溝通自古有個難解的謎團：為什麼有些團體的成員似乎能以同樣的波長運作，想法和行動都彷彿一體，但有些團隊卻不行。研究「群體動力」的科學家發現，當一群人逐漸習慣一起執行任務時，他們會發展出「共享認知」。他們集合眾成員的知識與經驗，幫助所有人形塑一種心智模式，足以預期彼此的反應，達到更有效率的合作。

　　2000年，賓州大學的研究團隊觀察56支大學生隊伍玩一款戰爭模擬遊戲，過程中他們必須透過互動打敗虛擬的敵人。只有少數有天分的隊伍發展出共享認知，展現了極高的解決問題能力，而且不只在正常環境如此，在複雜而陌生情境中也能發揮自如。其他研究者也證實，如果擁有良好的直覺性的溝通，就算個別成員的技術能

力維持不變，隊伍整體的表現也會大幅提升。換句話說，隊伍的成員如果彼此夠熟悉，能預測彼此反應的默契也較好。

也因此，如果團隊成員有所謂的心電感應，每個人都知道隊友的下一步，那麼團體的表現就會進步。然而，下一個問題是：有效率的團隊成員彼此怎麼溝通？

從2005年開始，麻省理工學院人類動力學實驗室的團隊進行了為期7年的計畫，研究包含銀行、醫院、客服中心等21個組織，觀察他們的溝通方式，以及不同的溝通模式如何影響他們的表現。

他們不像先前的學者一樣，只是錄下隊伍的工作狀況，或只是讓受試者填寫問卷。麻省理工的團隊由艾力克斯・珊迪・潘特蘭（Alex "Sandy" Pentland）帶領，運用了高科技配備，讓每個團隊成員都配戴一台無線多媒體錄影機，以記錄數位影像和聲音，每分鐘產生超過100筆數據。團隊成員在工作互動時，機器會記錄他們說話的對象、說話的語氣、講者是否面對彼此、使用多少肢體語言，以及他們花了多少時間說話、傾聽或打岔。統整蒐集到的數據後，研究者就能做出詳細的溝通模式圖表。

很快地，麻省理工的研究證實，無論團隊成員的能力、智力、動機如何，也無關過去的表現如何，最終影響團隊「當日表現」的因素都是「溝通的模式」。事實上，潘特蘭和研究夥伴們光看過收集到的數據，就能夠預測團隊對於他們的表現是否滿意。

所以，頂尖的團隊如何溝通呢？

▌短暫卻充滿能量的對話才是好溝通

　　要觀察一個團隊的產能，麻省理工的學者發現關鍵因素是成員在正式會議以外的社交場合，所展現出的「活力與參與度」——在休息室裡談話熱切的團隊比較可能達到優異的結果，而團隊裡每個成員說話的時間長短也很重要。**在頂尖的團隊中，每個人開口的時間都差不多，沒有人霸占麥克風，也不會有人三緘其口。**潘特蘭寫道，在理想狀況中，「團隊每個成員發言和傾聽的時間差不多均等，而且言簡意賅」。

　　研究者也整理出這些頂尖隊伍中「天生領導者」的數據特徵，並稱之為「魅力連接者」。「根據數據，他們積極走動，與人進行短暫而充滿能量的對話。」潘特蘭也寫道，「他們的時間分配很民主，與每個人等量地溝通，並且確認每個團隊成員都有機會貢獻。他們不一定個性外向，不過對於接觸人群都感到自在。他們傾聽的時間和說話一樣多，甚至「聽」比「說」更多，而且全心投入。我們說這是『充滿活力、有能量的專注傾聽』。」

　　讀完關於魅力連接者的部分，我回想起1998年世界盃冠軍賽法國對上巴西，在中場時發生的插曲，其中的「演員」包含迪蒂埃·德尚。

　　半場前，法國跌破眾人眼鏡，以2:0領先。球員們衝進更衣室時，難得地散發著狂熱而緊繃的情緒。跑在前頭的球員之一是中場球星席內丁·席丹，前半場的兩分都是由他踢進。席丹直接走向他的櫃子，躺在地上，雙手摀住眼睛，顯然已經精疲力竭。隊長德尚

緊跟在席丹身後，隨即繞了房間一圈，沒有特別針對誰，連珠炮般的說了好幾串話。

「我們得繼續拚。」他說，「不能只是坐等比賽結束。」

幾分鐘之後，德尚走向還躺在地上的席丹。他彎下身，雙手捧住席丹的臉，直直看著席丹的雙眼，用眼神示意他提高警戒。

結果，法國在下半場讓巴西一分未得，結束前幾秒又踢進一分，以3:0贏得法國隊史上第一座世界盃。兩年後，同一支隊伍又在德尚的帶領下贏得2000年歐洲冠軍，確立了二級球隊的地位。

談到與席丹在更衣室裡情緒高張的場面，德尚說他總是用同樣的方式對隊友們。除了用字遣詞，他認為和談話對象有肢體上的接觸也很重要，言語和肢體語言得相互呼應。「你臉上的表情得符合你想要說的話。」他說，「球員們都知道我開不開心，他們聽得出來，也看得出來。」

對於溝通，德尚似乎和麻省理工的研究有著一樣的體悟：要成為成功的溝通者，言語固然重要，卻絕非唯一，還有更多值得探討的奧秘。

1990年代早期，哈佛的心理學家娜里妮‧安貝蒂（Nalini Ambady）和羅伯特‧盧森索（Robert Rosenthal）開始研究肢體語言的力量。他們錄下13位大學教師對學生講課的影像，再將每位教師的影像剪接成幾段各約10秒的短片，然後把音軌去除。

接著，他們找來一些不認識這些教師，也沒修過課的人來當「評審」，交給他們一件看似不可能的任務：憑著僅僅30秒的默

片，針對誠實、喜愛度、支持、自信、競爭力、優秀程度等15項人格特質，給予教師分數。

收到結果以後，研究者將評審的分數和修課學生給的評分做比較，想看看兩者的看法有什麼不同。他們驚訝地發現，學生和評審的分數幾乎完全相同。「默片組」評審的評分實在太準確，讓安貝蒂與盧森索決定把默片從原本總共30秒，再縮減為6秒，而結果再次證明並沒有顯著的差異，第二輪評審評分的準確度只降低了7%而已。這項實驗告訴我們，老師們帶給人的印象中，肢體語言是最重要的部分，而他們說出口的話語幾乎沒有影響。

兩位作者寫道，實驗證實兩件事，「首先，我們本能直覺的判斷或許遠比自己以為的還要準確；第二，在無意識中，我們其實溝通了許多自己想表達的訊息。」

在1995年出版的著作《情緒智商》（*Emotional Intelligence*）中，心理學家丹尼爾‧歌爾曼（Daniel Goleman）整理了科學家從1960年代開始累積的想法，建構出一套理論。他認為一個人辨識、控制、產生與表達情緒的能力是一種獨立的智商，無法透過標準的智力測驗判定。情商高的人懂得利用「情緒資訊」改變想法和行為，幫助他們在人際互動的情境中表現更好。歌爾曼相信情緒智商和優秀的領導技巧息息相關，甚至可能比智力或技術專業能力還要重要。

關於肢體語言的研究和情商的概念，都說明了一級隊長如何在不開口大發議論的情況下，也順利讓隊員接收到他的訊息。我想，

或許怪物隊長們的溝通技巧不全然在於他們說了多少，而是他們透過肢體語言、表情、手勢和接觸所傳達的情緒能量——有效溝通的關鍵遠不止文字語言而已。

▎不靠口才，而是讓對方瞭解你的心意

看聖安東尼奧馬刺隊的比賽時，我的第一個想法是：球場應該賣「節目單」，而不是「球票」。2016年一場馬刺對戰紐奧良鵜鶘隊的比賽，我坐在場邊第二排，就在馬刺板凳區正後方。從我的位置看去，我注意到馬刺球員喋喋不休地說著：「上吧，好好打……到中間去……後退、後退……不能停……步調…別太過頭，帕帝…紅色、紅色、紅色……和後面，後面啊！」

在他們19季的驚奇之旅中，馬刺靠著扎實的防守、擋拆戰術和優秀的低位表現，贏了5座NBA冠軍。我曾經提過，馬刺隊的進攻和防守數據在NBA都稱不上太出色，但他們在「溝通」這個領域表現極佳。

馬刺球員會花許多時間彼此交流，藉以加強他們的默契。體育記者比爾‧賽門斯（Bill Simmons）曾說，馬刺讓他想到「5個朋友在玩21點的牌桌上一邊聊天，一邊想辦法幹掉莊家。」

我之所以去看那場比賽，又坐在前排，就是為了近距離觀察他們的對話文化。但更重要的是，我想要知道記者眼中「無聊的」提姆‧鄧肯在其中扮演什麼角色，究竟有沒有他的獨特功能。很難相信在大眾面前像台吸塵器那樣乏味的鄧肯，有可能成為隊伍中的

「魅力連接者」。

鄧肯不覺得自己是個高調、大聲的領導者，他很少放大音量，曾說：「我想幾年下來，我和大家相處比較自在了，才比較常說話。我會走過去拍拍大家的背，或是把人拉到一旁之類的。但大多時候，我還是喜歡把壓力放在自己身上。」和大部分的一級隊長相比，鄧肯的煽動力似乎小多了。無論情勢如何，他內斂的肢體語言和平淡的表情都不會改變（諷刺性報紙《洋蔥報》（*The Onion*）曾經以此取笑過鄧肯，標題是「提姆・鄧肯為了觀眾誇大演出，輕輕挑了一下左邊眉毛」）。如果哈佛心理學家安貝蒂與盧森索把鄧肯講課的30秒影片給受試者看，他們應該會立刻睡著吧！

鄧肯連語調都毫無起伏。無論輸贏，他在訪問中的語調都很平淡，讓他顯得很孤僻，甚至有些無禮。他的前隊友馬利克・羅斯（Malik Rose）說，若想要好好理解鄧肯，關鍵是聽他說的內容，而不是表達的方式，不過這不太容易。

在開賽的幾分鐘，鄧肯打得像個機器人。他不浪費力氣，用最少的腳步到定位，打低位只用謹慎、巧妙的基本動作。他會花一些時間指揮防守，示意隊友到定點，指示正確的方向，但其中幾乎不帶半點情緒。第三節時他難得地灌籃了，卻連與隊友擊拳慶祝都沒有。接著，在比賽倒數3分鐘時，馬刺連續攻下10分，以8分之差擊敗鵜鶘，鄧肯笑也沒笑一下。他的另一位前隊友邁克爾・芬利（Michael Finley）就曾說過：「如果你對籃球一竅不通就進體育館，從他的動作你絕對看不出他是隊長。」

鄧肯的某個部分卻吸引了我的注意力：他的眼睛。雖然不算犀利，也沒有讓人覺得靈魂深處都被看透，但鄧肯會用雙眼表達各種意涵。當裁判的判決讓他不滿，他會睜大眼表達驚訝；當隊友防守失誤，他會瞇起眼俯視。有時他會盯著隊友看整整2秒鐘，甚至3秒。他的臉或許讓人讀不透，他的眼睛卻清楚地說明了他的想法。

　　在暫停時間，當鄧肯不在場上時，他的雙眼更是會整個活躍起來。他的眼神總是四處搜尋，來回審視隊友、教練和裁判的臉，以及電子看板，甚至會看向球迷。鄧肯在暫停時有一些固定的動作：哨聲一響起，他會比任何人都先從板凳上跳起，走上前和每個踏上場的球員擊掌；接著，他會走向助理教練們，去看他們的筆記（很少NBA球員這麼做）。當馬刺的教練葛雷格‧波普維奇蹲下對球隊講話時，鄧肯會站在他左肩後方的位置。從這個制高點，他可以看到教練在白板上寫了什麼，必要時也提出自己的意見。這個位置也讓他看見坐在前方的隊友們的肢體語言和臉部表情。

　　每次暫停結束，波普維奇講完以後，鄧肯會找一、兩個隊友，用輕柔但熱切的聲音解釋某個戰術，有時更會加上手指的動作。他也時常碰觸隊友，擊掌或是拍拍屁股，又或是攬住他們的肩膀。在更輕鬆的時刻，他會玩笑地撞撞他們。

　　看著鄧肯做這些動作時，我體悟到他是刻意為之。就像麻省理工研究中提到的魅力連接者，他也活躍在隊員之間，並且平均分配時間。他和每個人相處時都感到自在，傾聽的時間和說話一樣多，而且從不會打斷眼神的接觸。

　　在紐奧良的比賽中，鵜鶘一開始取得4:0的領先，波普維奇立刻喊暫停，對著球員們可以說是大發雷霆。馬刺隊前一晚也有比賽，看起來很疲憊，波普維奇認為他們無精打采，因此痛罵了一頓，憤怒地用白板筆猛戳白板。他從鄧肯下刀，說他傳了很糟的一球。鄧肯指著自己，抗辯道：「我？」但波普維奇把最嚴苛的批評留給隊上的明星控球後衛東尼・帕克（Tony Parker），說他防守時太懈怠。最後，他收尾道：「東尼，你出去。」

　　東尼似乎冷靜地接受了冷板凳，他倨傲地穿上運動衫，坐到椅子上。但換掉他其實很冒險，因為帕克遭到批評時常會自怨自艾。

　　下一個休息時間，鄧肯馬上採取行動。他急忙下場，直接走向帕克，一手放在他的頭上，讓他抬頭看他。帕克眼神閃躲時，鄧肯把手移到帕克背上，輕輕拍著，問他：「你還好嗎？」帕克點頭，抬頭看鄧肯，露出勉強的笑容。鄧肯用同一個姿勢站著，看了隊友大概3秒鐘，這才回到自己的位子上。

　　8分鐘後，波普維奇決定再次讓帕克上場。鄧肯把手掌放在帕克的胸口，表達支持。另一次暫停時，鄧肯走到帕克身後，雙手環抱他。他帶著笑容，傾身靠近帕克的耳邊說了些話，帕克也笑了。鄧肯把左手放在帕克肩上揉著。雖然鄧肯可能只說了5個字，但他的支持再清楚不過了。

　　比賽過後，波普維奇不願意解釋他為什麼突然換下帕克，大部分的馬刺球員沒有和記者交談，而是直奔更衣室。我問馬刺後衛派帝・麥爾斯（Patty Mills）有沒有注意到鄧肯的舉動，他說：「很顯

然，他和東尼在一起夠久，知道要怎麼處理這個狀況。提姆總是能好好表達他想傳達的，就算只是很快或很短的幾個字。如果什麼事該說，他就會說；如果不該，他就不會多事。所以只要他開口，每個人都會聽。」

鄧肯的領導風格中，最耐人尋味的部分大概是他不喜歡說話，卻努力創造出鼓勵隊友發言的環境。而在球隊中，他為自己設定的角色正是維繫這種開放氛圍的人。他本來不善表達，卻學著利用自己擁有的工具，也就是雙眼，在關鍵時刻傳達強烈的訊息。

「他從不會批判別人。」波普維奇這麼形容鄧肯，「他試著認識每個人真實的模樣，看他們都做些什麼、有什麼特長。他真的很擅長看人，而我們發現這一點之後，就知道不管把誰帶進來，只要不是連續殺人犯，他就能夠找出相處之道。如果提姆‧鄧肯拍拍你的背，或是攬著你，或者在暫停時傾身在你耳邊說點什麼，你會覺得意義非凡。他知道自己的注意力對球員的發展和信心影響遠大，正因為如此，他才能成為這樣的領導者。」

當天晚上回到旅館時，我更清楚鄧肯如何與隊友溝通了。他不會發表偉大的演說，更不會當著他們的面大吼大叫。他的話不多，卻能在問題發生時有技巧地解決。就像其他一級隊長，他會透過眼神和觸碰隊友來強化自己的訊息。雖然鮮少人會用「魅力」來形容鄧肯，但他的確符合麻省理工研究中的「魅力連接者」。

除了肢體語言的力量，哈佛針對教員的研究也探討了另一個概念：言語和肢體的表達方式有所謂的完美組合嗎？

前述安貝蒂與盧森索的「默片」實驗中，他們注意到那些被評分偏低的老師通常都坐著，頻繁地搖頭、皺眉，手部也有象徵焦躁的零碎動作。如此看來，這些動作都應該避免。評分較高的老師普遍較為活躍生動，但除此之外，他們的手勢和動作五花八門。有人微笑、點頭、發出笑聲、用手指示或拍手，有些卻不會那麼做。而講者的長相是否有吸引力、手勢是強烈或收斂等，也不影響評分。

換句話說，魅力並沒有普世的標準，無法複製，甚至不容易一眼看出。沒有所謂「正確」的特質和處事方式，能必然提升一個人的正面形象。優秀的溝通者有各自的獨特風格，就像指紋一樣。研究者寫道：「法官可以判斷一個人是否給人溫暖的感覺，但他們或許無法細分是什麼特徵帶來這樣的觀感。」換句話說，無論人們的肢體語言或溝通習慣如何，其實都沒有關係，重要的是找到適合自己能有效表達的方式。

大部分的領導者面對困難的挑戰時，總是習慣找尋最完美的用字遣詞，以及最理想的說話時機。鄧肯、貝拉、普約爾、歐福貝克和其他怪物隊長的方法卻不同。他們持續與隊友互動，傾聽並觀察，參與每個有意義的時刻；他們不會把溝通當成劇場的演出，而是毫不間斷的互動過程，充滿拳頭、擁抱和淚水。

本章重點

＊大部分的人如果面對艱困的考驗，為了堅定隊伍的決心，很可能會想找一面鏡子練習發表一段動人演說，而我們以前也學過，激勵人心的關鍵是在完美的時機說出正確的話語。但怪物隊長不僅不符合這個模式，更證明這個模式未必正確。他們不發表長篇大論，受訪時表現平平，被認為太過安靜，甚至不善言辭。他們的領導風格很低調。

＊研究發現，有效率的團隊有個重大特色：成員會彼此對話。他們的對話形式民主，每個人輪流發言。這樣隊伍的領袖會在成員間穿梭，充滿熱情活力地和每個人對話。一級隊伍都有球員暢所欲言的球隊文化，而隊長是創造並維持文化的人。雖然沒有公開精神喊話的熱情，但大部分的隊長私底下會說個不停，而且會運用手勢、眼神、觸碰或其他肢體語言。有效溝通的秘密不在浮誇，而是持續、務實的對話。

第9章

秒溝通高手：精密計算的情緒感染力

1976年・匹茲堡

匹茲堡鋼人隊的中線衛傑克・蘭伯特身形高瘦，身高6呎4吋，一頭金髮。他側身走進更衣室，臉上只有一號表情：有如火槍手般的銳利，讓所有站在前方的人都想自動讓開。蘭伯特總是給人一種隨時會爆發的感覺。

鋼人隊才結束與辛辛那提孟加拉虎隊（Cincinnati Bengals）的比賽，以23:6痛宰對方，蘭伯特的表現幾乎毫無瑕疵。除了破紀錄的8次無助攻擒抱（unassisted tackles）和1次四分衛擒殺（quarterback sack），他的一次直接攔截讓匹茲堡得以達陣，更拿到掉球，讓隊友射門得分。蘭伯特不只在進攻方面得下10分，也幫助防守，不讓辛辛那提進入達陣區。在場上22個球員的比賽中，他憑著一己之力就左右了勝負。

穿著皺巴巴卡其褲和襯衫的新聞記者圍繞在蘭伯特的櫃子前，等著記下他的發言。這是沒人喜歡的苦差事，因為蘭伯特雖然在場上光芒萬丈，表現亮眼，卻相當討厭媒體記者。他曾公開表達

對記者的不耐，也不喜歡成為鎂光燈焦點。但他的輕蔑不只是針對記者而已，有時對隊友也不留情面。如果他們陣形出錯，或是態度懶散，就會挨一頓痛罵。他曾經告訴隊伍的進攻隊長山姆·戴維斯（Sam Davis），「你該減肥了」。他在桑拿室雖然健談，其他時候卻散發著孤僻的氣質，會一個人在飯店的酒吧喝酒，待在房間看小說，或是獨自坐在板凳的最尾端。

「我這個人不會發牢騷。」他曾經說，「我在隊伍集合時或許會說些話，但大部分時間還是保持安靜。我希望自己以身作則，而不是說說就好。」

蘭伯特來到櫃子前時，四周的記者都有些怯步。比賽前，他們指出球隊1勝4敗的紀錄，唱衰他們打不進決賽；但蘭伯特在場上的表現讓媒體看起來像白癡一樣。此刻還沒有人知道，匹茲堡會一路打贏剩下所有比賽，刷掉5個對手，創下聯盟紀錄。

然而，他們的沉默還有另一個理由：鋼人隊的助理訓練員包柏·米利（Bob Milie）也在等蘭伯特。蘭伯特一到，米利立刻用手術剪刀處理起他的右手。他的掌心有一道很深的傷口，幾乎沒辦法縫。醫護人員在比賽前盡力包紮了傷口，但繃帶起不了作用，而紗布、膠帶和蘭伯特撕裂的皮膚都混在一起，血跡斑斑，難以分辨。血流得到處都是，在蘭伯特白色的球衣和黃色的球褲上留下一道道深紅的痕跡。他看起來像剛剛宰殺完一隻鹿。

記者看到蘭伯特手上的傷口，都呆住了。蘭伯特在沉默了1分鐘之後問：「所以呢？有人要問我問題嗎？還是你們只想站在那

裡？」

一個記者終於開口：「你的手怎麼了？」

蘭伯特把破爛的傷口舉到頭上，讓記者看個清楚，說道：「只是受了點小傷，很艱苦的一場比賽，你知道的。」

▍情緒是一種本能性的溝通

美式足球在團隊運動中有個獨特之處：隊伍由兩個獨立單位組成，分別是攻擊和防守，而雙方不會互動，有各自的球員陣容和隊長。然而，1970年代鋼人的攻擊陣容只是裝飾，真正厲害的是隊伍的鐵幕防守，在聯盟史上數一數二。

雖然蘭伯特直到下一個球季才當隊長，但在每個人的心中，他毫無疑問是防守的引擎。鋼人隊的防守協調員巴德·卡爾森（Bud Carson）說：「傑克·蘭伯特絕對是動力，他把隊伍從很不錯的防守型隊伍提升到頂尖的防守隊伍。他能激勵人心，又很強悍，我從沒看過這樣的球員。如果沒有他，我不確定這支隊伍到底能不能挺過低潮。」

蘭伯特在國家美式足球聯盟（NFL）已經好幾個球季了，但他的急速成長還是讓人吃驚。以後衛來說，他的速度太慢，身材也太消瘦，新人時期體重只有200磅出頭，遠低於聯盟平均。當初鋼人隊簽下他，聯盟的球探和專欄作家還把他比做球桿或稻草人，認為他永遠無法成為固定先發球員。鋼人隊的球探在運動能力、速度、力量和敏捷等項目，都只給蘭伯特B級的評價。

然而，他的態度分數卻高得破表。

從1974年出現在匹茲堡的訓練營那一刻起，蘭伯特展現出異乎尋常的能力，屢屢突破自己體能的極限。他雖然不高大，卻有著天生超強的平衡感和力量。他的擒抱技巧簡直是教科書的翻版：頭在上，臀部保持水平。他研究了許多影片，培養出絕佳的球感，似乎總是能出現在絕佳位置。

然而，蘭伯特在場上最有力的武器卻是種難以解釋的能力：他能夠讓人嚇破膽。

蘭伯特在高中時期的籃球比賽掉了好幾顆前排的牙齒，牙醫幫他打了一副假牙，但他在球場上從來不戴。缺了幾顆牙的模樣讓他看起來像個瘋子，《運動畫刊》更形容他是「穿釘鞋的吸血鬼德古拉」。每次出擊前，蘭伯特不像大部分的中線衛一樣採取固定的蹲伏姿勢，而是瘋狂地屈伸雙腳，憤怒地抽動著。他最出名的一點，就是從不對四分衛手下留情，即便他們跑出邊線想避開他，他還是會把他們壓倒在草地上。

丹佛野馬隊未來的名人堂四分衛約翰・厄威（John Elway），回憶起第一次抬頭隔著攻防線看到蘭伯特瞪著自己，「他沒有牙齒，滿臉都是口水。」厄威說，「我想著：『你可以把你的錢拿回去，讓我離開就好。讓我改行當個會計師吧！』我沒辦法告訴你我有多想離開比賽現場。」

現實中，蘭伯特個性內斂，思考敏捷。他看過無數的比賽錄影帶，鍛鍊自己的技巧，努力克服身材的不足。然而，球迷、對手和

記者對他的普遍印象，卻是個口吐白沫的瘋子。

蘭伯特很清楚自己的形象。美式足球是很「情緒化」的運動，他說，有時自己必須做點什麼鼓舞隊伍。不過他加上一個但書：我並不暴力。「我不會坐在更衣室裡，想著要打架或傷害誰。」他說，「我只想認真打球，打得有侵略性一點，因為美式足球本來就是這樣。」蘭伯特也不認為自己失控，「我也沒那麼瘋狂。我情緒化，但知道自己在做什麼。這都是經過思考的行動。」

蘭伯特的手傷在辛辛那提那場關鍵的比賽裡，其實原本不會變得那麼慘，他的制服也不需要染血，訓練員大可以在他每次下場時，都用新的繃帶幫他重新包紮。問起這件事，訓練員包柏·米利說大家都已經知道比賽中不用試著治療蘭伯特，因為蘭伯特老是會大叫著要他們別碰他。「他可能是隊上最恐怖的人。」米利說，「他搞不好樂意制服上沾滿血。」

在前一章，我們看到一級隊長如何透過持續而務實的溝通，加上手勢、碰觸、眼神接觸來傳達訊息，改善隊伍的表現。傑克·蘭伯特有時也會這麼做。身為鋼人隊的防守四分衛，他負責發號施令，比賽時也會挑戰隊友，並在賽後的桑拿室中給他們直白的回饋。

然而，蘭伯特在場上火力全開，釋放熱情和情緒似乎是另一種衝動，是一種更本能性的溝通形式。

▍煽動團隊的情緒，勝過千言萬語

1927年7月15日早晨，24歲的研究生埃利亞斯·卡內蒂（Elias

Canetti）跳上腳踏車，騎過維也納的街頭，對於這個城市紛紛擾擾的政治風暴只有隱隱約約的感受。當他騎過奧地利最高法院的正義宮時，他看見社會民主黨數千名成員聚集在門口。群眾對陪審團對一件謀殺案的判決結果感到震怒，整個早上人數越來越多，群情也越來越激憤，從一個政府機構蔓延到下一個。卡內蒂坐在腳踏車上看著時，示威爆發了。

示威者砸破法院的窗戶，爬了進去。他們先摧毀了家具陳設，接著把書本和檔案抽出來，放火燒掉。整棟建築陷入火海，消防隊員趕到現場，但暴動者切斷了他們的水管。最後，維也納的警察首長眼看沒有別的辦法，將來福槍發給他手下的警察們。他們總共射殺了89個示威者，才終結這場示威。

卡內蒂在慘烈的屠殺之前就騎走了，但暴民瘋狂破壞焚燒的景象卻留下了深刻的印記。目擊的慘狀讓他驚恐，但群眾似乎一起著了魔、彷彿有了集體意志，這一點令他好奇不已。

接下來的幾年中，法西斯主義和戰爭席捲歐洲。暴民受到單一思想的驅使，對暴力充滿渴望，這樣的主題成了全球關注的焦點。看著各地爆發的事件，卡內蒂會回想起維也納的景象，那是他第一次近距離看見這股動物性的原始力量。「暴民」成了他學術研究的中心，他也成為研究群眾心理學的先驅之一。

在1960年的著作《人群與權力》（*Crowds and Power*）中，卡內蒂描述集體情緒如何不透過言語地急速傳遍一群人，鼓動所有人產生一種難以抗拒的衝動，不自主想要加入其中。「多數的人並不

知道發生了什麼事，如果你問他，大概也答不出來；但他們急著趕去大部分人聚集的地方。」他寫道，「他們的行動有種決心，和一般的表達好奇心不同。似乎某些人的行動會自動轉移到其他人身上。」在人群中，「個人會覺得超越自己的極限。」

卡內蒂相信，人們並非自己決定成為暴民，他們是在無意識中受到某種情緒的感染，讓情緒狀態進一步影響了生理狀態。觸發的源頭會驅動他們追尋某種共通的動作，即便要冒著受傷或死亡的危險也阻擋不了。卡內蒂寫道，群眾「想要親身體驗最強烈的動物性本能」。

30年來，卡內蒂的觀察一直是群眾研究相關主題最權威的著作。科學家進行了許多實驗，想更了解他所描述的神經驅動力，結果卻相當有限。然而，義大利學者在1990年代加上大腦掃描的觀察，有了重大的突破。帕爾馬大學的神經科學家團隊意外發現，猴子的大腦中有一個區塊的細胞，會在觀察人類執行不同任務時點亮，例如吃冰淇淋。

研究者接著找出猴子腦中用來模仿人類動作的神經元。科學家把這些反應細胞稱為「鏡像神經元」，而這個發現首次證實，研究者在人群中觀察到任何人間大腦的連結現象，其實是某種複雜的神經化學系統，在我們無意識的狀態下運作。研究也顯示，這樣的系統可以被人為操縱，人們可能不由自主被灌輸強烈的情緒。換句話說，卡內蒂在維也納觀察到的暴民，其實是一種生物學的現象。

鏡像神經元的發現以來，科學家對情緒「轉移」的瞭解又更進

了一步，並發現人們是如此容易、快速地受到他人影響。《科學》期刊在2004年出版一篇文章，介紹威斯康辛大學神經科學家保羅・沃藍（Paul Whalen）團隊的研究。他們發現，如果看到傳達恐懼等強烈情緒的圖片，人類的大腦從辨識到活躍只需要17毫秒，亦即在我們意識到自己在看恐怖畫面以前，我們的大腦就已經在處理了。

科學家目前仍然不清楚，在反應觸發以後，我們的身體內部會發生什麼事，並進而影響我們生理上的表現，然而，數十種「情緒智商」相關的實驗都證明了一件事：許多厲害的領導者有能力運用潛意識系統，影響跟隨者的情緒。歌爾曼和另一位心理學家理查・波亞茲（Richard Boyatzis）在2008年以此為題寫道，他們認為偉大的領導者「能用自己的行為舉止強烈地操控這種大腦連結的系統」。

科學家將其中一種影響方式稱為「表層演出」，指的是刻意擺出某種表情，或是以巧妙的動作來影響身邊的人；相對的，另一種方法則是「深層演出」，影響者不必演戲，而是真實改變自己的情緒來影響他人。

如果要進行深層演出，必須有能力控制、管理、調整自己的情緒，並且加以表達。不少實驗和田野調查都顯示，如果團隊的領導者能有效表達自己的深層情緒，就能對下屬的思想、情緒和行動造成很大的影響。研究也顯示，領導者帶著正面的情緒，就能提升團隊的熱忱，更有建設性地紓解憤怒和不滿，甚至能在特定的任務上有更好的表現，例如解七巧板問題。

從這些研究中可以看出，如果你想煽動一個團隊的情緒，無論是維也納的暴民或美式足球隊，你要做的就是改變連結每個人的隱形網絡。換句話說，有能力的領導者可以在想要的時候，繞過跟隨著的意識，直接與他們的大腦溝通。

傑克·蘭伯特1976年血染戰袍的一戰在怪物隊長們的紀錄中稱不上獨特，他們大多數都曾經在千鈞一髮的緊急時刻，展現出這樣的侵略感。而這些動作的目標不是針對某個人，也不是為了解決某個特定的問題。

舉例來說，在賽前的介紹時間，比爾·羅素會帶著極傲慢的態度大步走上球場，向其他隊伍示威；一回到自己的隊上，他就把雙手高高交叉在胸前，像個巡視臣民的國王。羅素事後解釋，他是刻意擺出這樣狂妄的姿態。

在所有怪物隊長之中，最容易展現侵略性的是紐西蘭黑衫軍的巴克·雪福特。他在橄欖球場上的威信和南特之戰令人難忘的堅毅，都反映了他求勝的熱情。雪福特擔任隊長時最讓人印象深刻的，是他對賽前「哈卡舞」儀式的投入。

紐西蘭原住民毛利人是著名的戰士，他們臉上有威嚇的刺青，揮舞著木頭或鯨魚骨做的巨大木杖，慶祝勝利時會烤敵人的心臟來吃。團體的哈卡舞是毛利人戰鬥中源遠流長的一部分，舞蹈編排緊密，動作壯觀，會出現在各式場合，但主要是在戰鬥之前。哈卡舞的原意是向對手展示己方的戰士已受到神的眷顧，讓對手恐懼得動彈不得。同時，舞蹈也會創造出一種集體的瘋狂，讓己方的戰士身

體動作同步。哈卡舞專家伊尼亞・馬克斯威爾（Inia Maxwell）說，舞蹈的訊息是：「我們要上戰場了，並不期待毫髮無傷或是活著回來，所以全力拚了吧！」

　　1880年代晚期，紐西蘭橄欖球國家隊開始出國遠征，黑衫軍在比賽前會表演哈卡舞娛樂觀眾。1924年，他們改編了稱為「卡馬特」（Ka Mate）的哈卡舞步，從此沿用了數十年。他們在表演時會在中場排出楔形隊形，面對著對手。哈卡舞的領導人站在中央，大喊：「Kia rite!（準備好！）」表演者聞聲把手放在臀部，拇指向前。領導人會接著喊出一系列的指令：

　　「Ringa pakia!」（用手拍打大腿！）

　　「Uma tiraha!」（挺出胸膛！）

　　「Turi whatia!」（屈膝！）

　　「Hope whai ake!」（臀部跟上！）

　　「Waewae takahia kia kino!」（用全力跺腳！）

　　隊伍就定位後，每個球員的肌肉繃緊，吸飽了氣，舞蹈正式開始。全體一起高呼：

　　「Ka mate, ka mate?」（我會死嗎，會死嗎？）

　　「Ka ora, ka ora?」（還是會活下來，活下來？）

　　他們從喉嚨發出陣陣喊聲，用力踏著地面，拍打身體，揮著空拳。他們也會加入自己的威嚇動作，像是伸出舌頭、張大嘴，甚至是翻白眼。結束動作時，全隊會一起跳到空中。

　　對於黑衫軍喊的內容，敵隊一個字也聽不懂，但他們不需要

懂，因為肢體語言已經夠清楚了。黑衫軍在1884年拜訪澳洲，雪梨的報紙形容「19位中氣十足的球員在最佳時機發出的呼喊有時很驚人」，而且把澳洲的球員都「嚇傻了」。澳洲球員戴夫・布洛克賀夫（Dave Brockhoff）在1949年第一次親眼看見哈卡舞，說他相信這個儀式帶給黑衫軍「生理和心理的威勢」。

巴克・雪福特在1987年繼任隊長時，哈卡舞已經式微。紐西蘭一連經歷幾任歐洲血脈的隊長，只把哈卡舞當作義務，毫無生氣的表演了好幾年。雪福特是毛利人，他安排隊友參訪紐西蘭一間毛利大學，讓他們學習哈卡舞的歷史，並親眼看看正確的演出方式。「我還記得那個下午開車進學校，他們在跳哈卡舞的時候，整個地面都在震動。」尚恩・費茲派屈回憶，「那真的很美。」雪福特逼每個黑衫軍成員不斷練習舞蹈儀式，幾個星期以後，隊伍變得越來越投入。他說：「哈卡舞對他們開始有意義了。」

當然，我不會天真的認為賽前的舞蹈會是黑衫軍3年多連勝之路的主要原因，但雪福特重新為哈卡舞注入生機，顯然成了隊伍的能量來源，也讓對手感到很棘手。有些對手對於哈卡舞的效果很焦慮，甚至開會討論應付方式。紐西蘭的選手也漸漸了解了哈卡舞的力量，費茲派屈告訴我：「這是很大的優勢。好好做的話，其實是很大的激勵。」

無論跳哈卡舞是否有助於黑衫軍的表現，或能否消磨對手的意志，都讓巴克・雪福特站在正前方，讓隊友能看見、聽見，甚至感受到他散發出的侵略性十足的氣勢。哈卡舞就像蘭伯特染血的球

衣，或是比爾‧羅素狂妄的姿態，能激發人們的鏡像神經元。隊長可以透過這個方式將狂熱傳遞給他的隊員，就像是卡內蒂所描述的傳染源。

▌怪物隊長為何能靠眼神秒速提高戰鬥力？

討論隊友溝通這個主題時，我最無法理解的隊長是冰球明星莫里斯‧「火箭」‧理查。他與其他怪物隊長最大的不同，就是他幾乎不和任何人互動。他的前隊友說，理查會在車程長達6小時的火車上盯著窗外，一副神秘莫測的模樣，一言不發。在某些比賽的日子，他全場說過的話不用兩隻手就能數完。

雖然理查不像迪蒂埃‧德尚那樣健談，也不像提姆‧鄧肯那樣是魅力連接者，蒙特婁加拿大人隊的隊友仍然覺得他可以鼓舞人心。傳奇中鋒尚‧貝里沃（Jean Béliveau）曾經寫到，理查「體現了一種力量、能量，影響了許多隊友，帶領我們連續贏得5座冠軍」。

「『火箭』不只是個冰球選手。」他的前教練迪克‧厄文（Dick Irvin）說：「他的怒火、渴望和強烈的精神激勵了加拿大人隊的隊友。」

理查的身材並不會特別給人壓迫感，球技也不特別傑出，就算綽號「火箭」，他的速度其實也不很快；但毫無疑問，他的脾氣火爆（之後會提到），而打球的風格充滿熱情，毫不懈怠。

人們對理查印象最深刻的，是他熱切的眼神。雖然他的眼珠是棕色的，近距離看過的人卻覺得像黑色。他的臉有稜有角，下巴突

出，在一雙濃眉下，雙眼是整張臉的焦點。

在他的時代，頭盔或面罩都不是規定裝備，人們說，他眼中的「火焰」令人難忘，特別是他情緒激動的時候。蒙特利當年的球隊總經理法蘭克・希爾克（Frank Selke）形容那是「銳利而強烈的情緒」，而體育記者說是「火箭的紅光」。威廉・傅柯納（William Faulkner）第一次為《運動畫刊》報導1955年加拿大人的比賽時，立刻被理查震懾了，形容理查有著「熱情閃耀，而奇詭致命、猶如毒蛇般的特質」。

對手的守門員也會談論理查的眼睛。當他用球棍帶著球朝他們滑去時，齜牙咧嘴的樣子已經很駭人，但真正可怕的還是他的眼睛。「當他帶著球衝過來，他的眼睛整個都亮起來，閃閃發光，像彈珠檯那樣。」前守門員格蘭・赫爾（Glenn Hall）說道：「那真的很恐怖。」若說提姆・鄧肯的眼睛總是流露感情，理查的則只有兩種狀態：波瀾不興，或是驚滔駭浪。

理查不會在休息室公開喊話，但他的隊友喬治・葛洛斯（George Gross）說，他的確有個特別的儀式。比賽前幾分鐘，理查會在更衣室裡有條不紊地一一面對隊友，把頭從一邊轉到另一邊，視線專注停在每個隊友臉上，直到他們也回看他，接著，他會簡短地說句話，例如「出去打贏比賽吧」。

根據我們對情緒感染、深層和表層演出、鏡像神經元，以及大腦接收強烈情緒的速度等了解，理查的手法有更深的意義。他似乎知道只要鎖定他人，讓他們看見他的臉，就能把他的強烈情緒直接

轉移給他們。

　　理查的個性很安靜，他不會持續與人互動，作風和提姆‧鄧肯的方法不同，然而，他似乎體認到，溝通的方式不只一種。

　　在國家冰球聯盟這樣充滿壓力的環境下，運動員必須同時面對心理和生理的挑戰，而他的深層溝通基於動作而非言語，結果似乎非常有效。

　　怪物隊長們可不是埃利亞斯‧卡內蒂的學生，假如他們有任何人知道義大利鏡像神經元的研究，或是在乎深層演出的科學原理，我才會感到訝異。但如果有一條路徑可以繞過意識，進入人們的心，模仿他人的情緒；如果這條路可以透過染血的球衣、讓人起雞皮疙瘩的部落戰舞，或深沉的凝視來連接；又如果上述這些能讓一支隊伍跑得更快、跳得更高、打得更用力，撐過痛苦和疲憊 ── 我相信，這些怪物隊長一定深諳此道。

　　或許很難想像侵略性表現如何應用在一般職場的團隊上。如果表演單人哈卡舞來激勵銷售團隊，大概只會引來人資部門的關切。而發表感人的言論似乎只適合「表演性質」的團隊，像是交響樂團，因為他們沒有一再重來的機會。然而，在體育的世界，各種證據都顯示侵略性的表現確實能帶來不同。

　　德國國家隊隊長菲利浦‧拉姆（Philipp Lahm）和德尚一樣，帶領兩支不同的隊伍晉身二級隊伍（後面會再提到他），拉姆相信，如果沒有熱情，即便是最好的隊伍也不會獲勝，而一個球員的熱情就足以提升整支隊伍的表現。他說，如果隊長在場上做了什麼戲劇

化的事，「會釋放出連球員自己都不知道的力量」。

本章重點

*溝通中最大的迷思是：溝通必須依靠文字。過去數十年的科學突破證實了我們的猜測：我們的大腦能和身邊的人的大腦建立起深層、強烈、快速的情感連結。這樣的協同效應甚至不用本人有意識地參與，無論我們是否注意到，都會自動發生。

* 我一再發現怪物隊長在重要的比賽前或比賽中會做出戲劇性、奇特，有時甚至是驚人的事。這些動作有兩個共通點：首先，並不包含語言；第二，是刻意為之。怪物隊長們並沒有讀過關於情緒感染的科學理論，但他們似乎都知道，有時候光是務實的溝通是不夠的。

第10章

三明治主管的勇氣： 向權威挑戰而不是挑釁

蘇聯製的IL-62客機在一個寒冷的2月天飛越太平洋，從紐約前往莫斯科，機上沒有任何乘客期待降落。機艙裡有20名蘇聯頂尖的曲棍球手，他們都喝了不少伏特加，頹坐在機位上。他們曾被寄予厚望，要在1980年寧靜湖冬季奧運會贏得金牌。然而，這支驕傲的紅軍一敗塗地。

與奧運金牌失之交臂，而且還是在冷戰時期輸給美國，真可謂顏面盡失。這支隊伍在過去17次世界大賽中14次奪冠，而且連續贏得4面金牌，卻在決賽中以4:3輸給美國——更糟的是，美國隊只是一群長髮的業餘大學生。這成了體育史最令人傻眼的比賽之一，在美國則被稱為「冰上奇蹟」。蘇聯的選手唾棄他們的銀牌，甚至連名字也不願刻上。

比賽的結果對蘇聯官方而言，簡直是不可原諒的羞恥。比賽前11個月，蘇聯官方欽點暴君般的教練，讓選手們受盡奴役般的操練，為的就是避免馬失前蹄。戰敗隔天，蘇聯的官報《真理報》甚至不承認有這場比賽。

當飛機降低到巡航高度時，其中一名選手受夠了，不想再沉溺於悲慘中。他是防守老將維拉里・瓦西列夫。對於戰敗，他當然也感到椎心之痛，但10年的國手生涯不乏這樣的經驗，人生中更有過不少困苦，他不會因此抑鬱消沉。他起身走到駕駛艙，和駕駛們聊天。

瓦西列夫成長於莫斯科東方250英里的高爾基，他的父親在他出生前就在一場和他人的爭執中死於槍口，將他和手足們留給不堪負荷的母親撫養。他曾說，自己基本上是在街頭長大的。瓦西列夫

孩提時代就很強悍，有時甚至有點惡霸，喜歡喝酒抽菸，藐視權威。他濃重的口音透露出不曾受過良好的教育。他有著粗獷的英俊外表，而塌陷的鼻樑意味著他挨過不少次重擊。他的隊友喜歡如數家珍地談論著他如何一拳打穿木板、用手指折彎鐵釘，或是徒手捕捉飛鳥。他的防守球員隊友維亞切斯拉瓦・費迪索夫（Viacheslav "Slava" Fetisov）告訴我：「他像民間故事裡的英雄。聽說他曾經一口咬下鴿子的頭，我不知道是哪來的傳言。」

關於瓦西列夫的傳說也有真實的部分。在1978年布拉格的世界大賽中，紅軍把勝利壓注在與主場捷克隊的關鍵比賽。蘇維埃必須以2分之差取勝，才能保住冠軍寶座。他們一度以3:0領先，卻被主場的捷克隊追回1分。捷克隊在前一年的比賽就曾擊敗俄國，而這場比賽的節奏又很緊湊，連最傑出的選手也覺得相當吃力。

在第3節後半，瓦西列夫突然感覺喉嚨哽住了，喘不過氣來。休息時間離場時，更是痛苦到難以忍受，他被迫躺下。然而，該回到場上時，他仍抓起球棍進場。蘇聯最後成功守住2分之差，以3:1獲勝。

回到莫斯科後，瓦西列夫到醫院檢查比賽後段缺氧的原因。醫生做了些檢驗，診斷出他並非罹患什麼常見疾病，而是心臟病發作。

在蘇聯隊，明星球員一向是閃電般的前鋒，最有名的是他們能用華麗的軌跡繞過對手的防禦。然而，瓦西列夫的滑冰技巧有點糟，也不熱中於得分。他身高只有5呎11吋，體重190磅，以防守球員來說稍嫌嬌小。但他是隊伍的守護神，招牌絕招是用完美的臀擊將對手拋到空中。蘇維埃聯盟的隊伍都很怕他，有些隊甚至在他上

場時將最好的前鋒換下場，避免主將受傷。在表演賽中與他對戰的美國國家冰球聯盟（NHL）的選手稱他為「鐵臀」或「西伯利亞之王」。名將巴比・霍爾（Bobby Hull）也曾經承認，只要一看到瓦西列夫接近，他就會以最快的速度把球傳走。

蘇聯隊的守門員弗拉迪斯拉夫・特雷提亞克說：「他是個單純的人，不會玩什麼花招。他是真正的俄國人，強壯而且直接。他話不多，但行動充滿魄力。」

建立常勝紅軍的蘇聯教頭安納托里・塔拉索夫（Anatoly Tarasov）在他1987年的回憶錄《真正的曲棍球員》（*The Real Men of Hockey*）曾盛讚瓦西列夫：「他常保單純，對隊友很好，在對手面前卻充滿戰意及魄力。他不靠言語，只靠行動的力量來召集隊友，發動攻擊。」

▎要把教練丟下飛機的怪物隊長

在返回莫斯科的長程飛行中，瓦西列夫坐在駕駛艙的空服椅上陪著機長。他聽見一個熟悉的聲音，來自坐在頭等艙的教練維克多・提荷諾夫。提荷諾夫是個不苟言笑的人，身形消瘦，一頭蓬亂而孩子氣的沙色頭髮。蘇維埃體育局在3年前研判前任教練對球員太寬鬆，於是指派他來接掌球隊。提荷諾夫是出了名的嚴肅，而且使命必達。他已經率領球隊獲得2次世界冠軍，並且在1979年的紐約表演賽中以2:1擊敗美國國家聯盟的頂尖選手。然而，經歷寧靜湖的慘敗，他的未來也成了未知數。

在離開寧靜湖前最後一場隊伍會議時，提荷諾夫懇求隊員們不要互相指責。他說，他們要告訴莫斯科當局，他們是一個團隊，戰敗，大家一起承擔。然而，當他和助理教練以及一些蘇聯政要坐在頭等艙時，說的卻是另外一回事。他批評隊上的老將，特別是前鋒維拉里‧卡拉莫夫（Valeri Kharlamov）和隊長包里斯‧米凱洛夫（Boris Mikhailov），抱怨他們又老又慢，而且不服從他的訓練。

「我們為什麼要帶他們來？」他說，「都是他們害我們輸了。」

提荷諾夫沒有發現駕駛艙的門開著，而維拉里‧瓦西列夫可以清楚聽見他說的每一個字。

瓦西列夫在2012年過世，在那之前，他從來沒有正式說明接下來發生的事。提荷諾夫在2年後過世，他也沒有公開談論過。一位目擊者說，瓦西列夫當下立刻從座椅上跳起來，穿過機艙的門，筆直衝向提荷諾夫，大喊：「我們都同意責任要全隊一起扛！」他抓住提荷諾夫的後頸，用力搖撼，「我要把你丟出這台飛機！」

瓦西列夫最後被拉開，帶到後艙冷靜，沒有人知道他回到莫斯科之後會面對怎樣的處置。這不是他第一次惹上麻煩，他時常違反球隊嚴苛的訓練規定，偷帶香菸，或是宿醉參加練習和比賽。他的不良紀錄，加上寧靜湖的慘敗，以及飛機上為數眾多的體育局官員，蘇維埃政府大可以用他來殺雞儆猴。

但瓦西列夫沒有被送去西伯利亞。雖然提荷諾夫終是開除或冷凍包含前鋒卡拉莫夫和隊長米凱洛夫等老將，瓦西列夫仍然保住了飯碗。接下來的一年，球員奉命選出隊長時，他們都投給瓦西列

夫，而莫斯科官方也同意了。從那時起，向來迎合官方旨意打球的紅軍，竟有了一位不害怕權威、對於真相直言不諱的隊長。

少了一批老將的紅軍理應經歷一段空窗期；然而，瓦西列夫接手後，隊伍為他的強韌所影響，在他的領導下很快地團結起來。提荷諾夫找到5個速度很快，而且有天分的前鋒。有瓦西列夫指揮防守，他們知道自己的失誤有人接應，於是能安心放手進攻。

紅軍沒有痛苦掙扎，反而日益茁壯。

下一場重大比賽是1981年的世界冠軍賽，蘇維埃在瑞典的冰上痛擊瑞典，以13:1大獲全勝。接下來的賽程，紅軍總共得分63次，只失了16分。

蘇維埃隊接著造訪加拿大，與當地最強的組合進行表演賽。加拿大隊召集了國家冰球聯盟的超級球星，包含蓋伊‧拉弗（Guy Lafleur）、雷‧巴爾克（Ray Bourque）、丹尼斯‧波特文（Denis Potvin），和年輕的土耳其裔偉恩‧葛拉特斯基（Wayne Gretzky）。在先前的比賽中，蘇維埃總是無力抵擋加拿大的職業選手，在叫囂吶喊的觀眾面前被打得體無完膚。

這次，瓦西列夫的紅軍以8:1血洗對手。

整整4個球季，蘇維埃展開一級隊伍的驚奇之旅，9成6的比賽都獲勝或至少和局，在13個冠軍頭銜中豪奪12個，是國際冰球史上最強大的王朝。

紅軍的全盛時期或許能再延續好幾年，但瓦西列夫在1983年被徵召到某個共產黨官員的辦公室，對方提出了被他形容為「不符合

我生活方式」的要求。「官員希望我打小報告，告訴他隊伍裡發生什麼事」。瓦西列夫不感興趣，說：「我給了那傢伙一拳，就離開了。從那之後，他們就開始排擠我。」

瓦西列夫非自願退休的同一年，另一名防守球員斯拉瓦・費堤索夫（Slava Fetisov）受命接任隊長。紅軍的進擊持續到1984年奧運，接著開始冷卻，在1985年的世界冠軍賽以第3名坐收。

在短暫的3年隊長生涯裡，瓦西列夫展現了所有怪物隊長的典型特質：他在冰上奮戰不懈，為了他人付出，並遊走在規則邊緣。他不會發表長篇大論，但隊友說他常為教練提供意見，也會開導隊友，從不會大小聲。「教練不在時，他會和隊友說話。」特提亞克告訴我，「在更衣室和冰上時，他總是知道該說什麼。」

1980年，蘇維埃20年的冰球霸權被寧靜湖的慘劇中斷，看似搖搖欲墜。有些體育王朝的崩壞，只因為球員老化，滿足於累積的功績而失去衝勁；有些時候，則肇因於個人問題擴大，影響了隊伍的團結。事實上，類似的劇情不斷發生，因此球迷、記者和體育行政人員都認為球隊中如果出現異議或爭執，就很有可能帶來致命的傷害，引起紛爭的球員通常會被踢出去。

然而，瓦西列夫極端的反抗行為並沒有造成任何裂痕。相反的，在一連串的事件後，他讓隊員更加團結，鞏固了自己的領導，讓隊伍成了體育史上最強盛的16個王朝之一。我們甚至可以說，瓦西列夫攻擊教練的那瞬間，反而就是隊伍由衰轉盛的轉捩點。

▌領導者提出異議的價值

我相信，很多人想像中的隊長典型和我一樣，絕對不是會威脅把教練丟下飛機的那種。但所有的怪物隊長或多或少，都曾在生涯的某個時刻挺身對抗管理階層。1995年，美國足球協會在奧運前沒有回應卡拉·歐福貝克和隊友對於調整薪水的期望，反而終止女子國家隊的訓練。其他隊長如尤基·貝拉、米蕾雅·路易斯、巴克·雪福特和席得·柯文特里也都曾經因為金錢與官方發生衝突。有一回匹茲堡鋼人隊打算提供球員肉類減量的健康飲食，傑克·蘭伯特拿了一個紙杯到外頭，裝滿橡實、枯枝和泥土，放到總教練查克·諾爾（Chuck Noll）的桌子上！讓球隊的老闆丹·魯尼（Dan Rooney）說：「我們只好把菜單換回本來的樣子。」

在所有的怪物隊長中，卡爾斯·普約爾表面上與管理階層維持了最和諧的關係，他說，如果發生紛爭，他會試著不鬧到人盡皆知。然而，他相信巴塞隆納的優勢之一就是選舉隊長的傳統，這會防止總教練直接指派「乖乖聽話的人」。

在商業界，甚至還有專門鼓勵組織內提出異議的制度。有些公司不會打壓「意見很多」的員工，反而鼓勵他們的行為。為了避免團體迷思，公司會採行「紅隊測試」（red teaming）：作業團隊會指派一個人或一小群人，針對目前的提案，盡可能提出最強烈的批評或質疑，再反覆地攻辯。透過這樣處理異議的方式，他們相信更能避免不經思索的盲從附和或自滿自大。

我在怪物隊長身上所看到的行為模式讓我發現，有時異議其實

是好事，強悍的領導者應該為隊伍挺身而出。教練文森・倫巴底曾說過，隊長的領導應該以「事實」為根基，而傑出的隊長任何時刻都應該認同並以球隊優先，「即便那代表冒著得罪上層的風險」。然而，在異議中仍有一條界線，過猶不及，反而會破壞隊伍的合作。如果隊長持續挑戰管理階層，拒絕共識，創造混亂，那麼隊伍也將無法獲得任何勝利。一支棒球隊可能有長達8個月的相處時間，如果球員老是反射性堅持原則，甚至到擾人的地步，會被貼上「牢騷大王」的標籤。

瓦西列夫並不是為了自以為是的正義，而是維護隊友而挑戰教練。他的表現代表了對於隊友的支持和保護，因此隊友們會欽佩他的勇氣，對他充滿愛戴、支持他的領導，似乎也毫不意外了。他冒的風險就是教練會把他踢出去，或是連累球員們的生活從此水深火熱，甚至失去求勝意志。

在我的研究中，還有一些隊長提出不同類型的異議。他們不只抗議自己的教練或經理，同時也公開批評隊友。這種情形和飛機上的衝突不同，批評的目的不在支持或維護團隊的榮耀，而是透過公開質疑，強迫球隊改善。

▋ 向董事會挑戰的德國足球小巨人

在慕尼黑市中心以南幾英里，希伯納街（Säbener Strasse）51到57號，是拜仁慕尼黑隊廣闊的訓練中心，這裡是德國足球界頂點的代表。

2009年球季開始時，中心的展示櫃裡擺放著1900年創隊以來，拜仁慕尼黑隊所拿下的21座德國聯賽冠軍。然而，拜仁隊2009年的展示櫃最引人注目的，反而是其中缺少的東西：沒有獎盃！從1970年代中期稱霸歐陸以後，拜仁隊就只有贏過1次冠軍聯盟頭銜，而那也是8年前的事了。

對每個希伯納街訓練中心的成員來說，是該解決問題了！在全球足球產業的蓬勃發展下，拜仁隊的資源前所未有地充足。4年之前，他們搬進造價3億4千萬歐元的安聯球場（Allianz Arena）。這座球場充滿未來感，由白、紅、藍三色的面板打造的外觀，從遠在50英里外的瑞士山區就能看見。在盈餘第一次超過3億歐元的賽季，球對聘用了著名的荷蘭籍教練路易斯・范加爾（Louis van Gaal），並且花了5千萬歐元網羅兩位頂尖射手：德國籍前鋒馬里歐・戈梅茲（Mario Gómez）與荷蘭籍邊鋒阿爾揚・羅本（Arjen Robben）。在2009年賽季開始前，拜仁隊的明星光環是如此耀眼，讓球隊理事會的退役球星弗朗茨・貝肯鮑爾（Franz Beckenbauer）形容是隊史上的最佳陣容。

然而，德國甲級聯賽的前13場比賽，拜仁隊的超級陣容竟然是一盤散沙，只勉強贏了5場比賽。冠軍聯盟的小組循環賽時，更以0:2恥辱地輸給低階的波爾多隊（Bordeaux）。

德國足球聯盟規定隊伍不得私有，因此，技術上來說，拜仁隊屬於公共信託，股份由27萬股東擁有；實際上，規模浩大的董事會嚴密控制隊伍的運作，從電視轉播合約到僱用經理與選擇球員皆然。但

董事會的組成可不是狀況外的官僚，而是像貝肯鮑爾、烏利‧赫內斯（Uli Hoeness）、卡爾-海因茨‧魯梅尼格（Karl-Heinz Rummenigge）這些退役拜仁球星，簡直可以說是德國足球的群星會。

球迷和運動專欄作家都因為出師不利而滿腹哀怨，但董事會保持緘默。他們設定了目標，決定繼續按照計畫進行，並且要求球員服從指令。在德國體育圈，違反拜仁隊董事會的命令可謂大忌，因此球員們不太會提出異議。

在球季開始前，拜仁隊的教練范加爾做了不尋常的決定，指派菲利浦‧拉姆擔任副隊長，他是隊長馬克‧范博梅爾（Mark van Bommel）的第二把交椅。拉姆是防守型的中場球員，年僅25歲——傳統上不會將領導的重任交給這麼年輕的球員。而身高5呎7吋的他留著「披頭四」保羅‧麥卡尼的髮型，臉上還有幾分稚氣，看來實在沒有隊長的樣子。

從1960年代晚期，拜仁隊建立足球史上最興盛的王朝之一時，球迷們就期待隊長是德國男子氣概的化身。1968年擔任隊長的貝肯鮑爾是典型代表，總是帶著不可一世的瀟灑模樣，個性強悍。他能發揮速度和優雅從容的控球技巧，超過防守球員，從中場位置進攻得分，因此贏得了「凱薩」的外號。

貝肯鮑爾為拜仁隊拿下4個德甲頭銜，以及連霸3座歐洲盃，也帶領德國國家隊獲得1974年世界盃冠軍。和法國的迪蒂埃‧德尚，相同他也帶領兩支不同隊伍（俱樂部球隊和國家隊）進入二級球隊。

「凱薩」之後，後繼有人：英俊而帶勁的洛塔爾馬特烏

斯（Lothar Matthäus）是阿根廷球星迪亞哥·馬拉度納（Diego Maradona）認定的最強對手；6呎2吋的金髮中場斯特凡·埃芬伯格（Stefan Effenberg）外號「老虎」，累積了創聯盟紀錄的109張黃牌，還曾經與隊友的妻子爆出外遇醜聞；脾氣火爆的守門員奧利佛·卡恩（Oliver Kahn）太容易爆發，球迷給他起了「火山」的外號（但體育記者偏好「巨人」）。德國人甚至為這樣強悍熱血的隊長典型創造了一個美稱：Führungsspieler。字面上的意思是「球員的領導者」，但實際上卻意味著「激烈的極權主義者」，他們會不留情面地喝斥隊友、鞭策隊友。

如果和這些人站在一起，菲利浦·拉姆可能會被誤認成來要簽名的青少年。

拉姆的德甲之路不太順暢。雖然11歲時就加入拜仁的青少年培訓計畫，也得到教練們的嘉許；但他矮小的身形在德國職業球隊並不吃香，時常遭到拒絕。拉姆形容自己是個典型的慕尼黑男孩，對追求流行一點興趣也沒有。他沒什麼夜生活，早睡早起，曾經在訪問中說自己把錢放在固定利息的銀行帳戶裡頭。

在球場上，拉姆也保持低調。他不太常得分，也沒什麼激烈的剷球動作。事實上，他告訴我，他從沒有吃過紅牌，「大概連邊也沾不上！」和前輩隊長們不同，拉姆不獨裁，不太會擺架子，總是用冷靜而清楚的語氣和隊友說話。「我的風格是保持對話。點出問題和討論很重要，特別是在訓練的時候。這是最適合我的方式。」

當其他德國足球的隊長都是高調的超級明星時，拉姆卻滿足於

傳球支援隊友。他曾說：「從很小的時候開始，我就扮演支援隊伍的角色。」。而球迷們為他取的外號裡，最好的大概也就是「魔法矮人」了。

拉姆有絕佳的空間感、預測局勢的能力，能以精準的傳球發動攻擊，而這些都要是具備戰略的概念、看過許多比賽的球迷才有辦法欣賞。雖然幾乎沒有人注意到，他在某一場比賽中傳了133球，半次也沒有失誤！更讓人驚嘆的是，他沒有固定的守備位置。根據隊伍的戰術需求，他可以隨時在後衛與中場間轉換，也能從左側切到右側。貝肯鮑爾告訴我：「拉姆唯一不能打的位置是守門員，因為他太矮了。」

拜仁隊以5勝4敗2和的低迷成績展開2009年到2010年的球季。拉姆對董事會的決策漸生質疑，在某次苦戰的平手後，他接受電視訪問，舉出許多隊伍表現不佳的理由，主要是中場缺乏組織。

訪問過後，拉姆被董事會召見。他並不覺得很意外，因為2008年時，他拒絕了巴塞隆納隊的轉隊邀約，條件是希望能不時向董事會提出戰術方面的建議。走進房間時，他準備好坦誠討論隊伍近期的掙扎；然而，董事會的人不想聽他的意見，叫他不要在電視上批評球隊，就請他出去了。

拉姆對這一番斥責感到震驚。但他沒有因此噤聲，反而更堅定地宣傳自己的看法。唯一的問題是，他該怎麼做？

▎與管理階層抗衡！

拜仁隊的董事會厭惡叛逆者。一般球隊領導者們在球場上就算橫衝直撞、大膽無畏，卻從來不敢把炮火轉向球團高層。不只如此，拜仁隊的規矩也明文禁止球員在沒有球隊許可的情況下與記者對話。然而，球隊在11月時要與沙爾克隊（Schalke）交手，這是一場關鍵比賽，拉姆知道沉默的後果會比破壞規矩更嚴重。他請經紀人與慕尼黑的《南德意志報》（*Süddeutsche Zeitung*）安排一場面對面的訪問。

歐洲足球隊很少讓球員自由受訪，除了少數賽後評論、偶爾的匿名爆料，球星在賽季結束前很少對媒體發表議論。即便是球季後，也難得有直白的訪問。因此，當慕尼黑市民在11月7日比賽當天早上打開報紙時，震驚地發現球隊的副隊長在球季中發表了一整頁未經官方授權的批評，一刀未剪。第二天，《衛報》形容這是「所能想像最坦白、毫無保留的球員訪問」。

拉姆一開始很慎重，告訴記者他相信球隊有能力解決眼前的困境。身為終身拜仁隊球迷，他堅持自己一心為了球隊著想。他說：「但如果我認為球隊不肯採取行動，或是已經迷失方向，那我就會出手干預，提出讓人難受的真相。」

拉姆繼續說，拜仁隊無法取勝的原因，是極度缺乏戰術性的思考。董事會找來戈梅茲和羅本等昂貴的球星，卻沒考慮到兩人習慣不一樣的陣型。同時，隊伍的中場簡直一團混亂，球員的變通性不足：有些人有控球能力，卻沒有發動攻擊的球技，有些人則剛好相

反。「如果你想和巴塞隆納、切爾西或曼聯一較高下，就得有個比賽哲學。」他如此說。頂尖的歐洲球隊會決定一套系統，然後網羅適合的人才加以施行。「不能只因為球員很厲害，就要簽下他。」

想當然耳，拜仁隊的董事會氣炸了。

「副隊長菲利浦・拉姆的訪問……明目張膽地違反了內部的規矩，令人無法接受。」董事會的新聞稿這麼寫道，「公然表達對於俱樂部、教練和隊友的批評是絕對不被允許的。」他們承諾會對拉姆處以隊史上最鉅額的罰款。

拜仁隊以1:1和沙爾克隊戰成平手。隔天，「魔法矮人」被叫到董事會前，會議持續了2個小時。另一篇新聞稿寫道：「在公開、詳細而有建設性的討論中，菲利浦・拉姆對自己的評論和公開發表的方式道歉。拉姆接受董事會的罰款，而雙方都同意周末的事件已經解決。」

雖然拉姆當時沒說什麼，但他對整個過程的看法很不一樣。他告訴我，他是為了「事情的走向」道歉，而不是他說過的話。「要對抗僱用你的球團很難，公開與隊友對立也是。很多人會關起門來說，我也同意內部溝通確實是最好的方式，但有時就是必須借助大眾的幫助，你的意見才會被聽到。」

訪問刊出一天後，幾個拉姆的隊友出聲表達支持，但其他人，特別是被他批評的中場球員，對他的批評和反抗的舉動感到怒不可遏。拜仁的前隊長斯特凡・埃芬伯格（Stefan Effenberg）是典型的領導者隊長，他認為拉姆做過頭了。「整個情勢會對他很殘酷。」他

告訴記者，「接下來每一場比賽後，他的表現都會被放大檢視。」

我們大概會認為，拜仁的球員會被副隊長的訪問弄得心神不寧，表現持續下探谷底，然而，訪問刊出當天與沙爾克1:1平手之後，完全相反的事發生了——拜仁隊在接下來的10場比賽裡贏了9場。雖然出師不利，他們卻奪下2009年到10年賽季的德甲冠軍頭銜。

拉姆不服從的表現或許比瓦西列夫的更有爭議性，但效果是一樣的。兩個人都讓隊伍的表現獲得改善。

▎「任務型衝突」讓團隊變更強

哈佛的組織心理學家理查‧哈克曼（Richard Hackman）研究隊伍在場上的表現，探討有效領導的特質，同時也觀察隊長在化解團隊衝突時扮演的角色。他所有的研究都證實了一個有力的結論：**偉大的領導者都身處在衝突的中心。**

哈克曼寫道，為了產生效果，隊長「**不能迎合成員現階段的喜好，也不能全盤接受全體成員的共識**」。哈克曼相信，提出異議不只是隊長的重要功能，也是一種勇氣。打破成規與慣例的隊長通常會付出嚴重的個人代價，後來的學者稱之為「獨立的痛苦（the pain of independence）」。

哈克曼的研究證實了，如果團隊想要有所成就，就需要一些內部的拉扯衝突。但正向的異議和負面毀滅性的衝突究竟有何不同？為了找尋答案，我把目光轉向研究團體衝突的權威，管理學教授凱

倫・珍恩（Karen Jehn）。

珍恩教授漫長的生涯裡，曾經待過史丹佛大學和賓州大學。她研究團隊衝突，發現特定的類型並不會帶來負面的影響。事實上，衝突激烈的隊伍更容易進行公開討論，幫助他們找到創新的方法解決問題。如果成員不經大腦地達成共識，反而會帶來最糟的結果。

的確，很多研究都發現衝突可能會傷害團隊的表現。

最後，珍恩和兩位同事在2012年針對8,880支隊伍做了16項研究，發表了一篇整合分析。論文的目標是試驗她發展出的團隊衝突理論。珍恩認為「衝突」的定義要更加明確，而團隊中的異議可以再區分成幾種類型。其中之一是「個人或人際衝突」，代表團隊成員間人格特質或自尊心的衝撞；另一種截然不同的衝突是「任務型衝突」，原因不是出自個人的意見不合，而是因為眼前的任務，也聚焦於實際的執行。她相信「因為成員彼此厭惡」而爭執不下的隊伍，和「面對問題有不同看法」而發生衝突的隊伍，有決定性的不同。

珍恩和同僚依據「個人衝突」與「任務型衝突」，將8,800支隊伍分類，想看看兩者的表現有什麼不同。差異顯而易見，以「個人衝突」為主的隊伍無論是信任、合作、滿意度和投入程度都顯著下降，對整體表現帶來負面的影響；然而，「任務型衝突」的影響基本上是中性的。成員們對於手頭上的工作如果意見不合，爭論就算沒有幫助，也大多不會造成傷害。

然而，其中有個例外：在高壓環境中工作的團隊。這類團隊與其他團隊的差異在於，他們的成果是立即的，而且可以測量，能

馬上看出成功與否，例如財政上的表現，他們能從積分和統計數字上得到立即的回饋，而此時任「務型衝突」意外的反而會讓表現提升40%左右。「我們發現，『任務型衝突』對結果未必有不良影響。」研究如此寫道，「相反的，有時甚至會正向幫助團隊的表現。」換句話說，如果團隊的表現能收到快速而具體的回饋，就像運動競賽時，那麼為了細節而爭執就會帶來好處。

　　閱讀拉姆的訪問逐字稿時，我注意到他的批評並非出於個人驕傲或惡意。他避免人身攻擊，並清楚表達對於管理階層的信任，相信他們有能力解決問題；他沒有肆意攻擊，而是專注在戰術方面的評論。指出缺點後，他也花了同樣多的時間提出解決方式。

　　雖然拜仁隊的董事會懲處了拉姆，卻也開始依據他的藍圖採取行動。他們改變先前大手筆網羅優秀球員的策略，逐步耐心地換掉不適合的前鋒，並且找來拉姆所形容的中場球員：球技高明，有能力發動更有創意的攻勢。隨著這些改變，隊伍的表現慢慢改善了。

　　接下來的球季，范博梅爾離開球隊，拜仁隊任命菲利浦‧拉姆擔任新的隊長。完成改組之後，拜仁隊終於能發揮潛能，連續奪下4屆德國冠軍，也在睽違12年後，得到最高榮耀的歐洲冠軍盃。

　　隔年夏天，拉姆又帶領德國國家隊，在巴西贏得2014年世界盃冠軍。德國隊的ELO評分創下史上新高，打破匈牙利60年來的紀錄。

　　「魔法矮人」不只撐過了動盪的2009年，更幫助隊伍起死回生，朝二級隊伍邁進。他的個人成長也不少，在帶領拜仁隊和德國國家隊晉升二級後，他和迪蒂埃‧德尚、弗朗茨‧貝肯鮑爾成了唯

三達成如此成就的隊長。

2015年冬天，在拜仁隊希伯納街的訓練中心裡，拉姆告訴我，就算那篇訪問讓他不好過，他卻認為放眼未來，這樣的叛逆很值得。「訪問很有幫助，因為球隊目前的發展方向正是我們所期望的。」

我們總是以為，隊伍如果關係和諧、互敬互愛，就會有較好的表現；但拉姆的例子告訴我們，**和諧比不上真相的價值**。而全心為隊伍奉獻的隊長會說出真相，但避免人身攻擊。拉姆說，隊長為了有效領導，不只必須對上層說出真相，對於隊友亦然，「**認為隊上11個人可以成為好朋友實在是過度浪漫了。**」

拉姆或許不是傳統德國隊極度陽剛的球員領導者，能一肩扛起隊伍，邁向榮耀之路，他不是球迷所熟悉的隊長類型，反抗董事會的舉動一點也不情緒化，而是經過縝密的規劃，目標是加強隊伍的戰略。這樣的勇氣和能力遠勝過他的許多前輩們。

就像大多數的德國足球迷，拉姆說他從小就相信「球隊即隊長，隊長即球隊」。當他19歲第一次進入拜仁隊一軍時，隊長奧立佛‧卡恩的身影激起他的欽佩和「難以置信的敬重」。但隨著時間過去，他說他漸漸改觀，他說：「或許，我對領導者的定義不太一樣。」

雖然我們對「衝突」向來有著根深蒂固的恐懼，但團隊中的歧見反而可以成為正向的動力。偉大的隊長在必要的時候，必須願意站在與團隊不同的立場，承受學者所說的「獨立的痛苦」。當然，

歧見有其限度。如果隊長或其他隊員基於個人間的好惡和芥蒂不斷引發衝突，團隊便很難持續下去。隊長們的立場必須是維護隊友，像維拉里·瓦西列夫在飛機上那樣；或是讓鏡頭聚焦在戰術上，像菲利浦·拉姆分析拜仁隊董事會的人事決策那樣。

　　不限於體育，任何團隊如果想有所成就，都應該有不畏懼權威的隊長，不害怕對抗老闆（或是老闆的老闆），也敢在會議中站出來說：「我們這些地方做錯了。」

本章重點

＊最讓球隊高層感到恐懼的詞大概是「更衣室衝突」。無論菁英運動員再怎麼強悍，我們總認為只要氣氛不對，就會影響球員的配合，讓隊伍表現不佳。因此，球團管理者傾向避免紛爭，甚至會排除引起紛爭的球員。然而，怪物隊長不只不服從，更會提出可能會造成分裂的異議。

＊關於團隊內衝突的研究發現，衝突可好可壞，依衝突的種類而定。衝突包含「個人的」，源自厭惡或憎恨；以及「任務型」，發生在隊伍執行任務有歧見時。對於競爭環境中的團隊來說，個人的衝突是毒藥，而菁英隊長不會那麼做。他們會挺身而出，若不是為了在管理階層面前維護隊友，就是要針對隊伍的錯誤提出實際的諫言。他們不會因為個人情緒或自尊而出聲，而是出於勇氣，希望幫助整個團隊表現更好。

第11章

超強的情緒控制力

2009年 · 薩格勒布（Zagreb）

　　法國手球隊在2009年世界盃準決賽以27:22打敗丹麥。然而，31歲的新任隊長傑洛米·費南德茲沒有時間慶祝。他把內衣褲扯下來，整個人泡進大塑膠桶做臨時冰浴，接著就得打包行李，飛往薩格勒布參加決賽。然而，費南德茲還是擠出一些時間，打電話給故鄉波爾多的雙親。

　　母親布莉姬特接起電話時，費南德茲從她的聲音聽得出來，家裡不太妙。

　　幾個星期以來，父母一直隱瞞著一個秘密，希望他可以專心比賽。但如今他們沒辦法再等下去了。母親說：「傑洛米，你父親快不行了。他在醫院裡，可能只剩幾天了。」

　　費南德茲恐懼得一句話也說不出來。他的父親雅各兩年前曾經接受手術，移除肺部腫瘤，但醫生說已經痊癒了。而隨著傑洛米的生涯起飛，往來國家隊與西班牙職業球隊之間，父親的病漸漸被拋在腦後。他不知道父親的癌症又復發了。

　　雅各和傑洛米・費南德茲的感情深厚，很少有父子能關係如此緊密。在傑洛米出生時，雅各只有20歲。傑洛米說，正是年紀相近，他們才能建立超越一般父子的「關係」。他們不常談話，因為無須言語就可以知道彼此的想法。「我們很親近。」傑洛米說，「了解彼此。」

　　一直以來，他們的交集就是手球。雅各・費南德茲熱愛這項運動，以前曾是很優秀的選手，也是傑洛米和兩個兄弟的第一個手球教練。傑洛米長高到6呎6吋時，已經明顯展現出過人的天分。他在1997年獲選入國家隊後，雅各看了他的每一場比賽。在病況急遽惡化以前，雅各不願意住院，因為電視沒有轉播世界冠軍賽，只要可以，他堅持到場觀戰。

　　傑洛米在話筒的這端好不容易說出話來，告訴母親他會立刻回家。「但她告訴我，『你必須為了你父親而戰。』」傑洛米回憶道，「『你必須獲勝，然後回來帶著獎牌和他道別。』」

　　父親的狀況讓費南德茲痛苦不已。他幾個月前才接下法國隊隊長，還在適應這個角色。有些隊友覬覦他的位子，不認同他。費南德茲的臉又窄又長，一頭黑髮削得很短，臉上總是帶著友善而純真的笑容，他很少長篇大論，和隊友說話時總是低沉而有條理，在他身上看不到戰士般的狂暴氣質。

　　如果他回家去，而法國決賽輸掉，那麼他的領導就會受到質疑。「我不希望那樣。」他說。

　　距離決賽只剩24小時，費南德茲去找教練克勞德・歐尼斯塔，

告訴他發生的事。歐尼斯塔認識費南德茲好幾年了，他表達了一定程度的同情，但也說道：「我了解了。以你的年紀失去父親實在太年輕，但你還有世界盃的決賽。」如果費南德茲選擇參賽，他必須先把父親的事放到一邊；如果他選擇放棄，歐尼斯塔說：「現在就告訴我，我會讓你退出，你就可以回法國了。你得做出決定。」

費南德茲不知道自己能不能撐過去，但他當場下定決心：「我要為了父親而戰。」

費南德茲振作精神，準備面對決賽對手克羅埃西亞，卻有另一個問題：要告訴隊友到什麼程度，或是到底要不要說。他擔心隊友們會因此分心，或是在場上給他特別待遇。他說：「如果有人說，『我的父親快死了』，全隊都可能受影響，甚至輸掉比賽。」雖然他們的支持能給他許多力量，但他決定什麼也不說。

任何一天的任何比賽中，都可能有球員面對痛苦的個人問題，碰到嚴重一點的狀況，如果運動員的親人過世或子女生病，往往大家都會知道。隊友們會給當事人擁抱，球迷給他溫馨的歡呼，電視轉播員稱讚他們的勇氣，場上氣氛莊嚴肅穆。像費南德茲這樣的隱瞞情況是我前所未見的。

對克羅埃西亞的決賽是費南德茲遇過最重要的比賽。他不只要埋起自己的情緒，還得在隊友面前表現出沒事的樣子。他沒有選擇趕回家和父親道別，而是下了危險的賭注。試想，如果隊伍輸了，又來不及趕回家的話，他情何以堪？

▎從困頓中再起

現代的手球發源於1906年，由丹麥的體育老師霍爾格‧尼爾森（Holger Nielsen）發表第一版官方規則。手球背後的發想概念其實挺令人玩味：如果把足球的規則反過來，應該會更有娛樂效果。球員只能用雙手，而禁止用腳。

早期的手球比賽在室外草地上進行，後來漸漸移到室內的硬地，參考了籃球的運球與戰略，以及曲棍球的狹窄球門和肢體碰撞。一群球員在場上互相阻擋、肘擊、推擠，用接近90英里的時速傳椰子大小的球。如此精采的景象讓手球成了歐洲最受歡迎的運動之一，除了奧運之外，最大型的手球比賽就是兩年一度的世界冠軍賽。

法國2009年的決賽對手是地主克羅埃西亞，比賽在薩格勒布球場舉行，湧入1萬5千名狂熱愛國的球迷。克羅埃西亞隊以全勝之姿席捲錦標賽，5天前才以22:19的成績在預賽中擊敗法國。法國隊一年前在北京贏得第一個奧運頭銜，但很少人認為他們能在客場打敗克羅埃西亞。倫敦的賭盤給克羅埃西亞16%的賠率。

法國隊從休息室的通道進場時，全場的克羅埃西亞球迷開始發揮主場優勢，用力吹著門口發放的橘色塑膠喇叭，發出有如蜜蜂群被困在電話亭那樣的嗡嗡噪音，讓球員連自己的球鞋踩在地上的聲音都聽不到。

全世界有1億2,900萬人收看比賽轉播，而法國隊在上半場靠著緊咬的防守緊追不捨，成功封鎖了克羅埃西亞得分最多的九指邊鋒

伊凡‧丘比其。上半場結束時，法國隊以一分之差落後，而下半場剩20分鐘時，他們更拚命追成了平手。令人難以置信的是，法國隊在比賽只剩2分多鐘時取得3分領先，擁有發球權的他們看似勝利在望。

球場正中央，離克羅埃西亞球門大約15呎處，費南德茲在混戰中接到球。他高高躍起，彎曲手臂，準備要射門。然而，腳離地的那瞬間，克羅埃西亞的防守球員壓低肩膀，頂向費南德茲的肋間，將他狠狠向後撞飛。

克羅埃西亞的守門員以為球會馬上飛來，於是衝出來擋球，但沒想到費南德茲另有妙計，發揮超強耐心。他身體墜下，只差兩吋多就要撞上地面，在失去平衡的狀態下全力將球擲出。球穿過守門員伸長的手臂，彈了一下，進入無人防守的球網。

這1分讓法國隊取得難以逆轉的23:19領先。

球場中一片死寂，本來還幹勁十足的克羅埃西亞球員像鬥敗的公雞一樣，腳步沉重而心情憤怒。隨著比賽時間漸漸來到尾聲，法國電視台的球評瘋狂了。「結束啦！」他大叫著，聲音都沙啞了，「世界冠軍！」

歡欣鼓舞的法國球員衝到球場中央，勾肩搭背，圍圈慶祝著。幾乎全部的球員都加入了，只有一個人例外。

驚險的得分決定勝負後，費南德茲拿下身為法國隊長的第一場重大勝利，卻跪倒在地上，額頭貼著地板啜泣。

其他球員注意到他的痛苦，都跑到他身邊，以為他受傷了。大

約一分鐘後，他們把他扛起，帶著他去領獎。典禮結束以後，球員們才知道隊長承受的壓力，都感到震驚不已。費南德茲說：「他們不知道我是怎麼辦到的。」

勝利的隔天早上，費南德茲帶著自己年幼的兒子搭飛機回家，直接趕往醫院。他的父親還清醒，費南德茲把獎牌交給他，兩人坐著聊了好幾個小時，話題主要圍繞著世界冠軍，但也談了不少過去和未來的事。費南德茲說：「他告訴我，他以我為榮。」雅各也抱了幼小的孫子。「我看到父親悲傷的樣子。」費南德茲說，「因為他知道，自己不會看到孫子長大成人。」

雅各‧費南德茲在5天之後過世。

接下來的幾年裡，費南德茲繼續擔任法國隊長，帶領隊伍成為一級球隊。法國隊以大幅領先的成績，成為手球史上最強大的球隊：連續2屆奧運金牌後，他們在4次世界大賽中得到3次冠軍，以及2座歐洲冠軍，是唯一同時擁有三大頭銜的隊伍。

2015年冬天的訪問中，我問費南德茲是否認為他當時繼續比賽的決定，間接激勵隊伍。他立刻否定了我的想法，堅持隊伍就算沒有他，也能夠獲勝。但他也承認，2009年薩格勒布的這場決賽改變了隊友對他的看法。「當他們看到我們能一起獲勝，而我不是個自我中心的隊長，而是以團隊為重，就接受了我。他們會說，『傑洛米是個好隊長，我願意跟隨他。』」

在前面的章節，我們看到隊長戲劇化而無私的行為帶領球隊通往一級之路。這樣的行為似乎有催化的作用，像是極度的好勝心、

拚勁、表達支持的舉動、強烈的煽動力、維護隊友或提出異議等，但費南德茲在薩格勒布的舉動和他們全然不同，而是在關鍵時刻展現出無私的情緒強韌度。

威斯康辛大學心理學教授理查德・大衛森（Richard Davidson）在1970年代還是研究生時期，探討心理學領域中相對乏人問津的主題：情緒的本質。他的第一個目標是「韌性」：為什麼有人能快速從挫敗中再起，其他人卻會一蹶不振？

大衛森為受試者戴上裝了感應電極的網帽，接著讓他們看一些令人不安的影片或照片，在引發強烈負面情緒反應時，記錄他們處理這些感受時的腦部活動。

在實驗中，受試者的差異會透過腦部前額葉皮質的活躍程度顯現。我們現在知道，前額葉皮質的左側是控制腦部正向情緒的中心，而右側則處理較黑暗、負面的情緒。受試者感受到壓力時，前額葉皮質的兩側都亮了起來，但有個顯著的不同：韌性較高、情緒回復力較強的人，前額葉皮質左側的活躍程度也較高。

事實上，差距相當戲劇化。韌性較高的人與較低的人相比，活躍的程度可能相差到30倍。

大衛森在後續的實驗中也發現，韌性高的人會從左側前額葉皮質向大腦的杏仁核發送訊號，而杏仁核是腦部處理威脅和危機的應對中心。他推測訊號有抑制安撫的功能，會令杏仁核鎮定下來。韌性較低的人所傳送的訊息通常較少，也較微弱。

這樣的差異似乎主要由人們天生的腦部構造而定。對於前額葉

皮質較強壯、活躍，而且偏重左側的人來說，研究結果令人振奮。他們天生就比較不會受到負面思考的干擾，能夠專注在當下，克服困境考驗。舉例來說，假如他們犯了錯，通常能歸因於睡眠不足或策略不佳等理由，很快地恢復正常。

費南德茲能承受著父親的噩耗，在決賽中表現出色，我們大約可以推斷他的韌性很高，天生有著令人羨慕的大腦。事實上，雪福特、瓦西列夫、歐福貝克等怪物隊長，都展現過類似的情緒韌性。有時韌性反映在他們冷靜面對挑釁的能力，有時則讓他們能忍受足以擊倒多數人的痛苦傷害。

然而，有一位怪物隊長與情緒的對抗與眾不同，她的考驗不只是短暫的痛苦，不只是實驗中一閃而逝的怵目驚心畫面；她的情況是長期的，打擊整整持續了18個月，如果是一般人，無論擁有怎樣的大腦，或許都很難撐下去，更別說是維持鬥志了。

▌放下自尊的功課

1999年2月，澳洲國家陸上曲棍球隊哈奇魯斯（Hockeyroos）的總教練里克・查爾斯伍思要瑞秋・浩克斯到珀斯蘇比亞克（Subiaco）區的咖啡館與他進行午餐會談。

教練和隊長聚會討論即將到來的球賽，這似乎沒什麼特別，特別是距離2000年的雪梨奧運會只剩下一年半的時間。但查爾斯伍思的計畫出乎所有人的意料。

浩克斯擔任哈奇魯斯隊長已經6年了，這段時間，他們躍上澳洲

陸上曲棍球史上（不分性別）最強盛的隊伍。澳洲連續拿下7個主要賽事的冠軍頭銜，至今仍是世界最高紀錄。這支球隊以速度聞名，能以極快的節奏和機械般精準效率摧毀對手。她們從不會向裁判抱怨、不會嘲諷對手，也不會顯露出一分一毫的弱點。

32歲的瑞秋‧浩克斯已經是曲棍球界的傳奇。她的父親在澳洲西部擔任警察。她身材纖瘦勻稱，有著淡褐色的大眼和一對酒窩，深色的頭髮在場上時總是用白色的髮帶束起。她具備所有怪物隊長的特色：她不常得分，速度不特別快，也沒有令人炫目的球技表現；她專注在訓練，磨練比較不搶眼的團隊合作技巧，像是停球、傳球、攔截或改變方向；她不喜歡鎂光燈，也從不發表激勵演說，說話時總是輕描淡寫，當她入選國家隊的次數或代表國家參賽的次數打破澳洲紀錄時，她只告訴記者她「很開心」。

浩克斯在上個賽季為傷勢所苦，曾經考慮退休，卻決定再撐一下，拚拚看是否能在雪梨用第三面奧運金牌為生涯畫下句點。除了受傷之外，她的曲棍球生涯幾乎一帆風順。但這一切即將改變。

寒暄客套之後，查爾斯伍思告訴隊長他的打算：他希望改變隊伍的領導方式。從此刻開始，每一場比賽之前都會指定新的隊長制。有時候可能會是她，有時候則不是。查爾斯伍思相信，如果廢除固定的隊長，其他球員會對勝負更有責任感，在場上更努力表現。他也認為，隊長輪替的制度能讓球員不再為了爭取隊長頭銜而勾心鬥角。他希望浩克斯不要覺得被針對，「隊長也只不過是條緞帶而已。」

　　事實上，浩克斯聽到消息時並不會很意外。早在1990年代初期，查爾斯伍思就在哈奇魯斯隊上進行一系列實驗。心理學家告訴他，法國科學家馬克西米利安‧林格爾曼觀察到的「社會性散漫」現象。為了確保隊員在團隊中努力的程度不會保留實力，查爾斯伍思花了許多心思消弭個人的差異，驅策每個人都得擔起領導的責任。他規定每個隊員要固定更換背號，並且偶爾要她們坐冷板凳，讓她們隨時保持飢渴與動力。就連明星球員也無法倖免。1996年，他指派浩克斯和其他3名球員為「領導小組」的固定成員，後來又將人數提升到6人。小組的成員會輪流在場上擔任隊長。

　　浩克斯一直無法理解這些手段的意義。每當查爾斯伍思說起隊長制度如何不合時宜、是19世紀階級制度的遺蹟，她就會大翻白眼。她試著不受影響，用自己的方式領導隊伍，在情勢艱辛時拉隊友一把。無論如何，她的隊友和澳洲媒體仍然認為她是領導者，在比賽時，她的名字旁也還印著代表隊長的「C」。

　　然而，查爾斯伍思在咖啡廳裡的提議太顛覆了。浩克斯或許不再有機會領導隊伍。

　　浩克斯可不是一般的隊長，她是陸上曲棍球史上最頂尖的領袖。6年來，她無私地為球隊奉獻付出，如今，奧運會即將在家鄉舉辦，全國上下都期盼著她們的表現，她卻覺得自己被教練排除在外，遭到降級。

　　浩克斯當然有權感到屈辱，就算立刻喊不幹了也不會有人苛責她。但浩克斯不是典型的運動員。

「我有自尊心，但不會過了頭。」她在2016年的訪問告訴我，「雖然我喜歡當隊長，但我不覺得自己有權利要求一直當下去。我會想，如果我說，『等等，我應該繼續當隊長。』這樣是不是很自私嗎？無論如何，都應該是隊伍至上不是？」

查爾斯伍思說完了以後，浩克斯靜靜坐了一陣子，思考該如何回應。她不認為這個新制度會對球隊的表現有太大的影響，但她也很瞭解教練的心態。查爾斯伍思長得很英俊，口才很好，有一雙銳利的淡藍色眼睛。他在澳洲體育界深受推崇，曾經以球員的身分參加4次奧運，被認為是男子陸上曲棍球史上最優異的球員。他多才多藝，同時身兼醫師、政治家，以及高階板球選手。他在場上的表現突破傳統，在場外也有著鼓舞人心的魅力。管理哈奇魯斯隊時，他展現絕對的權威。浩克斯說：「不能和里克爭辯，他通常也不會聽別人說話。」

那天在咖啡廳裡，浩克斯理解到抗議也沒有意義。「我告訴他，『如果這是你想要的，也沒什麼我能做的。』」

消息一傳出去，澳洲媒體的反應可比浩克斯直接多了。在澳洲，體育隊長的地位很崇高，而查爾斯伍思的實驗簡直是種褻瀆。體育記者嘲笑他想建立「集體領導」的隊伍，有個專欄作家甚至說他是曲棍球的共產黨教練。

球季開始以後，開放隊長制反而造成緊繃的氣氛，球員們開始有心結，認為對方處心積慮想得到「隊長」的榮耀。每當比賽的隊長公布，更衣室就充滿酸言酸語，分裂反而更加嚴重。

　　隊伍在2000年飛往荷蘭，準備參加奧運前最後的重要國際賽事，也就是曲棍球冠軍盃錦標賽。此時，隊伍的狀況已經失控，在9個賽季中第一次沒有把金牌帶回家。「隊伍有點偏離軌道了。」浩克斯回憶道，「我不知道這能不能歸咎於領導。或許潛意識之中，我退縮了。或許失去隊長的位置，確實在心理上對我造成影響，而我卻沒有注意到。」

　　查爾斯伍思不認為隊長輪替的狀況是個問題。他告訴記者，他故意讓明星球員在重要的比賽休息，為的是測試年輕選手的抗壓性。他說輸掉比賽都是裁判的錯。

　　雪梨奧運開幕典禮只剩幾個禮拜，查爾斯伍思緊鑼密鼓地操練選手。他痛罵她們鬆散的表現，也遲遲不公布奧運名單，連浩克斯這樣的老將都不確定自己能否中選。某一場比賽後，查爾斯伍思做了一件以前不曾發生的事：他當眾斥罵浩克斯。在龐大的壓力下，浩克斯利用假日搭船到遙遠的小島，想釐清自己的思緒。「我的信心跌落谷底。」她說，「我不想放棄，但再也感受不到一絲樂趣。」

　　雪梨奧運開始後，哈奇魯斯隊前兩場比賽都帶點試探性質，勉強擊敗英國隊，與實力較差的西班牙隊戰成1:1平手。然而，她們逐漸找到自己的步調，在小組賽時以3:0打敗南韓，淘汰賽時更以5:0完勝主要的對手荷蘭，5:1大敗中國，順利打進決賽。浩克斯已經看見終點線了，她覺得自己彷彿撐過了最糟的局勢，但她的麻煩還沒結束。

　　9月29日是對戰阿根廷的決賽，浩克斯參加賽前幾個小時的會議。這會是她生涯的最後一場比賽，她知道自己會成為全場的焦

點，球迷已經迫不及待地向她的豐功偉業致敬。浩克斯在開幕式就被選為選手代表，宣讀奧運的誓詞，獲得全場歡聲雷動。如果這場比賽獲勝，她就能拿下第三面奧運金牌，打平澳洲的全國紀錄。

不管喜不喜歡，她都會是故事的主角。

會議在隊伍奧運選手村進行，選手們坐在椅子或沙發上，面對著房間的一端。查爾斯伍思走到前方，一如往常地宣布先發名單和隊長人選，展開會議。接著他轉向隊伍的防守老將蕾妮塔‧法洛加拉德（Renita Farrell-Garard），說了一句完全出乎意料的話。

「今天由蕾妮塔戴隊長臂章。」

房裡每個人都看向浩克斯。大家都以為，浩克斯會在最終決賽時帶領隊伍。「我不敢相信。」隊伍的明星攻擊手艾利森‧安南（Alyson Annan）告訴我，「這是瑞秋的第四場奧運，她是最有經驗的選手，而且又是最後一次代表澳洲出賽。我認為，基於尊重，她應該要當隊長。我們都把她視為領袖。」

浩克斯不知道該如何面對這個消息。一開始，她的反應就像往常一樣，壓抑住自己的感受。「我心裡想，『啊，這樣真的有點糟。』」會議結束後，浩克斯一言不發地走回房間。她關上門，躺到床上，此時屈辱感才鋪天蓋地襲來。她說：「我覺得很受傷，就像牙齒被狠狠踢了一腳，因為我可以說是從頭帶領著隊伍前進，特別是在精神上一直是這樣。我很失望。」

浩克斯戴上耳機，逃進音樂的世界。幾個小時以後，她把東西收拾好，搭上隊伍的接駁巴士。

決賽剛開始時，澳洲隊顯得焦躁不安，接連錯失幾次得分機會，射門有時偏離球門，或是從門柱上飛過。開賽9分鐘，安南在混戰中進攻，用力將球擲出，穿過阿根廷低頭閃避的守門員，將比數拉到1:0。

澳洲隊為了決賽保留了幾手，趁著半場快結束前的優勢，她們決定試試其中一招，那是為浩克斯設計的戰術。

戰術從由防守球員珍妮・摩里斯（Jenny Morris）在阿根廷的球門圈前端接到球開始。她後退將球打出，前進追擊時卻故意略過球，讓球滾向左邊的浩克斯。阿根廷的防守球員被假動作騙到，給了浩克斯大好的射門機會。此時此刻，浩克斯面對著龐大的壓力。她將球棍向後一抽，然後揮出。

結局並不像故事書那樣美好。

浩克斯的射門偏了，只打中右邊的門柱。她的隊友茱麗葉・哈斯蘭（Juliet Haslam）機警地補上一擊，將球打進球門，讓澳洲以2:0持續領先。

球隊得分後，轉播鏡頭移到浩克斯的臉上，看著她慢跑回中線，微笑著接受隊友的道賀。幾秒之後，她的笑容消失了，低頭看著草地，思潮起伏。她深深吸了口氣，重新抬起頭，將氣吐出。她說：「那是比賽的分水嶺，我知道我們十拿九穩了。」

下半場比賽，兩隊各有得分，但已不足以影響比賽結果。倒數結束，浩克斯跳起，雙手高舉，讓喜悅和各種情緒傾洩而出。隔天，這幅畫面登上了世界各地的報紙，而瑞秋・浩克斯終於有了屬

於她的榮耀時刻。

我問里克‧查爾斯伍思為什麼要選蕾妮塔‧法洛當決賽的隊長。他說他沒有想太多，也不知道這會對浩克斯造成什麼影響。他選擇法洛，是因為她的頭腦最清楚，也沒有什麼壓力或分心的事。

問及有效的領導，查爾斯伍思告訴我他不相信有任何人能備齊所有必要的特質。「有些人在場上鼓舞大家，有些人影響訓練的氣氛，有些人在場外能體察隊友的情緒，讓團隊更融洽。」他說，「這都是領導的一部分，但不是每個人都能做到十完十美。」他說浩克斯「稍嫌鬆散膚淺」，不夠世故，在頭腦上也不足以成為隊伍「長久的」領導者。

我們無法得知究竟瑞秋‧浩克斯和里克‧查爾斯伍思，誰才是哈奇魯斯隊的驅動力。奧運之後，他們兩人都退出球隊，而不敗的魔咒隨之破解，哈奇魯斯沒能贏得2001年的冠軍盃，在2002年的世界盃也只排名第四。然而，如果與其他一級怪物隊長的特質比較，浩克斯無疑也是其中一員。即便教練質疑她擔任隊長的合適性，她的優點卻讓她能承受羞辱，將個人的得失放到一邊，面對巨大的壓力時仍繼續帶領著隊友。

「我不在乎自己是不是第一個上場的。」浩克斯說，「重點是隊伍的團結。我願意為球隊付出，所以才上場比賽。當然，我偶爾也會反思被冷落這件事，也被訪問過，而我總是說，『到最後，人們會記得什麼？只記得哈奇魯斯在雪梨得了奧運金牌。』」

對浩克斯來說，奧運決賽的勝利與其說是運動上的成就，反倒更

像情感上的。受到羞辱的18個月以後，在一切塵埃落定前幾個小時，她又必須面對生涯最大的挫敗，或許她的大腦天生能應付這樣的情形，如此而已。但我問到處理情緒的能力時，她並不認為是生理上的優勢，而是告訴我，她認為情緒控制不過是自制力的一種表現。

「你必須控制情緒。」她說，「你可以事後再去想，但當你知道自己有事要完成，就要先放到一邊，就像藏在一個密室深處，先把手上的事處理好。」

▍重塑逆境的自我訓練

威斯康辛研究韌性的科學家理查・大衛森在世界各地講課，主題是情緒方面的研究。他指出，人們腦部的迴路不是固定的，即便基因顯示一個人很可能為焦慮或憂鬱等負面情緒所苦，在現實生活中也未必會如此表現。他說，我們可以想像DNA上的每個基因都是調節鈕，可以從低調到高，而且時常變動。我們的所有行為、參與的活動和各種情緒，都會有所影響，換句話說，人們的情緒傾向是可以被改寫的。

大衛森在1992年與達賴喇嘛會面，之後便決定將焦點轉移到更實際的問題：他想知道人們是否能透過自我訓練來提高韌性。幾年下來，他越來越肯定神經具有可塑性，人們腦部的生理結構會隨著時間而改變，也會受到生命經驗的影響。變化發生在潛意識中，因此大部分的人都不會察覺到。大衛森想知道，人們是否能夠刻意做出正面的改變。

他想驗證長久以來相信的理論：冥想可能改寫腦部的迴路，特別是佛教僧侶那樣長時間而嚴苛的冥想。投入冥想的人更快從困頓等負面情緒中恢復嗎？

大衛森邀請兩組人來實驗室擔任受試者，第一組是14位經驗豐富的冥想者，每個人都至少有上萬小時的冥想經驗；第二組則是14人的對照組，沒有任何經驗，年齡和性別則與實驗組相仿。每位受試者輪流進入核磁共振成像機，讓科學家觀察他們的腦部活動。

在實驗開始前，研究者會用熱模擬器傳送使受試者痛苦（但不至於造成危害）的高溫訊息到受試者左臂內側的定點。一旦進入成像機，受試者被詳細地警告將再次承受高溫：他們會先聽到訊號，10秒後才感到痛苦。實驗結束後，研究者觀察兩組受試者的數據，想知道他們在刺激前、中、後的腦部活動。

大衛森說，對照組的受試者一聽到痛苦的訊號，「大腦就陷入瘋狂，就算沒有真正的痛感也一樣。」接著，刺激結束後，他們的大腦能處於超載的狀態。「他們的痛感迴路持續活躍，無法從中恢復。」

冥想專家有一點和對照組相似：高溫傳達時，他們的腦部活動一樣加劇，然而，他們「預期疼痛」和「疼痛消失」以後的反應截然不同，大腦的活動大幅降低。大衛森說，冥想專家們「展現出健康的關鍵之一，就是快速從逆境中恢復的能力」。

雖然這個科學領域仍然在萌芽階段，大衛森的研究意味著我們的大腦並沒有天生注定的藍圖，出生時的樣態未必與後續人生相

同。我們或許能找到更好的方式克服逆境，或是借用大衛森的話，「重塑逆境」，讓情勢看來不那麼極端難耐。換句話說，過去曾經受負面情緒所苦的人，也有能力教導自己變得更有韌性。

怪物隊長中，唯一有認真投入冥想經驗的大概就是巴塞隆納隊的卡爾斯・普約爾。他在生涯晚期開始練瑜珈，並且研讀西藏的佛法。「他們的哲學很有意思。」他告訴我，「他們總是很冷靜，試圖避免紛爭，找到不傷害別人的方法讓自己過得更好。我覺得這很好。」他在場上也數度展現出驚人的忍耐能力，其中有一次對手甚至賞了他一巴掌。就我的觀察，他總是能在各種狀況下控制情緒。

怪物隊長中，只有一位的脾氣在生涯中似乎大幅地改變了。他曾經在比賽中有過不受控制的恐怖行為，近乎瘋狂，卻又在接下來的5個賽季中表現得像個完全不同的人。

1955年3月13號，蒙特婁加拿大人隊在季末比賽的第三節以2：4落後波士頓棕熊隊。明星前鋒莫里斯・理查在中線後接到球，向波士頓的半場進發，拚命想帶動反攻。在理查和波士頓的球門間，只擋著一個人：棕熊魁梧的防守球員赫爾・雷考伊（Hal Laycoe）。

對於雷考伊的伎倆，理查再熟悉不過了，因為兩人曾經是隊友。他們在比賽中已經交手過幾次，理查知道一對一時，雷考伊的速度不足以阻止他，因此會想要一些手段，例如推擠、拉他的球衣，甚至是假摔來拖慢他的腳步。理查從雷考伊身邊掠過時，他猛然前傾，一手抱住他的腰，想讓他慢下來，一邊拚命抱住，他另一手的球棍則用力揮向理查的左耳上方。

理查的攻擊停了，有點腦震盪，頭暈眼花。他把手套脫掉，右手摸摸頭髮，看到手指上沾了血。接著，雷考伊犯了一個致命的錯，叫他「青蛙」。

　　在1955年，在冰上受傷對莫里斯‧理查來說不是什麼新鮮事。「火箭」理查已經是國家聯盟得分第一的球員，其他隊伍可說無所不用其極地想打垮他。理查曾在準備射門時偷拉防守者衣服。前國家聯盟的裁判瑞德‧斯圖雷（Red Storey）就曾經說過，「從沒有任何一位冰球選手像他一樣挨過那麼多攻擊。」

　　理查的身材不特別高大，耐力也不特別好。他少年時期骨折過太多次，甚至兩度無法通過加拿大軍方的入伍體能檢查。在生涯早期，他連續幾次受傷，每次都好幾個星期不能上場。加拿大人隊認為他太脆弱，沒辦法在國家聯盟撐下去，於是將他從保留名單中除名，讓他可以轉去其他隊伍。

　　然而，理查得分的才華並不是其他隊伍狙擊他唯一的理由。他幾乎控制不了自己的脾氣，所以對手常試著激怒他，讓他因為還手而犯規，偏偏他老是中圈套，以致於1954年到55年的賽季裡，他在判罰區待的總時數排名全聯盟第五。

　　聽到雷考伊的羞辱，理查氣瘋了。他追上雷考伊，全力用球棍狠狠打向他的背，連棍子也打斷了。裁判把理查拉開，他卻奮力掙脫，向雷考伊臉上揮拳，把他的眼鏡打飛。兩人的互毆把波士頓球場的觀眾都嚇傻了，他們雖然看過很多次打架，這次暴力的程度卻是前所未有。

　　官方人員克里夫‧湯普森抓住理查的手，雷考伊眼見機不可失，立刻衝上前再補一拳。理查更是怒不可遏，威脅湯普森放手，但湯普森不從。接著，理查掙脫，轉過身來，狠狠打了湯普森的臉，還連打兩拳。

　　雷考伊受到5分鐘的主要處罰（major penalty），在他把染血的毛巾丟向裁判後立刻加倍。理查被驅逐出場，回到更衣室，頭上的傷口縫了5針，後來還因此住院治療。波士頓的警察到更衣室來，威脅要以傷害罪逮捕他，但教練擋在門口。隔天，《波士頓紀錄報》刊出一張衝突的照片，頭條寫著「理查瘋了」。

　　毫無疑問，國家冰球聯盟會將理查禁賽，畢竟攻擊官方人員情節嚴重，幾乎可說令人髮指。而理查3個月前才在多倫多因為用手套丟官方人員，被罰款並密切觀察。這次的處罰勢在必行，唯一的問題是會有多嚴重？

　　理查在加拿大人隊的陣容不可或缺。他們以1場的勝差領先底特律隊，而例行賽只剩最後3場比賽。畢竟是被雷考伊挑釁才出手，蒙特婁當地的共識是希望理查只有例行賽剩下的場次被禁賽，不能再多了。

　　加拿大人隊回家以後，國家聯盟的主席克倫斯‧坎貝爾（Clarence Campbell）召集各方代表到辦公室開會。理查替自己辯解，說自己是一時頭腦混亂，除了失血之外還有腦震盪。他不確定誰抓住他的手，以為對方是想抓住他，好讓雷考伊打他。

　　同一天稍晚，坎貝爾宣布他的判決：理查不只剩下的例行賽，

連季後賽都被禁賽。判決上寫道：「寬容和緩刑的時代已經過了，無論他的行為是出於情緒不穩，或是公然藐視權威，都不重要。我們無法容忍任何球員這樣的行為，即便是明星球員亦然。」

禁賽對加拿大人隊影響慘痛，少了得分球員，他們將很難維持領先的地位，更別提贏得史丹利盃了。

理查的情緒失控沒有藉口，也確實對於球隊造成傷害。顯然，他必須學會如何控制自己的怒火。如果只從表面看來，我們很可能認定理查有情緒障礙，受到懲罰也是咎由自取，但事情沒那麼簡單。

他的怒火背後是有原因的。

1950年代早期，蒙特利市的氣氛緊繃而分裂。四分之三的人口是法裔加拿大人，但統治階層卻幾乎清一色是英語人士，而法律也由他們說了算。法裔加拿大人在蒙特利簡直被當成次等公民，高中畢業率只有英裔市民的1/3，而貧窮率卻是好幾倍。對法裔加拿大人來說，1936年到1959年簡直是「大黑暗時代」（La Grande Noirceur）。

理查是法裔加拿大人第九代，受到根深蒂固的觀念影響，他向來認為蒙特婁的市政機構歧視他們族群；不只如此，他懷疑連國家冰球聯盟也充斥著這類偏見。在他心目中，其他隊伍的老闆和聯盟的英裔加拿大主席坎貝爾聯手，對於加拿大人隊判決不公。他認定裁判刻意放過敵手對蒙特婁球員的攻擊，只嚴厲處罰他們。

理查不只是自己想想而已。2年前，也就是1953年，他的隊友因為對手挑起的衝突而遭到禁賽，於是他在法語的報紙上寫了一篇專

文，說這是「狗屁」，指控坎貝爾是歧視法裔球員的獨裁者，「如果坎貝爾先生因為我膽敢批評他，就想把我踢出聯盟，就放馬過來吧。」對坎貝爾的反抗讓他成了蒙特婁的英雄。

坎貝爾的判決讓法裔加拿大的球迷們群情激憤，打電話給廣播節目，威脅要炸掉坎貝爾的辦公室。其中一個人說：「告訴坎貝爾我是殯葬業者，他會需要我的。」

禁賽的判決隔天，3月17日晚上，蒙特婁與底特律隊進行球季中最關鍵的一場比賽。那天是聖派翠克節，在比賽前兩個小時，醉醺醺的抗議群眾聚集在賽場外，大喊著「坎貝爾下台！」並且舉著「對法裔加拿大人不公不義」的標語。

開賽沒多久，底特律隊就在第一節的前幾分鐘迅速得了2分。接著，情勢發生了詭譎的變化。向來固定出席加拿大人比賽的坎貝爾走進場館，坐在位置上。起初只有一些叫囂和嘲諷，但隨著底特律又連得2分，將比數拉開到4:0，球迷開始朝坎貝爾丟東西，例如花生、賽目表、水煮蛋等等。第1節終於結束時，有人放了一罐催淚瓦斯。

1萬5千名球迷從球場疏散，很快與場外聚集的抗議者合流，情勢越發暴力。從球場一直到聖凱薩琳街，暴民們開始放火、翻倒汽車、砸爛窗戶、洗劫店鋪。有100多人被逮捕，超過30人受傷。

這場1955年3月17日的暴動又稱為「理查暴動」，可以說是蒙特婁歷史的分水嶺。城中法裔加拿大人的領導人非但沒有譴責暴力，反而憤怒地批評坎貝爾對理查的懲處和他出席比賽的挑釁舉動。很

多歷史學家認為，是「理查暴動」讓加拿大的法語少數族群找到自己的聲音，並爭取更多的權益。

如果沒有理查，加拿大人大概會失掉第一的排名，接著在史丹利盃中落敗。然而，大部分的蒙特婁人並不在意。他們認為理查的爆發是正當合理的，因為他受到侮辱。這不是情緒失控，而是勇敢的公民不服從舉動。

不管正當性如何，理查的爆發確實越線了，而加拿大人必須設法管控他的脾氣。球季後，球隊開除了時常鼓勵理查回擊的頑固教頭狄克・厄文（Dick Irvin），換上43歲的前加拿大人托爾・布雷克（Toe Blake）。布雷克雖然沒有什麼教練經驗，卻有一半的法裔加拿大血統，英法語都很流利，成功贏得理查的信任。布雷克收到的任務急件是：不要讓「火箭」理查發飆。

▌控制情緒的安全開關

接下來的球季，布雷克持續教導理查，提醒他的行為已經傷害了球隊，告訴他保持冷靜的價值，並敦促他用正面的方式處理挫折感。「如果你想要贏，就必須控制你的脾氣，就像控制球棍一樣。」布雷克說道，「控制自己，把怒火灌注在射門上。」

沒過多久，理查就遇到考驗。1956年1月，一位紐約遊騎兵隊（New York Rangers）的球員揍了理查剛加入球隊的弟弟亨利。接著，他又找上理查，打了他兩下，讓他滿臉是血。如果是以前，他早就暴怒了，但改頭換面的他只是看著教練的眼睛，退回休息室裡

治療傷口。稍後，他回到板凳上，而布雷克將他拉到一旁，說道：「莫里斯，你不准生氣。但如果你真的火大了，就把球打進對方的門裡吧。」

雖然改變之路並非一帆風順，但莫里斯‧理查終於慢慢變成另一種類型的冰球選手。在1955年到56年的賽季，他每場比賽的平均處罰時間從前一年1.9分鐘的生涯高點，降到只有1.3分鐘。當他不再承擔隊伍大部分的得分壓力時，他的總得分稍微降低了，變成隊伍的第二，國家聯盟第三，但這並未對加拿大人隊造成什麼傷害，也無損理查在隊友心中的印象，事實上，蒙特婁在那個賽季中贏得了史丹利冠軍盃。

下一年，理查被選為隊長。

當上隊長以後，理查持續改變。他不再執著要親自完成每次進攻，而開始將球傳給隊友，讓他的得分排名降到聯盟第六。當他越常將球傳給隊友，對手就越沒有刺激他的機會，於是他的處罰時間再次減少。

1959年到60年是理查最後的球季，期間他幾乎沒有犯規過。雖然比賽時仍然猛烈強悍，隊友們卻發現他在場外的表現不同了，變得比較冷靜、有耐心，也更滿足安心了。理查和妻子露西爾有7個孩子，生活雖然忙碌，他卻全心全意地愛著他們，幾乎所有的閒暇時間都帶著他們到處玩，有時去滑雪，甚至在他們的棒球隊當教練。

在理查1960年的告別演出中，蒙特婁隊創下國家聯盟的紀錄，連續贏得第5次冠軍，也在一級隊伍中取得一席之地。

莫里斯・理查在2000年過世，他從未深談過自己花了多大的努力控制情緒。或許那場暴動讓世界看到法裔加拿大人所承受的歧視，讓他不再覺得獨自背負龐大的壓力，轉而認為自己必須為同胞們站出來。前蒙特婁隊的球員說，國家聯盟裁判們對他們的標準也放寬了，讓場上激怒理查的因素又減少一項。或許在長途火車上看著窗外時，理查不自覺在模仿大衛森實驗中的冥想專家；也或許，他最終成功改變了他的大腦迴路，變得更能處理負面的想法。

　　然而，我們能肯定的說，加拿大人勝利之路的起點，正好是理查開始學習控制情緒時，而他們後來成了國家聯盟最偉大的隊伍。

　　我在這一章裡討論了傑洛米・費南德茲、瑞秋・浩克斯和莫里斯・理查等3位隊長，他們在不同的方面展現了一件事：隊長的情緒管理在關鍵時刻對於隊伍有深遠的影響。雖然我聚焦在3個人身上，但其他怪物隊長亦然。我們都看到尤基・貝拉堅毅地忍受了菜鳥時期在洋基隊遭受的羞辱，以及對他長相的嘲笑；也看到米蕾雅・路易斯在1996年奧運古巴打敗巴西、場下發生衝突時，從激動回歸冷靜、極力嘗試著阻止事態擴大。

　　我們無法得知究竟這些隊長們是有著天賦異稟的大腦構造，或是透過練習建立出驚人的自制力，或許他們對球隊異於常人的投入已經轉化成內在力量，足以壓倒為了私利的想法。

　　在內心充滿負面情緒時，怪物隊長會有某種自制的心理機制，能在造成嚴重影響之前加以排除。換句話說，他們裝備有「情緒安全開關」。

本章重點

＊毫無疑問，偉大的隊長利用情緒驅動隊伍，但就像侵略性和衝突，情緒能載舟亦能覆舟。怪物隊長在生涯中都面對過激起強烈負面情緒的事件，例如受傷、個人傷痛，甚至是政治上的不公不義，他們不只在挫敗中繼續拚命，更克服了逆境，為了隊伍的利益而抑制了這些毀滅性的情緒。

＊情緒管理的能力大部分受到先天大腦迴路的影響；然而，我們的基因保留了一些讓人學習的空間，而大腦也能隨著時間改變。科學家相信，我們能透過耐心和練習來改變，怪物隊長們就是最好的例證，在生涯中展現了各種面向的自制力。

第12章

魔鬼隊長還是問題兒童？

1999年・義大利杜林（Turin）

　　尤文圖斯隊前鋒菲利普・英薩吉（Filippo Inzaghi）開賽6分鐘就從左側巧妙地起腳，踢進第一球；5分鐘之後他再度出擊，這次是近距離的射門，球從守門員頭頂飛進球門。比賽才剛開始、都還沒白熱化，尤文圖斯就已經以2:0領先曼聯隊了。單方面的屠殺即將展開，杜林阿爾卑斯球場的6萬9千名球迷大聲吶喊：「上吧！上吧！上吧！尤文圖斯！」

　　對曼聯的忠實球迷來說，這場景太熟悉了。雖然成立於1878年，在英國足球史上擁有悠久而輝煌的紀錄，廣受歡迎，但曼聯有兩大難堪：第一，不曾在義大利土地上贏球；第二，從1968年起就再也沒贏過歐洲盃。

　　這個4月底的晚上又濕又冷，曼聯的球員知道眼前的挑戰艱鉅。如果要參加巴塞隆納的決賽、爭奪31年來第一座歐洲盃冠軍，他們就必須在這個世界上最吵鬧的體育館裡，以至少3分之差打贏這場準決賽，偏偏對手又是以難纏防守出了名。他們必須顛覆歷史。

曼聯的27歲隊長羅伊・基恩出生於愛爾蘭，擔任中鋒。兩年前，他也曾面臨如此險峻的局勢，而曼聯在準決賽時輸給德國的多特蒙德隊（Borussia Dortmund），總比分是2:0。基恩下定決心，這次一定要帶領球隊突圍。尤文圖斯隊得到第二分時比賽才過13分鐘，大衛・貝克漢踢角球，他接力用頭槌將球送進球門，把比數拉到2:1。10分鐘之後，曼聯追平了比數。

正式比賽時間倒數7分鐘時，尤文圖斯的防守出現漏洞，曼聯的德懷特・約克（Dwight Yorke）帶球閃過幾個防守球員，被擋下來以後，由安迪・柯爾（Andy Cole）衝上前接應，將球送入網中，以2:3奪下令人難以置信的勝利。這不只是他們在義大利的第一場勝仗，更讓他們搶下冠軍聯盟決賽的席位，借用電視上球評的話，就是打開「通往足球天堂的大門」。

羅伊・基恩無疑是當晚的英雄人物。每次鏡頭轉到他，他都在奔跑，封鎖每個傳球路徑、爭搶每顆球、用精準的傳球發動數十次攻勢。他精疲力竭離開球場時，義大利球迷都震懾於他的表現，紛紛起立鼓掌。曼聯的總教練亞力士・富格森說基恩比賽時簡直像是「不贏球，毋寧死」！

比賽後，曼聯的球員湧入髒亂的客隊更衣室，叫喊擁抱著，並擺好姿勢拍照。有人喊道：「打得好，小子們！」富格森沉浸在其中，連雨衣也忘了脫。然而，隊友們輪流扛起彼此、丟彩帶慶祝時，羅伊・基恩在置物櫃前的椅子上坐下，飲盡塑膠瓶裡的水，沒有表情地看著前方。接著，他露出若有所思的表情，低頭看著地

面。

　　射門得分的9分鐘後，基恩慢了一步，魯莽地想要從尤文圖斯明星中鋒席丹腳下剷球，於是收到第3張黃牌。根據冠軍聯賽的規定，這代表他下一場比賽無法上場，而下一場比賽正是總決賽。我們很難相信，基恩身為選手和隊長最光榮的時刻，和他最糟糕的誤判，竟只有幾分鐘之差。

　　每當各大歐洲足球網路論壇出現關於「隊長」的討論，總會有人說，XX隊的問題在於，他們需要像一位像羅伊・基恩這種魔鬼隊長的嚴厲鞭策。

▌煽情式領導，拉高比賽張力

　　基恩的狠勁滿足了足球世界的想像，他成了煽情式領導風格的代表，或許可以叫做「羅伊・基恩式領導」。從長相到球風，他幾乎是怪物隊長的典型寫照。雖然在場上氣勢逼人，但基恩與美式足球的蘭伯特其實類型相近：他的身高只有5呎10吋，體重179磅，光看體型實在沒有什麼威脅性。他青少年時代的身材矮小削瘦，看起來一吹就倒，以致於大部分頂尖的英國足球俱樂部根本不願意給他選秀的機會。16歲時，他甚至完全離開足球世界，被迫回到老家，在馬鈴薯田工作。

　　基恩不是得分高手，控球和帶球的技術也不算絕佳。雖然隊友說他在場上話很多，說的內容也很有建設性，但他也不是個有魅力的演說家。他以自己的方式為團隊付出，對個人名氣毫無興趣，甚

至說那些都是「狗屎和垃圾話」。他厭惡出席球團的公關活動，總是極力迴避媒體，寧願和家人在一起。在貝克漢與「辣妹」成員維多利亞·亞當斯（Victoria Adams）結婚的慶祝之夜，他推辭了眾星雲集的場合，選擇在自家附近的「鮮血野狼酒吧」喝酒。

　　基恩形容自己在場上像個「充滿鬥志的混帳」，在他的字典裡沒有「踩剎車」。教練們都對他的防守範圍感到詫異。他體內彷彿隨時燃燒著烈焰、上緊發條，與其說他是足球員，反而更像個拳擊手。他有一對嚴厲的劍眉、漆黑的眼珠，總能牢牢攫住激怒他的目標；而他的下巴強壯，總是帶著黑色鬍渣，在憤怒咆哮時充滿威脅性。基恩專精於展現侵略性，曾經表示一旦自己感覺隊伍太鬆懈，就會卯起來挑戰對方，甚至粗暴剷球，只為了「拉高比賽的張力和緊張氣氛」。

　　2005年對兵工廠的比賽前，發生了令人印象深刻的事件：基恩在通道中衝向兵工廠的隊長派崔克·維埃拉（Patrick Vieira），因為對方試圖欺侮他的隊友。他指著球場，喊道：「如果我是你，我會閉嘴。我們球場見。」裁判擋住他，叫他冷靜點，他氣憤填膺地抱怨維埃拉：「沒有口德。」

　　曼聯受到隊長的鼓動，從0:1落後一路追到4:2。在這場比賽中，幾個向來行為溫和的球員卻一共收了6張黃牌、1張紅牌。「對手的陣容龐大，很有威脅性。」基恩說道，「所以我告訴自己，『好，拚吧！』只有攻擊能應付攻擊！」

　　就像所有的超級隊長，面對擋在勝利之前的阻礙，基恩總是毫

不猶豫地挺身對抗，無論是對手、裁判、隊友、球隊經理，甚至是對曼聯那些有錢球迷（他曾經批評他們「太專心吃蝦子三明治*（從基恩之後，prawn sandwiches就用來形容缺乏熱忱的球迷。）」，根本沒有好好支持球隊）。2002年冠軍聯盟準決賽慘敗時，基恩痛批隊友的踢球風格，還數落他們花太多時間在更衣室的鏡子前精心打扮。他說，他們沉迷在財富和名聲中，「忘了比賽，失去飢渴。若當初沒有這種飢渴，又怎能換來現在的勞力士、名車和豪宅？」

基恩在2002年帶領愛爾蘭國家隊參加世界盃，卻被總教練漫不經心的訓練方針和愛爾蘭足球協會的爛場地給激怒，在更衣室裡發生衝突後，毅然拒絕繼續比賽，直接飛回家，爆粗話怒斥：「你是個他媽的爛人，把世界盃塞到屁眼裡吧！」

基恩擔任曼聯隊長的8年裡，讓隊伍在5個球季得到4個英超冠軍頭銜（包括中間三連霸）。在1998年到99年的球季，也就是在杜林打敗尤文圖斯的賽季，曼聯更成了英國史上唯一同一年中贏得英超冠軍、足總盃、歐洲冠軍聯賽的隊伍，這樣的成績又被稱為「三冠王」（The Treble）。

然而，除了所有怪物隊長的特質外，基恩的好鬥成性卻格格不入。首先，他的球風對身體造成太大的負擔，腳踝受過好幾次傷，十字韌帶斷裂讓整個球季報銷，髖部的慢性傷害讓他在2002年不得不接受手術。他狂暴易怒的個性不只讓裁判特別關注，也使他成為其他球隊的目標，在場上試圖激怒他，讓他衝動行事。英超的生涯裡，基恩被犯規記名將近70次，收過13張紅牌，犯規的內容包括辱

罵裁判和踩踏倒地的對手。其中有3起惡名昭彰的事件：他肘擊對手的臉，踩在守門員身上不讓他起身，以及用力用球砸對手的後腦勺。富格森說，基恩被激怒時會「把眼睛瞇成一條黑色細縫，看起來很驚悚」！

　　基恩還有個壞習慣，就是會在場外惹麻煩。1999年5月，在杜林勝利的1個月後，他在酒吧和一些糾纏的曼徹斯特人發生衝突。晚上10點，他被押進警車後座，因為傷害罪嫌被判拘役。他的隊伍也付出代價，在4天後的英格蘭足總盃決賽裡，狀況不好的基恩（他事後如此承認）傷了腳踝，只上場8分鐘就下場休息。1年前，基恩在賽季前的亞洲巡迴賽中喝醉酒，與同隊的丹麥籍守門員彼得．舒梅切爾（Peter Schmeichel）發生衝突，讓彼得帶著黑眼圈參加後來的記者會。

　　對眾多支持者來說，基恩體現了隊長、領袖、傳奇的價值，是激勵人心的球隊領袖，能靠著求勝的熱情和對敵手的敵意來帶領球隊。他們相信，他輝煌的紀錄足以抵銷常態性的失控，隊友蓋瑞．納維利（Gary Neville）也寫道：「體育不是完人的領域。」他認為基恩的「狂飆和熱情」能拉隊友一把，「有人認為楷模應該是從未犯規過的足球天使，但我從不相信這一套。」

　　但基恩的批評者則抱持不同的觀點。根據曼聯在基恩擔任隊長時的球迷人數、經濟資源、崇高的歷史（到2001年累積14個英國冠軍頭銜）、傳奇的教練（富格森），以及難得的年輕人才（大衛．貝克漢、尼基．巴特、雷恩．吉格斯、保羅．舒爾斯、蓋瑞和菲

爾‧納維利），他們認為隊伍應該有更高的成就。之所以無法維持好成績，都是因為隊長缺乏自制力。

▍燃燒憤怒小宇宙，是激勵還是扣分？

羅伊‧基恩是個很有意思的例子。就我所知，從來沒有其他聲望相當的隊長在場上做過這麼多誇張的舉動，或是在場外惹過這麼多麻煩。他似乎完全沒有自制的能力。在我研究的頂尖領袖裡，沒有人像他一樣廣受歡迎，卻又被視為問題兒童。很多運動員都了解，一旦上場比賽，就進入了「括號裡的道德」領域，可以做出一些行為出格、平時在禮貌的社會中不能做的舉動。在這樣的情境下，會出現兩種不同的侵略性行為：一種是「目的性」侵略，重點不在於傷害別人，而是要達到值得的目標；另一種是不懷好意的「敵意」，通常是不計後果地傷害他人。

瘋狂的侵略性讓基恩成了代表性人物，卻也令他和我舉出的一級隊長有很大的差別。基恩的狂暴是持續的，無論在場內場外都沒辦法約束自己。賽況激烈時，很難看出他是惡意攻擊，或只是為了激發隊伍更強，或兩者皆是。前一章提及莫里斯‧理查的不滿至少有一部分是出自身為法裔加拿大人所感到的不公待遇，但基恩和他不同，真的找不到什麼藉口。他似乎無時無刻不挑釁他人。

在體育競賽中，如果一位運動員有如燃燒小宇宙般的、大力表現出超常的強勢侵略性，術語稱為「表演憤怒」（play angry）。

2016年，曾經與職業運動隊伍合作過的羅格斯大學運動心理學

家密區‧亞布蘭斯（Mitch Abrams）決定調查所有與體育暴力、侵略性相關的研究，希望能釐清這個議題的不同觀點。亞布蘭斯先引用了一些研究，顯示表現（表演）憤怒的運動員確實能獲得一些好處，「憤怒這種情緒能激發行動，因為交感神經系統的活躍能提升人的力量、耐力和速度，並且降低對疼痛的感受。」

然而，整體來看，他發現研究中有更多的證據指出，表現憤怒也可能帶來負面的結果，而且並不只是被判犯規而已。極度的憤怒狀態可能反而會對球員的表現有負面影響，「因為精細動作協調、解決問題、做決定等認知過程都會失常」。

2011年，來自史丹佛和達特茅斯學院的兩位學者在《運動觀點》（*Athletic Insight*）期刊中發表一篇研究，探討侵略性強的運動員在比賽中的優勢和劣勢。他們蒐集了NBA一共5個賽季的資料，根據他們技術犯規的比率加以排名。技術犯規和一般犯規不同，通常代表球員已經越界，可能是違抗裁判、肢體衝突、辱罵對手，或故意與對手發生粗暴的肢體接觸。

根據守備位置、上場時間等變數調整後，他們發現「侵略性」球員，也就是技術犯規率較高的球員，和隊友有所差異：有些特質是正面的，例如他們在需要力量和爆發力的瞬間表現較出色，像是搶籃板球和蓋火鍋，通常得分數較多；技術犯規或憤怒展現所帶來的「能量」，「可能會刺激人類有某些超越水準的發揮」。

然而，數據也顯示這些球員在籃球比賽中需要秀出「精準力和冷靜力」的時刻就會表現很糟，例如他們雖然有較多罰球機會，命

中率卻不高；投三分球的時候，比賽時情緒高張的球員更是容易失準。不只如此，侵略型球員的失誤率也較高，「通常較為魯莽，應證了其他研究的發現：憤怒的人容易做出冒險的決定」。

和其他相似的研究一樣，這個研究並不代表球員不能「表現憤怒」，然而，這種策略在肢體衝撞較多的運動中會較有幫助。雖然基恩總是氣勢強烈，但足球畢竟還是需要結合力量和精準度。

基恩也很清楚自己的脾氣有時會害了隊伍，曾經解釋道：「我我從小就長得很瘦小，所以我直覺要武裝自己、讓自己看起來很有威脅性，而不是任人宰割。」因為總是處在發飆的狀態，他認為自己有如裝了「自我毀滅」的按鈕，才會觸發種種負面的事件。有時候引爆點是其他人，有時候是他自己。

來看看一級隊伍的怪物隊長。在他們的檔案中，我也發現有十幾個情緒失控的例子，通常是在高壓的情境中發生的，其中有兩個例子因為不同的理由特別引人注目。

1951年8月28日，紐約洋基和聖路易斯布朗隊（St. Louis Browns）的季末比賽進行到第5局，比賽結果只對當時力拚美聯第一名的洋基有影響。

輪到聖路易斯打擊，本壘的主審艾德・荷利（Ed Hurley）做出普通的四壞球宣判，然而，因為聖路易斯已經滿壘，所以能將打者擠回本壘得分、讓洋基的領先縮減到3分。洋基的捕手尤基・貝拉以前從未挑戰過裁判的判決，但他這次不只是爭辯而已——他把面罩扯下，開始對裁判咆哮，衝撞對方的胸口，有些目擊者甚至說他拉

扯對方的手臂。這個行為嚇壞了總教練和隊友，他們以為他要開始
揍人，連忙衝上前制止。

貝拉被驅逐出場，隊友和球迷都擔心裁判在事件報告裡會怎麼
寫。他是全洋基最不可或缺的一員，而且正在角逐美國聯盟M.V.P.的
獎項。洋基隊很清楚，如果聯盟決定罰他禁賽，他們前進世界大賽
之路堪慮。

幸運的是，聯盟對貝拉的處罰很輕微，只罰款50元而毋須禁
賽。然而，假如隊友沒有插手，貝拉的失控就很可能毀了這個賽
季，讓洋基戰績一落千丈。

第二個特別的例子是1994年的世界盃女子足球資格賽，美國對
戰千里達及托巴哥共和國。

在這個時代的女子足球中，很少隊伍是美國的對手。於是，
美國隊大多數都是橫掃球場，而千里達的實力在美國隊遇到的球隊
裡更是數一數二的差。然而，一面倒的比賽開始令場中球員感到暴
躁。比賽本來在掌握中，美國隊長歐福貝克控球到中場，而千里達
的球員衝向她，粗暴地正面剷球。兩人都站起身後，千里達的球員
打了歐福貝克的後腦。

當時的比分是10:0，實在沒有非還手不可的理由。然而，歐福
貝克卻吞不下這口氣，不只狠狠揍了對手的臉，更把對方撞倒，
壓在地上一陣猛打。她告訴我：「我失控了，以前從沒有像那樣
過。」

歐福貝克本來應該要被記名警告，如果官方有意，甚至可以罰

她禁賽；然而，裁判似乎沒有搞清楚事情的來龍去脈，到頭來，竟然反而是其他試圖勸架的隊友遭到驅逐出場。

表面上看來，這些抓狂的行為似乎和羅伊・基恩如出一轍，然而，更進一步分析後，我發現兩者還是截然不同，重點不是當下的火爆氣氛，而是後來的收尾。

舉例來說，聖路易斯的比賽一結束，尤基・貝拉就到裁判的更衣室門口，向艾德・荷利道歉，解釋自己無意傷害對方。荷利接受了他的道歉，並提議較輕微的懲處。

當我問歐福貝克與千里達選手的衝突時，她說自己當時的精神已經到達極限──美國隊連續巡迴了兩個月，她實在無法開心地和差勁的對手再繼續打資格賽。她為自己的行為感到羞愧，說：「每個人都說這很痛快，但我卻完全不覺得。我總是以自制力為傲，但在10:0痛擊對手的時候，我卻反而讓她成功激怒了自己，結束後我一直哭。」

相較之下，兇猛的基恩一次又一次在場上情緒失控，而他事後的反應和以上兩位迥異，即便事隔多時，他也很少表現出後悔或道歉。事實上，基恩是出了名的會記恨，有時甚至會等上好幾年再來報復。在2002年的回憶錄中，基恩描述了某次粗暴剷球的動機：挪威的防守球員夏蘭特（Alf-Inge Håland）是他長年的死對頭，從他4年前傷了膝蓋以後就不斷嘲諷他。基恩寫道：「我的想法是，去你的，你不找死就不會死！」

戰鬥式基因的優點和缺點

越是研究羅伊・基恩，我就越感到好奇：如果知道隊伍會因為他的失控付出代價，他為什麼無法試著像莫里斯・理查一樣，學著「在有用的時候生氣，對情況沒有幫助時克制自己」？

研究者花了很多時間探討，想知道為什麼有些人的攻擊性比其他人更強。他們推測這些人腦部可能不太一樣，有認知上的缺陷或發展不成熟，或是具有耍狠傾向的「戰鬥基因」，驅策他們做出冒險的舉動。喬治城大學的心理學家麥克・阿普特（Michael Apter）推論，侵略性的動機是追求擊垮對手的快感。

而實驗則證實了另一個理論：有些人有潛在敵意與易怒的人格特質，容易受到「敵意偏誤」（hostility bias）的影響，將沒有特別意涵的中性行為解讀成威脅或挑釁，自己暴跳如雷。他們很難不用帶有敵意的負面角度解釋別人的動機，動不動就採用暴力的方式反應。

我懷疑羅伊・基恩就是這類型的人。

然而，還有個小問題：如果基恩的侵略性是出自敵意偏誤，那麼怪物隊長們偶爾出現的爆發又該如何解釋？

2000年凱斯西儲大學（Case Western Reserve University）3位研究者的論文或許能提出解答。他們贊同理查・大衛森的看法，認為每個人天生控制負面情緒的機制都不同。有些人有強大的控制力，有些人則否。然而，他們認為這不是機械般的控制力，而是一種資源，是人們儲藏的一種能量。

每個人的儲存量都不同，也會隨著時間變化。換句話說，根據

被迫提取的頻率，我們的控制油箱隨時可能充滿或耗盡。

研究的關鍵論點是，我們的控制力是有限的。被迫自制的頻率越高，剩下的存量就越少；存量越少，就越難控制惡意的衝動。雖然還無法證實理論是否正確，因為後續的實驗結果並未完全支持，但還是可以說貝拉、歐福貝克和其他怪物隊長的失控行為實屬異數。或許他們有充沛的自制力，但在那些時刻，油箱卻剛好空了。他們和羅伊·基恩的不同是，對他們來說，抓狂是極為罕見的。

在2001年到2002年間，讓曼聯輝煌了3個球季的動力漸漸消退。他們在英國超級聯賽以排名第三坐收，連續第三年無法打進冠軍聯賽的決賽。下個球季開打不久，基恩就開始在臀部施打止痛針，接著的賽季裡，因為夏蘭特事件被禁賽5場之後，他決定動手術。

基恩在2002年12月歸隊，為了自己的身體狀況也為了隊伍的表現，誓言在球場上態度不再那麼衝動。「我心意已決，該做的就是每場比賽都在場上待滿90分鐘。」他解釋道，「我得控制自己天性中的魯莽易怒，不要再被逐出場或者受傷⋯⋯要找到鬥志和自制的平衡點。」看來，基恩終於邁出一大步，成了更冷靜、更謹慎的球員，而曼聯在他更穩定的領導下重振旗鼓，贏得2002年到03年球季的英超冠軍。

隔年，貝克漢離開曼聯，轉而投效皇家馬德里隊，而曼聯努力想整合新一波的球員。基恩的周邊盡是克里斯多亞諾·羅納度（Cristiano Ronaldo，媒體慣稱「C.羅」）等年輕又閃亮的球星包圍，相較下他顯得更加疏離。他厭惡年輕一代球員對衣著、髮型和名車

的追求。曼聯再次以第三的排名結束球季，冠軍聯賽更在16強時就遭到淘汰出局。

2005年11月，隊伍戰績深陷泥淖，而基恩正在休養腳上的傷，他克制脾氣的誓言終於破功。某次訪問時，他大肆批評隊友，說他們自大、自我中心，人格有缺陷。「簡直像是表現得越爛越好、才能在球團裡出頭。」他嘲諷說，「或許我歸隊以後也該那樣，降低水準表現差一點。」

某種角度來說，基恩做的事看似和菲利浦・拉姆或其他出色的怪物隊長並無二致，堅持自己的立場、說別人不敢說的話。他堅稱在媒體上說的話都是深思熟慮的結果，但即便直言的動機良善，還是反映出另一個他不符合怪物隊長標準的理由：他的評論完全不是就事論事。和拉姆不同，他並未分析隊伍在場上的戰術，而是對隊友做強烈的人身攻擊，讓原本就惡劣的關係更雪上加霜。

這場採訪過後，總教練富格森終於受夠了。基恩在「雙方協議」下離開隊伍，不久之後正式從球壇退休。

離開球場後，基恩在不同的管理職間流動，一次又一次的發生衝突：他有一次被控在公路發生暴力事件而鬧上法庭（被判無罪），也曾在愛爾蘭的旅館酒吧和球迷發生爭吵。據說，他曾經瘋狂按一位前球星的門鈴，想要興師問罪，認為對方惡意散佈關於他的謠言。種種事蹟都證明了，他確實有科學家們描述的「敵意偏誤」。

總的來說，基恩並不是個失敗的隊長，他有許多對的特質，也

難怪深受球迷喜愛；然而，毫無疑問的是，他也有不少缺點，例如無法控制自己的脾氣，而且會對隊友人身攻擊。不過談到基恩，更大的問題是，他人格中最負面的部分，反而是將他推向偶像寶座的原因——無論是動不動就打架、缺乏反省能力，或是習慣對身邊眾人的人身攻擊。從旁觀者的角度，這些讓他與其他隊長截然不同，彷彿其他人是陪襯，以彰顯他特立獨行的領導；但事實上，這些缺陷掩蓋了他真正的付出，例如在場上苦戰不懈、支援助攻，以及總是鼓足勁來激勵隊友。

當足球迷說球隊需要像基恩的隊長，他們的意思其實是，球場上就是少了那麼一位能以氣勢壓過對手的強者，或是現在的球員們太過軟弱安逸了！網友這些評論在線上討論區看起來或許很有道理，但在場上，以長期數字的證據顯示，這種領導風格其實難以幫助一支球隊建立長久雄霸領域的運動王朝。

▌為什麼喬丹不算是偉大的領導者？

本書出版之前，每當我和別人說到內容是關於世界頂尖運動隊伍的隊長時，他們的反應如出一轍：「喔，所以你想談麥可・喬丹！」

麥可・喬丹無疑是個不可思議的運動家，彈性異於常人，灌籃時彷彿能浮在半空中般神奇。不只如此，他十項全能，搶籃板球、防守、控球、切入，幾乎從任何距離都能得分。他另一項媒體較少提及的優勢則是速度，他大學的教練曾說，他跑40碼衝刺只要4.3

秒。正因為這些與眾不同之處，他一共贏得10個NBA得分頭銜，以及5座MVP。

表面上看來，他在領導方面的紀錄也同樣亮眼——芝加哥公牛有6次打NBA冠軍賽時，他都擔任副隊長。

就像羅伊‧基恩，喬丹也有許多怪物隊長的特質。他在場上強悍、專心、執著，練習時也一樣努力不懈。在1997年的NBA決賽中，他強忍著胃炎的痛苦，獨得38分，還投進致勝的一球，直到哨聲響起才癱倒在隊友的手臂中。喬丹不曾像基恩一樣上演暴力事件，但他在場上也具有強烈的攻擊侵略性，不斷試探裁判的底線，特別是以言語刺激對手這方面。

喬丹的公牛隊沒有進入第一級。我曾經提過，他們的獎盃數遠比不上波士頓塞爾提克隊，持久性則不及聖安東尼奧馬刺隊。然而，公牛隊無庸置疑也是歷史上最出色的籃球隊之一，根據FiveThirtyEight的統計，喬丹的隊伍在1995年到1997年的兩個賽季中，得到NBA史上最高的兩次ELO評分。

如果只參照大眾的意見，那麼麥可‧喬丹絕對是史上無人能出其右的隊長，毫無疑問。然而，有兩個強而有力的反證：第一，他的隊伍從未升上第一級；第二，他並未完全符合怪物隊長的特質。

雖然時常被忽略，但喬丹在公牛隊的前6年，隊伍表現得並不好。即便他成為聯盟最令人興奮的球員、體壇的超級巨星，也是隊伍絕對的領導者，但公牛隊卻打不進決賽。在他的前3個球季，隊伍的輸球次數超過贏球，在季後賽第一輪就出局。當菲爾‧傑克森在

1989年加入時，他是喬丹的第四個教練。

喬丹是公牛隊的隊長，但他的領導風格不符合怪物隊長的形式，他太常激怒隊友，他們大都懼怕他出了名的毒舌。當更甚者，喬丹對某個隊友失去信心時，會說服管理階層把對方剔除。

1988年時，公牛隊簽下老將中鋒比爾‧卡特萊特（Bill Cartwright）。卡特萊特動作笨拙樸實，膝蓋有嚴重的問題，不太能擋下對手的攻擊，而且球若沒傳到面前，就接不住；然而，他的步法出色，也知道如何應付聯盟中的大牌球星。如果有需要，他可以一場比賽得20分，在紐約尼克隊的9年生涯裡，他和太多球星同場過，知道該怎麼給他們發揮的空間，完全不介意默默貢獻。

卡特萊特安靜而疏離，臉上長帶著略顯悲傷的深思神情。他不發表長篇大論，但會熱心指導年輕球員，他們稱呼他「老師」（Teach）。山姆‧史密斯（Sam Smith）在《喬丹法則》（*The Jordan Rules*）中寫道，卡特萊特相當敬業，而且從不會把任何事視為理所當然。正如卡特萊特說的：「你就一直打下去，直到沒法再打為止。」

喬丹和他是再鮮明不過的對比了。在球場上，喬丹情感豐富，精力過人；球場外，他和善迷人，外表帥氣，西裝畢挺。然而他與怪物隊長的第一個不同，是他對追逐名聲的熱情。從Nike破天荒的鉅額合約開始，喬丹成了體育史上最多產的廣告明星。他不只享受出名的滋味，也成了運動明星的典型人物。

第二項不同之處，則是他打球的方式。他很少支援隊友，而是

隨興指揮支配隊伍的進攻，甚至不讓其他隊友有發揮的機會。對於球團的作為，他只在乎對自己能有多少幫助而已。

當公牛在1988年簽下比爾‧卡特萊特時，也交易走喬丹在隊上最好的朋友──前鋒查爾斯‧歐克利（Charles Oakley）。喬丹告訴公牛的經理傑瑞‧克勞斯（Jerry Krause）自己強烈反對這個決策。憤怒之餘，他費盡心機讓卡特萊特嚐到苦頭，在休息室裡嘲笑對方，還一度因為他的膝傷，而叫他「醫院帳單」譯注：（Medical Bill，Bill當作人名是比爾，亦有帳單的意思。）。在球場上，即使卡特萊特無人防守，喬丹也時常忽視他。

私底下，卡特萊特讓隊友們知道自己不認同喬丹的作法，而緊繃的情勢節節高升。史密斯說，當喬丹說了不好聽的話或叫隊友不要傳球時，卡特萊特會和他對質。「麥可的天分實在太驚人，幾乎可以壓倒任何人。」公牛隊的前球探吉姆‧史塔克（Jim Stack）說，「但比爾一直守住自己的底線。」

1990年，喬丹的第7個賽季剛開始時，公牛隊正力圖振作。他們連續3次打進東區決賽，卻總是鎩羽而歸。當戰績來到不上不下的7勝6敗時，教練菲爾‧傑克森決定做點什麼來改善休息室的氣氛，做出驚人的宣告：卡特萊特將與喬丹共同擔任隊長。

光是想像喬丹分享權力已經很困難，分享對象還是他口中的「醫院帳單」，這簡直驚天動地。

傑克森告訴《芝加哥論壇報》，挑選卡特萊特的原因是因為他擅長溝通，可以讓球員們接受這樣的角色安排。「這都是為了隊

伍的穩定性。」卡特萊特告訴我，「我總是提早到練習場，從不遲到，會留到最後，和大夥說說話，然後顧好自己。得有人給年輕隊員做做榜樣。」

　　球隊對卡特萊特的領導立刻產生反餽，繳出5連勝的漂亮成績。公牛隊以61勝21敗的成績結束整個賽季，更以15勝2敗的紀錄席捲季後賽，奪得等待已久的第一座聯盟總冠軍。那時，喬丹終於認同了卡特萊特的貢獻：「我還是希望查爾斯（歐克利）留在隊上，但比爾確實讓隊伍變強了。」

　　1990年代的公牛隊被稱為「麥可‧喬丹的隊伍」，人們認為是他帶著公牛邁向榮耀，他也成了美國球迷心目中的模範隊長，他是一個世代的代表、運動員效法的對象。但不變的事實是，如果比爾‧卡特萊特沒有擔任共同隊長，公牛就不可能扭轉乾坤。比爾‧卡特萊特才是默默付出、支援球隊且實際溝通的人；簡而言之，他是公牛隊一度缺乏的理想隊長典型。

　　先不論喬丹的領導能力，公牛隊還有個無法提升成績、晉身一級球隊的理由。1993年，儘管體能還在巔峰，喬丹決定退出籃壇。雖然他在18個月後又回到球隊，這段缺席卻帶來慘痛的代價。在連續3座冠軍之後，他們接下來的兩個賽季都在季後賽的四強戰出局。

　　所有不符合怪物隊長特質的表現中，這點最令人困惑不解。

　　我們不免要問：他怎能就這麼放棄？

　　宣布退休時，喬丹正承受著喪親的痛苦：他的父親詹姆斯在北卡羅萊納州高速公路的休息站遭到搶劫遇害。喬丹和父親感情很親

密，而調查進度的起起伏伏讓他心力交瘁。如果喬丹退休的原因，是他無法專心打球，那很容易理解，但他卻不是這麼解釋：「我父親過世以前，我就考慮放棄了。不是放棄，是退休，因為我好像已經失去籃球比賽的動力了。」在另一次訪問中，他說他「感覺有點無聊了」。

社會大眾很難理解喬丹的說法，畢竟，沒有人比他更愛競爭，即便只是練習結束時和隊友秀球技、打高爾夫、桌球或撲克牌，他都無法忍受失敗。在1993年「歐普拉秀」的訪問中，喬丹坦承自己可能是個「強迫症的競爭者」。

喬丹對勝利的執著不曾停過，這樣的狀態似乎是受到某種深層的情緒驅動。有一段時間，籃球是很好的抒發管道，但還是不夠。退休之後，他馬不停蹄地迎接新的挑戰：轉戰棒球成為MLB芝加哥白襪隊的正式球員。1994年，喬丹在小聯盟的伯明罕男爵隊（Birmingham Barons）出賽127場，打擊率是微不足道的.202，還累積了114次三振。接下來的夏天，棒球員發動罷工，而突然無所事事的喬丹才又回到公牛隊。

球場上，怪物隊長和喬丹一樣有拚命不懈的鬥志；然而，下場之後，他們基本上低調愛家，幾乎沒有任何競爭意識。生涯早期，比爾·羅素在比賽結束後總會躲回地下室玩模型火車；莫里斯·理查幾乎所有空暇時間都在陪家人，隊友們都知道他晚上要睡12個小時；傑克·蘭伯特的隊友說他有點反社會傾向，因為他旅行時總會待在旅館的房間裡看書；卡爾斯·普約爾不喜歡夜生活，曾說：

「我認為自己很安靜，總是以家庭為中心。有很多事會令人分心，所以我盡可能避免。」

喬丹的個性卻不是如此。每天眼睛一睜開，他都感受到無法滿足的渴望，要證明自己的價值，認為阻礙越多，勝利就越甜美。籃球只是其中一個出口而已。不在球場上的時候，他就轉向其他競爭活動，例如高爾夫球、砸重金的撲克牌大賽，或是代言合約。

史上最偉大的籃球員喬丹最令人費解的謎團，就是為什麼他如此殫精竭慮地想要證明自己。

喬丹進入籃球名人堂的儀式，於2009年9月在麻州春田市進行。一開始先播了一段回顧影片。禮堂的燈光暗了下來，觀眾們看到一段蒙太奇影片，是喬丹穿著他熟悉的紅色制服，在籃框前屈身，在投進致勝球之後高舉拳頭，當然也有抱起冠軍盃的畫面。當他穿著寬鬆的米灰色西裝、黑色領帶和白色口袋巾走上講台時，臉上帶著淚水。「謝謝。」他說著用大拇指和食指擦拭濕潤的眼角。歡呼聲過了80秒才安靜下來。

「我告訴所有的朋友，我會走上來說謝謝，然後就走下去。」他說道，「我做不到，不可能的，有太多人要感謝了。」

他先感性地感謝了前隊友、教練，以及自己仰慕的英雄。大約過了5分鐘，談論到手足時，他才第一次提到自己「競爭的天性」。

第6分鐘時，演說開始朝奇怪的方向發展。喬丹先提到高中籃球隊教練在二年級時沒有讓他升上正式球員。「我要你認清，」喬丹說，「你犯了個大錯，老兄。」觀眾大笑鼓掌。喬丹做出招牌的吐

舌頭動作，似乎又進入他個人的「比賽模式」。

　　大部分名人堂的演說都有個固定的模式，球員會先感謝家人，表達對隊友和教練的感激，然後讚美上帝賜予他們天分和美好的生涯。喬丹卻很快就扔掉那一套，開始細數陳年舊帳，清算那些不尊重他的前NBA球員、教練和行政人員。但這不是傳奇球星應該有的演說，反而比較像喪家犬克服萬難終於出頭天之後的感言。

　　喬丹2009年的名人堂演說得到一面倒的負面評價，NBA作家亞德里安‧華納洛斯基（Adrian Wojnarowski）形容是「惡霸在學校自助餐廳裡絆倒端著餐盤的書呆子」，而喬丹「暴露出自己苦澀的一面」。

　　4年以後，喬丹在電視訪問中提到這個問題：「我是在向大家解釋我競爭的本性。很多人說這是最糟的演說？好吧，那是從你們的角度⋯⋯至少我到最後都可以說，我把想說的都說了。」

　　演講透露出，喬丹在籃球生涯中一直花費許多心力建構出自己不被重視的論述。他不像羅伊‧基恩，心中的火焰不會使他訴諸暴力，他也很少在球場上情緒失控，但他的憤怒是一種自我心理補償，他老是覺得被小覷，所以要在場上證明自己。

　　但隨著獎盃累積，膽敢質疑他的人就越來越少，為了讓情緒保持沸騰，他必須向下挖掘，蒐集過去所有記憶所及的嘲弄和批評他的專欄，當作怒火的柴薪。「這是我激勵自己的方法。」他曾經說過，「我得欺騙自己，找個目標，然後上場打出一定的表現。」

　　喬丹的作法有個問題，就是當比賽結束，球場的燈光熄滅時，

他渴切的情緒並沒有消失，所以必須找另一場比賽、另一種挑戰來當假想敵，最好是會讓他被低估的。

怪物隊長似乎都有能力控制負面情緒，但喬丹的控制器只有一種模式：我會逼你把說過的話都吞回去！他在連續贏得3座NBA冠軍的全盛時期選擇退休，理由也僅僅是他的燃料耗盡了。當他的怒火終於燃燒殆盡時，公牛隊的榮光也到了盡頭。

麥可‧喬丹是運動史上最燦爛耀眼的存在，正因為他的比賽吸引了大量的目光，他的人格特質充滿吸引力，他的球隊又贏得許多獎盃，人們自然認定他是公牛隊了不起的領導者；然而，他其實不是個傑出的隊長。

1995年喬丹重回公牛隊時，卡特萊特已經離開了。喬丹和繼任的斯科蒂‧皮本（Scottie Pippen）共同擔任隊長。喬丹說他知道自己在領導上還有許多努力空間，但在一個艱困的賽季後，他又走回老路。喬丹沒完沒了的批評惹怒了老牌後衛史帝夫‧柯爾（Steve Kerr），兩人甚至在賽季前的訓練營中大打出手。

公牛隊又贏得3個頭銜，讓喬丹的生涯冠軍成績達到6個，然而，如果沒有比爾‧卡特萊特或後來的斯科蒂‧皮本共同分擔隊長的角色，喬丹未必能帶著公牛贏球。

喬丹出類拔萃的運動能力、熊熊燃燒的求勝心和對於名人形象的重新定義都值得被稱頌，當之無愧，然而，若因此認為他是個偉大領導者，卻是大錯特錯，完全誤解了領袖的意義。無論球迷如何欣賞喬丹或基恩的行為，甚至覺得他們是頂尖的隊長，其實他們充

其量只能算是巨星偶像罷了。身為領導者，他們不屬於第一級，甚至於可以說，對隊友、教練和行政人員來說，他們的領導都反而令人頭痛不已。

　　運動史上最優秀的領導者不一定都有迷人的魔力，能成為電視的寵兒，然而，我們卻誤以為領導者等於明星；如果人們持續用這樣扭曲的標準來看待隊長，那麼也不令人意外地，有些隊伍會動起危險的念頭──假如隊長都得當偶像，或許不要隊長還比較好！

本章重點

＊球迷一般認為，頂尖隊伍的領導者應該有敢衝敢拚的偏激脾氣。數十年來，人們帶著邏輯上的偏誤尋找偶像，最後在兩個人身上發現理想隊長的模樣：羅伊・基恩和麥可・喬丹。兩位隊長都被視為領導者的典型，但仔細檢視，他們的人格特質，以及人們推崇他們的理由，其實不符合怪物隊長的標準。

＊這些不完美隊長會帶來的問題是，他們扭曲了理想領導者的定義。他們立下的標準無法產生最好的結果。更危險的是，負責挑選隊長的人很可能會相中帶有錯誤特質的球員。

第13章

隊長無用論？
中間領導者的困境與機會

2016年1月，高舉世界盃的6個月以後，克里斯蒂‧拉姆波恩（Christie Rampone）覺得是讓位的時候了。她40歲，擔任美國女子足球隊長7年，是防守陣容合作無間的核心角色，一共贏得兩面金牌和一座世界盃，讓隊伍升上第二級，距離卡拉‧歐福貝克的頂尖球隊只差一步。是時候讓新世代接手了。

　　為了接替她，美國隊教練吉兒‧愛里斯（Jill Ellis）指派了兩位隊長：在世界盃嶄露頭角的中場卡莉‧洛伊德（Carli Lloyd）和隊伍最堅固的後衛貝姬‧瑟爾布倫（Becky Sauerbrunn）。愛里斯說：「她們兩位在比賽和訓練時都相當專業，具體展現了球隊的核心精神。」

　　球隊在推特上一貼出消息，就湧入大量回應，大部分都是對新隊長的支持和恭喜。然而，在最下方，我注意到有人提出不同的看法。

　　「隊長們？這什麼？還在念高中嗎？」

　　差不多在我著手寫這本書的時候，體育圈對於隊長的看法漸趨負面。第一個跡象出現在2007年，國家美式足球聯盟成立委員會，針對全聯盟的隊伍領導做出規範。委員會決議，每隊指定的隊長應該被允許在球衣上加上代表隊長的「C」字，他們也宣告，在季後賽之前，每隊都必須選定隊長，然而，他們拒絕要求隊伍必須在例行賽季選定隊長，甚至容許最多6名選手同時擔任隊長。

　　情勢在2012年更趨負面，國家美式足球聯盟的紐約噴射機隊（New York Jets）選擇完全不任命隊長。而NBA的波士頓塞爾提克

隊（或說是比爾‧羅素的波士頓塞爾提克）把隊長交易走了以後，也決定讓這個位子空下來。兩年之後，在德瑞克‧基特從紐約洋基隊退休時，他是大聯盟中碩果僅存的指定隊長之一。洋基隊很清楚地聲明，他們並不急著找接班人。「我們有許多強而有力，資質也很優秀的領導者。」總經理布萊恩‧凱許曼（Brian Cashman）說，「但這不代表我們要把『C』繡上去。」

▍單人領導，還是小組領導？

下一個打擊來自最意想不到的地方：在所有北美的主要團隊運動項目中，國家冰球聯盟是唯一要求隊伍在每場比賽之前指定隊長的聯盟，但從2016年到17年的賽季開始，有4支球隊不再這麼做。「當天的比賽可能是由核心的球員小組領導。」中場老將布魯克斯‧萊曲（Brooks Laich）如此解釋多倫多楓葉隊（Toronto Maple Leafs）突然沒有隊長的情形，「單靠一個人是做不來的。」

即便在隊長傳統源遠流長的英國，同樣的想法也漸漸滋生。當切爾西隊（Chelsea）2016年球季後拒絕更新約翰‧泰瑞（John Terry）的合約時，這位英超的老牌隊長宣布他會在別地方結束職業生涯。《衛報》說泰瑞離開切爾西隊，可以說是「隊長、領袖、傳奇這類標誌由盛轉衰的轉捩點」。專欄繼續宣稱，足球界隊長的價值「值得商榷」。

這段期間，我也注意到另一個奇怪的現象：許多隊伍選擇隊長的標準，不再是依據他們的領導能力。

2011年，兵工廠以英超排名第四結束球季，隊長賽斯克·法布雷加斯（Cesc Fàbregas）決定跳槽到巴塞隆納隊。面對新隊長的選擇，經理亞森尼·溫格（Arsène Wenger）的決定耐人尋味。當時，球隊最厲害的得分王羅賓·范佩西（Robin van Persie）的合約只到下個球季。溫格知道，很多隊伍會開誘人的條件給范佩西，而他迫切希望把對方留下，認為最有希望的方式就是激起他的忠誠，於是任命他為隊長。

　　但兵工廠在范佩西的帶領下表現不佳，只排名聯盟第三，歐洲冠軍聯賽更早早出局，什麼獎也沒拿到。即使得到隊長臂章，范佩西還是在下個球季離開兵工廠，投效死對頭曼聯隊。

　　即便有了這次慘痛教訓，溫格務實的隊長觀（有人會說偏激）仍然延續下去，甚至在意料之外的地方冒出頭來。巴西隊在2014年世足賽慘烈的內鬥後，國家隊的新教練決定免去中後衛泰亞歌·薩爾瓦（Thiago Silva）的隊長一職，轉交給22歲的得分新星——神童小內馬爾·達薩爾瓦·桑托斯（Neymar da Silva Santos, Jr.），後者正因為巴西隊在世界盃的糟糕表現而信心動搖。

　　此舉讓許多足球界的傳奇前輩大感震驚——把隊長臂章交給閃亮的年輕球星，而非默默支援奉獻的挑水者，這和巴西隊在比利推辭隊長一職所象徵的哲學背道而馳。「我得承認，我不能理解這個作法。」巴西前隊長羅斯·艾柏特·托雷斯說，「或許內馬爾有一天會準備好成為優秀的隊長，但不是現在。」

▌新時代的隊長，以票房為導向

想喚起球員的忠誠或建立信心是一回事，但有時球隊的動機更單純：他們相信隊長一職是高市場價值球員順理成章的權利。

2012年，國家冰球聯盟的科羅拉多雪崩隊（Colorado Avalanche）宣布新隊長由蓋布瑞爾·蘭德斯柯（Gabriel Landeskog）擔任。他是超人氣的前鋒，選秀時排第二順位。接下來的夏天，球隊給他7年3,900萬元的合約。這項決定令人驚訝之處，在於蘭德斯柯並不是經驗豐富的老將，而只是個青少年。才19歲又268天的他，即將成為NHL史上最年輕的領導者。在他的第一個賽季，雪崩隊在季後賽第一輪出局，接下來兩季更連季後賽的資格也沒拿到。4年之後，另一個19歲的新星康納·麥克大衛（Connor McDavid）成為NHL中運勢不佳的埃德蒙頓油工隊（Edmonton Oilers）的隊長，再以數天之差打破蘭德斯柯的最小年齡紀錄。

MLB的紐約大都會隊在2012年與明星三壘手大衛·萊特（David Wright）簽下1億3千8百萬元的複數年合約，同時任命他為隊長。對於這個決定，他們的理由再清楚不過。「我想這個決定在簽約時就確定了。」隊伍的共同所有人傑夫·威爾朋（Jeff Wilpon）說，「當你對這樣的選手付出這樣的金錢和資源，就得確定他是領導人物。」

如果要我選出最令人費解的隊長選擇，我會說是上述埃德蒙頓油工隊的中鋒隊長麥克大衛。並不是說他沒有天分或領導的潛能，問題在於他受命時才只有19歲又266天大。他成了聯盟史上最年輕的

隊長。

　　對於兵工廠、雪崩、油工、大都會、巴西國家隊等球隊來說，隊長不再是看誰適合領導，而是看哪個球星的自尊心需要滿足，或是誰花了球隊最多錢！在這些例子裡，隊長一職的決定，都是根據球團對於球員是不是天才或明星的看法而定。

　　這樣激烈的價值觀轉換，正好也是全世界的廣播、有線和衛星電視砸下重金，激烈競爭比賽轉播權的年代。其中的利潤讓球隊、聯盟和國際運動組織達到前所未見的富有，2016年中，體育產業有大約900億美元的獲利，幾乎和癌症治療的全球市場差不多了。

　　這些獲利大部分用來投資新的場館或訓練中心，但也顛覆了球隊的優先價值。贏球不再是底線，在新的體育經濟型態中，隊長必須演一場好戲。為了確保比賽的轉播，球隊開始爭相競逐最有價值的物件：值得投資、足以吸引觀眾的球星。

　　新的經濟模式中最主要的獲利者是超級球星和教練。在2016年，國家美式足球聯盟教練的平均年薪攀升到將近500萬美元，而最高薪的球員則賺超過3,000萬元，是1990年代的5倍。

　　在英國超級聯賽中，這方面的支出更是頂天的高！據說在2016年時，平均年薪1,600萬元的曼聯隊同意支付總教練皮普・蓋帝歐拉的薪水，是亞力士・富格森2000年薪水的9倍。同一時期，英超最高薪的球員薪資也成長了不只6倍。

　　在大量的鈔票灌入職業運動世界以前，球隊大概有3個階級：最上層是教練，再來是隊長，下層則是一般球員。隊長的工作是扮演

中間者的角色，隔絕球員和管理階層，居中來回傳遞訊息，達成協議。

▌運動隊伍的M型化趨勢──資方與球星兩頭大

在新的形態中，球星和教練發現自己的影響力大幅提升。他們搶占大部分的預算，處處受到追捧，於是也開始爭權奪利。從隊伍的比賽策略到簽下哪些球員等決定，都成了教練和明星球員的角力戰場。新的模式逐漸確立以後，舊的權力階級隨之消失，曾經扮演雙方協調者的隊長反而成了旁觀者。

同樣的現象也出現在商業界，在看重才華的領域中，新的職場倫理出現，階層不再分明，辦公樓層的配置也重新設計，打破管理階層和人才間的高牆。矽谷競爭激烈的高科技公司開始擁抱新的觀念，「扁平結構」成為顯學，管理階層越少越好，甚至無須存在。這種理論強調，如果第一線員工有自主性，在決策時也有發言權，那麼會更有生產力。有些新創公司甚至完全捨棄職稱頭銜，讓員工組成沒有領袖的「自我管理小隊」，直接回報給最上層的決策者。

支持扁平結構的人認為這能提升金字塔頂端和基層員工間的回饋迴圈，帶來更快速彈性的組織文化，讓組織的表現持續提升。無論正確與否，這樣的結構都讓決策者和員工能直接溝通，不必還得透過中階主管的瞎攪和。

看著體育界和商業界的改變，我開始覺得自己正在為隊長的領導寫下輓歌。我建構出隊長的重要特質，應該是低調務實，以球隊

為中心，位居隊伍的中間階層；然而，於此同時，世界上最富有的體育組織和思想前衛的公司企業，卻正朝著相反的方向快速發展。

過去的觀察和現實的演變之間有一道鴻溝，讓我開始思考兩個問題：傳統的頂尖領導者典型是什麼？為什麼全世界似乎都迫不及待地想擺脫？

▍傳統領導模式的轉變

關於「開明領導」的典型，第一次出現正式系統化的理論，是在歷史學家詹姆斯・麥克葛雷格・伯恩斯（James MacGregor Burns）1978年的著作中。伯恩斯用摩西、馬基維利、拿破崙、毛澤東、聖雄甘地、馬丁路德・金恩等人的故事，歸結出兩種鮮明的領導模式。第一種不盡理想，稱為「交易式領導」（transactional leadership）。這類型的領導者最在乎手下的人是否遵守規矩，會嚴格維護組織的階層界線。他們不提更高遠的理想藍圖，只會下達命令，讓下面的人遵守執行。第二種模式比較理想，稱為「轉換式領導（或稱變革型領導）」（transformational leadership），領導者注重價值、信仰和追隨者的需求，透過充滿魅力的互動激勵他們，以達到更高的動機、道德和成就。伯恩斯寫道，轉換式領導的秘密在於「人們能被提升，成為更好的自己」。

此後，管理方面的專家都支持轉換式領導，並擴展其定義，加入更多特質。他們認為，好的領袖善於處理複雜的情況，推崇自由選擇的權利，以身作則，以理服眾，會透過教導引領跟隨者，展現

出對他人真摯的關懷，進而激勵合作與和諧的氛圍，用「真誠而貫徹」的方式讓人們接受他們的理念。

然而這個觀點也有問題：就像個抽獎箱，一股腦把所有想像得到的正面特質丟進去。這種理想化的領導觀點，其缺點在於把標準設定得太高，根本無法達成。無論是在政界或商界，像摩西、甘地或拿破崙這樣的領導者太罕見，有點理性的人最終都會失去等待的耐心。隨著時間過去，人們漸漸不再相信領導者是隊伍發揮最大潛力的關鍵，而開始思考其他的策略。

同樣的情況也發生在體育界。人們開始相信最高標準的領導方式虛假而愚蠢，像羅伊・基恩或麥可・喬丹這樣的領導者太過強橫，會讓必須跟隨他們的人疲憊而受挫。但書中提及的怪物隊長不同，他們展現出部分「轉換型」的特質，他們有良知、自律、激勵人心，而且能與隊友連結，提升他們的表現；然而，他們的領導方式中也有部分不符合伯恩斯的理論，他們通常沒有一流的球技和魅力，不喜歡搶鋒頭，不發表演說，不喜歡成為焦點，總是默默在後方付出，做很困難但很少被感謝的事。他們也不是隨時隨地都表現出模範生的模樣，有時也會做一些很難看或引發爭議的行為。

我開始好奇，或許體育界並不真的了解偉大隊長的作為，所以才會鄙棄他們。

傳統領導者的觀點還有個讓我不解的地方：好的領導者是如此與眾不同，他們其實是人類的異數。伯恩斯所研究的歷史人物，以及體育明星喬丹和基恩，都擁有教不來的頂尖能力，這些特質超越

常人，所以總能引人注目，也因此，另一個意義是：他們是「天才型」的領導者。

但偏偏，我發現的結論卻不一樣，超級隊長反而都不是「天生」就懂領導，他們來自不同時代、不同國家、不同性別，也沒有相同的語言、文化、宗教或膚色；他們有高有矮，長相有人出眾有人普通，有人技巧純熟，有人則否，但從外在，你根本無法判斷他們的領導能力是不是與生俱來的（或許在將來的某一天，球隊可以透過一系列SOP檢驗來篩選出完美隊長吧）！不過話又說回來，或許沒這必要，我懷疑，大家是不是想得太複雜了，一心想尋找穿閃亮盔甲的騎士，卻忽略了最簡單的事實：厲害的領導者就在我們之間，只是需要一些時間發展成長而已。

1982年，以色列前陸軍上校魯文·加爾（Reuven Gal）查閱283名在1973年「以阿戰爭」中獲得英勇勳章的士兵的檔案。他想看看他們有什麼共通的特質。

加爾注意到，得到勳章的士兵在體能、智力、動機、忠誠、決斷和抗壓性的分數，都比對照組還高。他也注意到，他們有很高的比例（六成四）是軍官，代表領導能力和戰場上的勇敢無私舉動似乎有所關聯。

然而，加爾最令人訝異的發現，卻是這些授勳者如此不同。他們有老有年輕，有些是職業軍人，有些則是預備役；很多是軍官，但也有較低階層的士兵。心理測驗也顯示，他們的特質各自不同。「以色列的國防英雄們並不屬於特定的群體。」加爾寫道，

「他們不是一群『超人』……更不是天生的英雄，而是『成為了英雄』。」

加爾和他的研究夥伴對於結果都很詫異，但他們也感到鼓舞。顯然，英雄主義不是由個人的基因決定，但似乎和領導能力密切相關。他們推測，如果能培養領導能力，或許就能創造一支展現出更多英勇行為的部隊。

訪問了十幾個士兵之後，他們彙整出一條簡單的公式來呈現研究發現：**領導能力＝P x M x D**。

加爾告訴我，第一個變量P代表潛能（potential），也就是一個人天生的領導能力。這是老天的禮物，教不來的，而且可能早在幼稚園時期就反應在行為上。但這並不太罕見，很多士兵或許都有這樣的能力。

然而，要成為領袖，有潛能的人也必須擁有另一個變量M。「要發揮效能，就必須先有動機（motivation）。」加爾說道。這兩個變量時常成對出現，有領導潛力的人通常也會有動機扮演領導者的角色。但公式的第三個變量吸引了我的注意：代表發展的D（development）。

在這個部分，加爾相信和生理一點關係也沒有了。無論再怎麼有天分，任何領導的候選人都必須學習規則，並證明自己有對的特質。他說：「你必須花時間贏得認同，證明自己的魅力是應用在正確的方向，正向，並以團隊為中心。」**領導者必須學會扮演透鏡的角色，透析團隊成員的情緒，提振團隊精神，而非利用威嚇恐懼讓**

他們感到不安。

「把三人放在完全相同的情況中。」加爾說，「其中一個會覺得悲觀無望；一個會認為壓力很大，但有挑戰性；而第三個會認為是絕佳的機會，因而振奮不已。」加爾相信，能用正面的角度面對困難的情勢，有一部分是出自人格特質，但也會受經驗的影響。

把運動隊長和戰爭英雄相比，似乎稍嫌老派，更何況受到致命傷害的威脅，顯然遠比輸掉排球賽大多了！然而，加爾對於發展的論點似乎符合怪物隊長們的故事。

在本書的第二部分，我們看到尤基・貝拉如何努力提升蹲捕的能力，同時也學會如何管理和帶領投手；我們也看到莫里斯・理查如何發展出情緒的開關，控制脾氣；我們看到卡拉・歐福貝克幫隊友背行李，來贏得她們的敬重；維拉里・瓦西列夫挺身對抗教練，換來隊友的忠誠；提姆・鄧肯在隊友之間提供穩定務實的溝通；巴克・雪福特和傑克・蘭伯特則擅長用肢體語言傳達他們的熱情。

或許這些舉動對他們來說都是出於直覺，但這和實力或技巧一點關係也沒有，更重要的是，沒有任何一位超級隊長是入隊的第一天就獲得任命的，他們都在隊伍上待了一段時間，有機會傾聽、觀察、學習這個職位，並且通過考驗——換句話說，他們的領導能力是經過發展的。

怪物隊長不是天生神人，是後天學習

當然，上述種種並不代表成為優秀領導者很容易，或是每個人

都可以達到他們的水準。誠如在第二部分提到的，他們在比賽中的許多作為，是我們連想都不會想到的。但我想透過研究這些隊長的領導方式，加以學習效法，每個人都能改善提升。「**領導者是後天的，不是天生的。**」文森・倫巴底的這番話很有名，「他們付出努力，這也是每個人想達成目標時必須付出的代價，特別是面對值得努力的目標。」

寫到這裡，《怪物隊長領導學》主要都聚焦在隊長們如何領導團隊。然而，還有另一個重要的環節：行政管理階層和教練，他們是負責召集隊伍的人。

說到團隊動力，很多人覺得和浩瀚的宇宙差不多，同樣充滿謎團，無法理解。我們可以發揮智慧打造團隊，謹慎地建構出最完美的組合，直到再也找不出破綻為止。然而，團隊最終的表現，無論是在球場上或其他地方，都不是我們所能控制的，有可能順利成功，也可能黯然失敗。

16支怪物球隊教導我們的第一件事，就是領導很重要，好的隊長絕不只是加分作用而已，而是常勝軍唯一的共同點。身為作家，我能想到最適當的譬喻，就是隊長像動詞：動詞可以很鮮明有特質，但並非「一定」要如此。在大多數的時候，動詞都不像名詞那樣令人印象深刻，也不像形容詞那樣觸發情緒，不像介係詞那樣功能明確，或像標點符號那樣富有表情；然而，假如少了動詞，句子就無法成立。動詞是默默付出的角色，施加壓力，讓各自獨立的零件組合起來，創造出前進的動力。不管幾個字都能按照順序拼湊起

來，傳達意思，但如果要寫出優美的句子，動詞就像隊長一樣，是唯一無法省略的部分。

我在前面提到幾個例子，說明許多職業球團不再遵循這個法則，大概認為隊長就像花式沙包、百褶褲和麩質一樣，已經退流行了。經營團隊開始將才華、市場價值與領導能力畫上等號，刻意打破階級的藩籬，讓團隊中不再有隊長所代表的中間階級。他們害怕選出違抗傳統的隊長，會在隊伍中引發糾紛，影響收入。然而，我能給他們最簡單的建議是：別這樣做！

而在體育之外的世界，競爭規則不同，隊伍的目標包羅萬象，從打造軟體到銷售汽車都有，標準就沒那麼明確了。我所能找到最理想的指導原則由哈佛已故社會學與組織心理學家理查·海克曼提出，和我在隊長們身上觀察到的互相呼應。他花了遠比其他學者更多的時間，觀察各式各樣團隊的運作。

雖然這些隊伍追求的目標大不相同，好比是讓「飛機順利降落」和「彈古典鋼琴曲」的天差地遠，但結果相較之下比較容易評量。他比較隊伍的準備過程、實際施行以及最終結果，整理出有效領導的特徵，套用他的話，就是「讓頂尖隊長脫穎而出的個人特質」。

海克曼的理論有4大原則：

一、一流的領導者，知道每個人扮演的關鍵性

頂尖的領導者知道，要讓團隊的每個成員都有所發揮，前提是必須達到某些條件，換句話說，他們對於隊伍的運作方式有一套見

解。

二、一流的領導者，知道什麼處境該怎麼做

海克曼注意到，在需要表現時，頂尖領袖總能做出正確的舉動，無論團隊的處境如何，他們都能掌握關鍵，將團體從當前的狀態提升到足以成功的水準。

三、一流的領導者，在情緒上必須成熟

海克曼指出，領導團隊會伴隨「情緒上的考驗」。頂尖的隊長知道如何處理自己的焦慮，也能安撫隊友的的感受。成熟的領導者不會逃避焦慮，或者試圖掩蓋；相反的，他們會認真面對，從中學習，找到應對的方式。

四、一流的領導者，要有掙脫僵化系統的勇氣

海克曼認為，領導者最基本的任務是讓隊伍脫離僵化的系統，找出更順利的運作方式。換句話說，領導者要能將隊伍帶向頂點。為了達成目標，他們不能盲目依循集體共識或是討好成員的喜好來行動；相反的，他們必須打破現況，挑戰所謂的常態，才能推動隊伍向前邁進。這樣的行為會引起抗拒，甚至是同伴的憤怒，所以隊長必須有力排眾議的勇氣，並且不惜付出極大的個人代價。

海克曼的4個原則讓我驚訝的第一點是，它們似乎都能套用在怪物隊長身上；但除此之外，最奇怪的一點，就是它們未觸及的層面：沒有任何一點和個人的人格、價值或魅力有關，也沒有提到他

們的天分才能。有效的領導和專業技術或個人吸引力都沒有絕對關係，重要的是隊長如何日復一日地帶領團隊前進。即便花了幾個小時訪問，你還是難以摸清一個人的領導能力如何，直到他們實地操作後才看得出來。換句話說，觀察頂尖領導者最主要的特質不是他們「像什麼」，而是「做了什麼」。

當然，在挑選領導者時還有另一個很重要的部分：**要知道什麼樣的人不適合**。

史丹佛商學院的社會心理學家黛博拉‧格恩菲德（Deborah Gruenfid）耗費學術生涯的大部分心血研究「個人在組織中的角色」。她是全球權力心理學的翹楚之一。

她說，傳統的觀點是，單憑個人的成就通常不足以獲得權力，要成為領導者，還得懂得許多情緒和行銷自我，所以只有漂亮的履歷是不夠的。因此，很多人誤以為若要在組織內得到地位，就必須「表現得好像自己很行」或是「演久成真」★（譯注：fake it till you make it，意指假裝自己已經成功了，直到你真的做到為止。）」。

很多人相信他們可以在別人面前假裝自己很行、很懂領導，這也是管理者最常落入的陷阱。如果你只是坐在會議室裡挑人，「誰最像領導者？」那麼你有很高的機率會做出錯誤的判斷。根據格恩菲德的研究顯示，在真實生活中，往往反而是行為相反的人才能在組織中得到並維持權力。

怪物隊長對誇耀權力感到不自在。他們不會夸夸其詞，也不刻意引人注目或邀功。他們大都扮演輔助的角色，默默為隊友付出。

換句話說，他們就像格恩菲德描述的那樣，不刻意搶功，卻因而得到地位。

布雷特・史帝芬斯（Bret Stephens）2016年在《華爾街日報》的意見專欄寫了一篇文章，描述自己和11歲兒子對名利和英雄主義的討論。他寫道，兒子對於這個主題的看法是，有名的人看重別人對自己的看法，而英雄只在乎自己有沒有把事情做對。

史帝芬斯接著描述了一個當代的現象：即便實力不足，人們也會受到傳統媒體或社群網站的影響，花大量的精力吹噓自己的才能，假裝自己很了不起。他稱之為「裝模作樣文化」（posture culture）。

讀到這些時，我領悟到正是這樣的心態影響了我們對領導的看法。有太多時候，毛遂自薦的人大肆吹噓自己的能力，而決策者會受到他們強烈個人風格的影響而動搖。

這本書真正的教誨是，領導小團隊是持續的負擔，更甚於為了追求個人榮耀或炫耀魅力和才能。一個偉大團隊的領導者往往只是投入追求更高的目標，以團隊至上，不居功也不求感激；更重要的是，在各種逆境下都能盡力把事情做對。

研究證實，成員對團隊和隊長表現的看法，和實際上的成果並沒有太大關聯，好的領導者盡力追求成功，即使會因此不受歡迎、引發爭議，也在所不惜。他們也不會在乎自己的努力是否被看見。

至今，我們已經投注上百萬的資金研究團體動力學，出版了上千份的論文和上百本相關書籍。我們學習到許多，但發現的新問題

反而遠比答案更多。或許是時候把理論放到一邊，用更務實的觀點來看了。16支怪物球隊的隊長和他們建立體育王朝的故事，或許透露著箇中奧妙並沒有我們想像的那麼難解。

大約在西元前600年，中國哲學家老子寫下幾句關於領導的真理。在他寫作的時期，中國各地的政治獨立意識興起，封建制度崩壞。然而，追求自由必須付出代價，當時政治動盪，內亂不斷，生靈塗炭，也難怪老子會思考領導的議題了。

「太上，不知有之；其次，親而譽之；其次，畏之；其次，侮之。信不足焉，有不信焉。悠兮其貴言。功成，事遂，百姓謂我自然。」（最好的領導者應該讓人民幾乎感受不到他的存在，其次則是讓人民親近讚譽他，最糟的則是受到輕蔑唾棄。如果沒有信用，就得不到人民的信任。最好的領導者態度悠然，不輕易發號施令，等事情圓滿完成，人民還會以為是自己完成的。）

本章重點

*隊長在體育界漸漸不受重視，有時被當成拉攏明星球員的工具，有時則被當成讓球員炫耀的勳章，有些隊伍甚至完全捨棄這個角色。同樣的趨勢也出現在商業界，有些公司裁撤中階管理階層的編制，讓上層直接和第一線員工接觸。這樣的想法順應經濟上的改變而生，在體育界卻未必能真的打造出菁英團隊。

*研究領導的學者成功找出許多正面的領導特質，但他們訂下的標準太高，很少人能達到。這本書則想傳達，偉大的隊長並不是人中龍鳳，他們在各種高壓情況下做出決定，幫助隊伍團結並獲得勝利。有些人有領導的天分，但即使如此，他們的能力也是逐步累積學習而來。偉大的領導者不一定光彩照人，或是有出色的人際技巧，只要知道何謂成功，並且訂定計畫就夠了。他們不會老愛提醒別人自己有多了不起；或許正好相反，他們往往給人不太相信自己有資格領導的印象。

尾聲

2004年 · 波士頓

　　比賽標準的棒球很硬,大小和橘子差不多,重量至少5盎司,和撞球或一號電池差不多,如果你被高速飛行的棒球打到,保證瘀青。

　　2004年7月24日的天氣異常的冷,波士頓紅襪隊的投手布羅森·艾羅歐(Bronson Arroyo)對紐約洋基隊的打者艾力士·羅德里奎茲(Alex Rodriguez,媒體慣稱A-Rod)投了時速87英里的滑球,正中他的手肘。幸運的是,他戴著護肘,所以身體沒有受傷。但他的面子又是另一回事了。

　　跑壘到一半,A-Rod停下腳步瞪著身高6呎4,體重190磅,又高又瘦,一頭蓬亂長髮的艾羅歐。「你丟那什麼狗屁爛球!」他大喊,然後又加重語氣重複:「你丟那什麼狗屁爛球!」

　　幾乎每個波士頓芬威球場的觀眾,大概都和A-Rod一樣,不得不懷疑投3局失3分的艾羅歐是故意投觸身球的。前一個晚上,A-Rod才擊出致勝的安打,當天也已經為洋基貢獻了1分。落後3分、分區排

名勝差9場的紅襪或許認為投觸身球是擾亂洋基強打最好的方法，反正他們也沒什麼好損失了。

當然，他們也可能也有更深的動機。

自從1903年成立以來，洋基隊參加過39次世界大賽，奪下26座冠軍，成了世界上最成功的體育組織之一；相對的，紅襪從1918年起就沒有再贏過任何頭銜，甚至讓死對頭洋基隊一再羞辱他們。一年前，美聯冠軍賽的第7場比賽第11局，我從記者包廂看著洋基隊狀況不佳的內野手艾隆・布恩（Aaron Boone）踏上打擊區。雖然他整個球季只打出6支全壘打，那一局卻揮出左方深遠的全壘打，讓紅襪打包回家。

A-Rod之所以成為目標，除了他是洋基球員之外，還有個理由：2004年球季之前，他本來答應了紅襪隊的誘人合約，讓波士頓的奪冠機會大幅提高，球員和球迷們更準備溫暖的歡迎他；然而，洋基一如往常突然攔胡簽下他。紅襪隊又一次被耍了，A-Rod打從一開始就想穿洋基的條紋隊服。一夕之間，他成了頭號全民公敵。

當A-Rod瞪著艾羅歐時，紅襪的捕手傑森・瓦瑞泰克（Jason Varitek）決定插手，捕手的工作之一，就是保護投手不會受到手握球棒、怒氣沖沖的大個子威脅。於是瓦瑞泰克走到氣勢逼人的A-Rod面前，傳達了訊息。「我清楚地告訴他，到一壘去。」他說。

聽到瓦瑞泰克叫他到一壘，A-Rod的眼睛瞇了起來，又像前走了幾步，大喊：「去你的！」他向來不是熱血衝腦的人，很少出現這樣的行為。而瓦瑞泰克堅持自己的立場，所以A-Rod對他伸出手指，

挑釁道：「來啊！」

在九成八的情況下，打擊者會安分下來，而本壘的主審可能會口頭提醒投手和總教練要克制，大概就這樣了。

但這個例子卻是剩下百分之二的狀況。

瓦瑞泰克在盛怒中出手，其中一隻還戴著捕手手套，揮向A-Rod的臉。這一擊力道十足，再加上A-Rod向前的動作，讓他的頭猛然向後仰，腳也跟著離地。這一擊讓雙方的板凳區都清空了，A-Rod緊緊挾住瓦瑞泰克的頭。其他球員一擁而上，準備好大打一架，其中一位洋基投手離場時臉上還掛了彩。

2004年的波士頓紅襪隊不是一級球隊，但他們對我有特殊的意義。正因為他們從半調子的球隊轉型成一支勁旅，才讓我想投入一切，開始這項研究。因此，在結束的時候，我出於好奇心，回頭審視促成改變的事件是什麼，很快的，我發現正是7月24日的下午。

比賽繼續進行後，球場的氣氛完全不同了。打架事件讓波士頓球迷士氣高昂，紅襪隊的球員似乎也精神一振。紅襪的投手柯特‧席林（Curt Schilling）說：「我方的腎上腺素都爆發了。」

統計數據顯示，紅襪隊此時只有二成五的獲勝機率。然而，在9局下半，紅襪和洋基只差了1分，輪到紅襪的三壘手比爾‧穆勒（Bill Mueller）面對洋基的傳奇終結者馬里亞諾‧李維拉（Mariano Rivera）。一人出局，一壘有人，他打出2分打點，結束比賽。球場暴動了，紅襪球迷歡聲雷動，高喊：「洋基超爛！」

鬥毆事件過後，紅襪隊休息室漫無紀律的氣氛消失了，取而代

之的是對於目標的強烈追求。紅襪隊在接下來的10場比賽裡，只贏了6場，總得分卻領先對手15分。8月7日，在紅襪隊終於交易走對球團不滿的明星諾馬‧賈西亞帕拉（Nomar Garciaparra）後，開始開出紅盤，在23場比賽中取得19勝，其中還有10場連勝。紅襪隊很少打進季後賽，但他們這次成功進入美聯冠軍賽，戲劇性地打敗洋基隊，最終奪下68年來第一座世界大賽冠軍。在鬥毆事件前，紅襪隊的勝率只有五成四，事件之後，則提升到六成九。

接下來的5個賽季中，紅襪保持頂尖的狀態，4次打進季後賽，2007年贏得第二個世界冠軍。更重要的是，他們終於走出洋基的陰影。

經驗主義者對運動競賽中有所謂的觸媒動力向來是嗤之以鼻，他們不太相信球員突發性的情緒展現，就能產生強大的感染力，化不可能為可能。他們會告訴你，像棒球這樣的比賽方式，勝利只是機率的表現，只是正好那一季許多球員都打出統計數據的高點。雖然我也熱愛統計數據，但我知道他們錯了。

2004年球季開始時，紅襪實際上的隊長是隊上最受歡迎的明星游擊手賈西亞帕拉。然而，7月24日時，賈西亞帕拉即將退出，他覺得受挫而鬱鬱寡歡，總是一個人呆坐在休息區，不融入團隊。一個星期之後，紅襪隊就將他交易走了。

而32歲的傑森‧瓦瑞泰克的生涯也已經開始走下坡。紅襪隊對他的年紀、數據和未來都很悲觀，於是在休賽期間大幅調降他的薪資合約。他可能在隊上待不久了。雖然受到隊友敬重，但他更沒有

賈西亞帕拉那樣的明星魅力，個性安靜低調，留著絡腮鬍，衣櫃裡都是沒什麼品味的寬大毛衣。但他和投手相處良好，在球場上表現強悍，也從沒對媒體說過什麼特別出格的話。

事件過後幾年，瓦瑞泰克和A-Rod都拒絕為鬥毆事件的照片簽名。瓦瑞泰克覺得自己讓比賽蒙羞，給小孩子做了不良示範，他堅持自己只是盡本份而已，解釋道：「我只是在保護布隆森。我會不計代價保護隊友。」

然而，波士頓球迷對鬥毆事件的反應則大不相同。他們認為這是英勇的表現，對瓦瑞泰克幾乎是一面倒的肯定。即使他當天被驅逐出場，罰款2,000美元，禁賽4場，他們也不認為他是因為情緒失控而鑄下大錯，反而覺得紅襪終於挺身對抗萬惡的敵人了。你可以在波士頓的各個角落找到事件的照片，裱框掛在體育酒吧的牆上或夾在計程車的遮陽板上。體育記者丹恩・薛納西（Dan Shaughnessy）曾經在自己的專欄向他致敬，說他「將手套揮到A-Rod眼前，扭轉了整個球季」。

在隊伍失去信心時，他拋下規範和形象，展現出強烈的戰鬥氣勢，就像怪物隊長們一樣。事實上，他的一切也似乎都符合怪物隊長的特質。鬥毆事件並非偶然發生，也不只是球季上百萬筆數據之一而已，而這也正是怪物隊長會有的舉動。

即便在棒球界，紅襪隊時常衝動更換陣容，在這個球季過後也有所領悟，不只決定留下瓦瑞泰克，更給他4年4,000萬的續約合約。

他們也任命他為隊長。

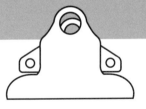

附錄

誰是一級怪物球隊？
誰是二級球隊？

第一級：怪物隊伍

一共有16支隊伍通過我設計的檢核標準，我評判為各項運動史上最頂尖的運動王朝（請見第1章）。

1.一支隊伍至少5名成員，比賽時有互動或合作，並且與對手直接交手。

2.參與的是主流運動，至少有上百萬觀眾。

3.隊伍的全盛期必須維持至少4年，而且有足夠的機會在世界級比賽中證明實力。

4.他們的成就在該運動領域中無人能出其右。

※澳式足球科林伍德喜鵲隊（Collingwood Magpies，1927–30）

※MLB大聯盟紐約洋基隊（The New York Yankees，1949–53）

※匈牙利男子足球國家隊（1950–55）

※國家冰球聯盟蒙特婁加拿大人隊（Montreal Canadiens，1955–60）

※ＮＢＡ波士頓塞爾提克隊（The Boston Celtics，1956–69）

※巴西男子足球國家隊（1958–62）

※ＮＦＬ美式足球匹茲堡鋼人隊（Pittsburgh Steelers，1974–80）

※蘇聯男子冰上曲棍球國家隊（1980–84）

※紐西蘭國家橄欖球黑衫軍（New Zealand All Blacks，1986–90）

※古巴女子排球國家隊（1991–2000）

※澳洲女子陸上曲棍球國家隊（1993-2000）

※美國女子足球國家隊（1996–99）

※ＮＢＡ聖安東尼奧馬刺隊（San Antonio Spurs，1997–2016）

※職業足球巴塞隆納隊（2008–13）

※法國男子手球國家隊（2008–15）

※紐西蘭國家橄欖球黑衫軍（2011–15）

「雙重」隊長

有3位頂尖的足球隊長帶領了不只一隊進入第二級，因為這是罕有的成就，特別記錄在這個部分。

1.弗朗茨‧貝肯鮑爾（Franz Beckenbauer）：德國國家隊（1970-74）和慕尼黑拜仁隊（1971-76）
2.迪蒂埃‧德尚（Didier Deschamps）：法國國家隊（1998-2001）和馬賽奧林匹克隊（1988-93）
3.菲利浦‧拉姆（Philipp Lahm）：德國國家隊（2010-14）和慕尼黑拜仁隊（2012-16）

主觀的判斷

我的研究中，有3項運動很難分析，迫使我做出有爭議性的主觀判斷。第一項是第1章提過的職業足球，另外兩項則是國家美式足球聯盟（NFL）和國際板球賽事。

以國家美式足球聯盟來說，要找出特別成功的隊伍並不困難。傑克‧蘭伯特1974年到80年率領匹茲堡鋼人隊6個賽季中贏得4座超級盃，奪冠率是美式足球史上最集中的，無疑屬於一級球隊；然而，要判定是否有其他隊伍也符合資格，就有點困難了。

比較突出的候選還有1981年到95年的舊金山四九人隊（San Francisco 49ers）和2001年到17年的新英格蘭愛國者隊（New England Patriots），兩隊的表現全盛期都是聯盟最長的。在2017年3月時，兩隊都累積了5座超級盃，整體勝率和ELO評分也超群絕倫。這幾年間，兩隊也出現許多符合一級標準的領導人物。四九人不同時期的隊長包含喬‧蒙塔納（Joe Montana）、羅尼‧洛特（Ronnie Lott）、史賓賽‧泰爾曼（Spencer Tillman）和史帝夫‧楊格（Steve Young）；愛國者則有無私而激勵人心的運動家領袖，例如布萊恩‧寇克斯（Bryan Cox）、羅德尼‧哈里森（Rodney

Harrison）、戴文・麥克柯提（Devin McCourty），以及泰迪・布魯斯奇（Tedy Bruschi）。然而，在眾多領導者中最突出的，卻是新英格蘭的老牌攻擊隊長湯姆・布雷迪（Tom Brady），他在2017年成為國家聯盟唯一贏過5座超級盃的四分衛。

雖然他是隊伍頂尖的選手，也是聯盟當紅的名人，但他的怪物隊長特質無可否認。他注重隱私而內斂，球場外的生活安靜低調，對於代言合約很挑剔，也沒什麼八卦緋聞。他把更衣室裡的演說留給教練，但時常在比賽時糾正隊友，或提供建議，而且熱情十足，會鼓勵隊友。2016年的賽季以前，布雷迪深陷與聯盟漫長而羞辱的官司，賽季中，雖然他從未提起，但他的母親開始接受化療，然而他依然帶領愛國者隊打進超級盃，並策動了史上最了不起的東山再起。

國家聯盟在2016年指稱布雷迪和隊伍的器材經理密謀將球放氣（會變得比較好握），而罰他禁賽4場。許多人認為，這事件象徵他人格的汙點。然而，這種行為卻是符合「怪物隊長」的特色——會試探規則的底線，並以所謂「括號裡的道德」做出判斷。（參照第6章）

然而，愛國者和四九人有著一樣的問題，使他們無法晉升一級隊伍——他們的成就太過相似，以致於沒有一方真的突出而與眾不同。如果愛國者再贏一座超級盃，或以現在的步調繼續打下去，就會有機會。但寫作此書時，只有鋼人隊符合資格。

有3支板球隊進入一級隊伍的討論中，第一是1975年到85年的西印第隊（West Indies），隊長是克萊夫・洛伊德（Clive Lloyd），3次進入世界盃決賽，2次奪冠，更有27場國際賽事無敗績的紀錄。另外2支都是澳洲隊，分別是1998年到2003年由史帝夫・吾爾（Steve Waugh）帶領，贏得一座世界盃，有對抗賽16場連勝紀錄，並在灰燼杯（Ashes）中稱霸英國；2003年到08年的隊伍由李奇・龐丁（Ricky Ponting）帶領，贏得2座世界盃，也達成對抗賽16連勝的紀錄。

這些隊長都符合標準。李奇・龐丁生涯早期曾經酒醉在酒吧與人發生衝突，後來就學

會將自己的攻擊性導向對手。他的領導方式急切強烈，時常挑戰規則，甚至對比賽規定一個字一個字的提出質疑。挑釁對手（或說垃圾話）是他充滿爭議性的表現藝術，在球場上常演出和敵方對峙場面，有時甚至連裁判也受牽連。

史帝夫‧沃爾在指揮時控制情緒的能力，讓他贏得「冰人」的暱稱。但他也會參與球場上的口頭交鋒，有時甚至差點演變成肢體衝突。雖然他不是特別有天分，但堅定的鬥志讓他成為隊上頂尖擊球手，也是鬥志精神的核心。在他們的帶領下，澳洲隊每場比賽後都會固定討論，穿著球衣的球員打開啤酒、檢討比賽內容，並且充分溝通。

然而，西印第隊的克萊夫‧洛依德是3個人中最符合怪物隊長典型的。他不是隊伍的球星，也不算特別有天分，總是戴著厚厚的眼鏡（兒時眼睛受傷的後遺症），常會被維維安‧理查德斯（Vivian Richards）等超級明星隊友的光環遮蔽。他冷靜、低調而開明的領導風格幫助來自加勒比海諸國的隊員們團結起來，他也時常堅持立場，挺身對抗板球官方組織，特別是提到球員薪資的時候。

球場外，洛伊德對球員實行嚴格的宵禁，並建議他們，自我約束；然而，在場上就是另一回事。他不鼓勵口頭挑釁，卻發展出另一套充滿侵略性和爭議性的戰略：安排高大強壯的速球投手，球速動輒超過90英里，控球不易，投偏了讓打者更難閃避。策略的目的倒不全是為了傷害對手，而是要威嚇對方。在1976年的一場系列賽中，西印第隊的投手讓好幾個打者送醫，於是對方宣告提早一局結束，等於是投降了。有些人批評這個策略不容於板球這種溫雅的運動，洛伊德回應道：「這就是板球，有時候你必須接受。」

然而，到最後沒有一支板球隊進入第一級。西印第隊在對抗賽和國際單日賽（ODI）兩種形式的比賽都表現優異，但這些成就幾乎都和澳洲隊不相上下。沃爾的隊伍可說是對抗最強大的陣容，但在國際單日賽卻沒有突出的表現；龐丁的隊伍則剛好相反，稱霸國際單日賽，贏得2座世界盃，在對抗賽的成績卻很不穩定。單獨看，3支隊伍或許都是史上頂尖，但比較之下，卻沒有誰的紀錄特別突出。

第二級：決選隊伍

在第二章中，我解釋了自己的研究方法，如何篩選上千支候選隊伍，挑出16支絕對頂尖的怪物隊伍，成為最終研究分析的對象。然而，這16支一級隊伍是從124支決選隊伍中挑選出來的，剩下108支無法晉級的隊伍，則屬於二級隊伍。雖然沒有脫穎而出，決選隊伍的實力和成就卻也不容質疑，其中包含許多享譽全球的運動王朝。它們都符合我對傑出隊伍的定義，但卻因為缺乏機會，或光芒被更厲害的隊伍掩蓋，而沒能晉升。我將在下方的表格列出這些隊伍的相關細節。我在與一級隊伍幾乎不分軒輊的隊名後方標註星號，代表它們的成就也十分亮眼。

每支二級隊伍之所以無法晉級，都是因為沒有通過我訂定的檢核。在表格中，我會用英文字母標註該隊沒有達到的標準。

A

這29支隊伍沒有足夠的機會證明自己。在它們的時代，各國的強隊很少碰頭，重要聯賽也未必包含世界所有的頂尖隊伍。有些運動項目比賽的頻率不夠高，有些則是受到聯盟限制，不能和競爭聯盟的冠軍比賽。

B

這類別的67支隊伍的紀錄突出亮眼，但卻在其他同領域的隊伍面前相形失色。有些例子裡（例如板球），幾支隊伍都進入一級的討論，但卻沒有一支能脫穎而出。在某些運動項目中（例如女子手球或男子水球），即便是表現最好的隊伍也沒有足夠進入一級的稱霸成績。

C

這12支頂尖的男子職業足球隊與第一級只有一步之差。許多都是國家有史以來最強的俱樂部球隊，但卻以毫釐之差和第一級失之交臂。

隊伍	時間	評論	類別
棒球：MLB			
費城運動家隊（Philadelphia Athletics）	1910–14	贏得4次分區冠軍，5個賽季中4度進入世界大賽，5座世界冠軍。	B
波士頓紅襪隊（Boston Red Sox）	1915–18	在隊長傑克‧伯瑞（Jack Barry）和狄克‧荷布里茲（Dick Hoblitzell）的帶領下，4個球季中贏得3次世界冠軍。	B
紐約洋基隊（New York Yankees）*	1936–41	直到1939年，在隊長盧‧賈里格（Lou Gehrig）的帶領下連續贏得4次世界冠軍，另外也在6個賽季中贏過5次，但比不上5連勝的紀錄，所以無法晉級。	B
奧克蘭運動家隊（Oakland Athletics）	1971–75	連續3次世界冠軍，5次分區冠軍。	B
亞特蘭大勇士隊（Atlanta Braves）	1991–2005	15個球季中累積14次分區冠軍，5次進入世界大賽，但只奪冠1次。	B
紐約洋基隊（New York Yankees）	1996–2000	5個賽季贏得4次世界冠軍，差一次就足以晉級。這支隊伍沒有任命隊長，但許多人認為外野手保羅‧歐尼爾（Paul O' Neill）是非正式的隊長。	B
棒球：黑人聯盟（Negro National League）／日本聯盟（Japan League）			
匹茲堡克勞福德隊（Pittsburgh Crawfords）	1933–36	連續4次聯盟冠軍，但比不上聯盟另一支隊伍的紀錄。種族隔離政策使他們無法與白人聯盟的頂尖隊伍比賽。	A
家園灰衫軍隊（Homestead Grays）*	1937–45	9個賽季中8次冠軍，在隊長巴克‧雷納德（Buck Leonard）的帶領下，勝率達到八成九。但種族隔離政策使他們無法與白人聯盟的頂尖隊伍比賽。	A
日本讀賣巨人隊（Yomiuri Giants）	1965–73	號稱「V-9」的巨人隊連續贏得9次日本冠軍，但沒有和美國大聯盟的隊伍比賽過（一般認為後者優於前者）。	A

隊伍	時間	評論	類別
籃球：國家籃球協會（ＮＢＡ）			
明尼阿波利斯湖人隊 （Minneapolis Lakers）	1948–54	獲得一次美國籃球協會（BAA）冠軍，以及4次NBA冠軍，隊長是吉姆·波拉德（Jim Pollard）。	B
洛杉磯湖人隊 （Los Angeles Lakers）	1980–88	9個球季中累積5次NBA冠軍，但1981年在季後在第一輪就被刷掉。隊長是卡里姆·阿布都-賈霸（Kareem Abdul-Jabbar）。	B
波士頓塞爾提克隊 （Boston Celtics）	1983–87	連續4次打進決賽，兩次隊冠，隊長是賴瑞·博得（Larry Bird）。	B
芝加哥公牛隊 （Chicago Bulls）*	1991–98	8個賽季中6次冠軍，奪冠賽季的勝率達到七成九。隊長包含喬丹、卡特萊特和皮本，但1994和1995的賽季分區排名只有第二和第三，季後賽皆在四強出局。	B
邁阿密熱火隊 （Miami Heat）	2010–14	連續4次進入冠軍賽，2次奪冠，共有過4位隊長，包含勒布朗·詹姆斯（LeBron James）和杜恩·偉德（Dwyane Wade）。	B
籃球：女子國家籃球協會（ＷＮＢＡ）			
休士頓彗星隊 （Houston Comets）*	1997–2000	隊長是超級優秀的辛西亞·庫伯（Cynthia Cooper），連續贏4次WNBA冠軍，但其中兩個賽季沒有和美國籃球聯盟的冠軍交手。	A
籃球：國際男子籃球			
美國隊*	1992–97	一開始的隊長是賴瑞·博得和「魔術」·強森，這支「夢幻隊」連續在6項重要賽事奪冠，包含2面奧運金牌和1次世界盃。但比賽頻率太低，球員名單也不固定。	A

隊伍	時間	評論	類別
籃球：國際女子籃球			
美國隊*	2008–16	連續3面奧運金牌，連續兩座世界盃，隊長是麗莎‧萊斯里（Lisa Leslie）和蘇‧博得（Sue Bird）。但球員很少齊聚比賽。	A
板球：國際男子板球			
西印第隊（West Indies）*	1975–85	隊長是傳奇的克萊夫‧洛伊德（Clive Lloyd），在國際單日賽表現傑出，贏得兩次世界盃，第三次則在冠軍賽戰敗。創下連續27場國際對抗賽無敗績的紀錄。然而，世界盃和對抗賽的連勝紀錄後來都被追平或打破。	B
澳洲隊（Australia）*	1998–2003	在隊長史蒂夫‧沃爾（Steve Waugh）的帶領下，在灰燼杯對抗系列賽中3次打敗英國，1999年到2001年間創下對抗賽16連勝的紀錄，並贏得1999年世界盃，卻輸掉3次ICC冠軍賽。	B
澳洲隊（Australia）*	2003–08	稱霸國際單日賽，贏得2003年和2007年世界盃，以及2006年ICC冠軍盃，並追平對抗賽16連勝的紀錄。然而，隊長李奇‧龐丁的隊伍在重大對抗賽事中表現卻不穩定，2005年的灰燼盃曾經敗給英國。	B
陸上曲棍球：國際男子			
印度隊*	1928–36	有一段時間隊長是偉大的戴顏‧錢德（Dhyan Chand），連續奪下3面奧運金牌，但組隊時間太零散，也鮮少參與奧運之外的比賽。	A

隊伍	時間	評論	類別
印度隊	1948–56	因為第二次世界大戰而暫停了一段時間後，隊伍又連續贏得3面奧運金牌，但在賽事之間的解散期太長，也鮮少參與奧運之外的比賽。	A
巴基斯坦	1978–84	贏得1面奧運金牌，2座世界盃和兩次世界冠軍，但奧運奪牌的年份是抵制年。	B
荷蘭	1996–2000	2面奧運金牌，但只有1座世界盃，在5場冠軍賽中奪冠3次。	B
澳洲*	2008–14	2座世界盃，連續2次英聯邦運動會冠軍，連續贏得5次冠軍賽，但在12年奧運和14年冠軍賽失利。	B
陸上曲棍球：國際女子			
荷蘭	1983–87	1面奧運金牌，2座世界盃，2次歐洲冠軍，但比不上澳洲的紀錄。	B
荷蘭	2009–12	在瑪吉·鮑曼（Maartje Paumen）的帶領下，贏得1面奧運金牌，2場世界盃中奪冠1次，但4場冠軍賽中只贏下1場。	B
足球：澳式足球			
卡爾頓隊（Carlton）	1906–10	5次進入澳式足球準決賽（Grand Final），奪冠3次，勝率達到八成二。隊長是吉姆·福林（Jim Flynn）和弗雷德·艾略特（Fred Elliott）。	B
墨爾本惡魔隊（Melbourne Demons）*	1955–60	1955年到1960年間6次總決賽中奪冠5次，第六次只差18分，但沒有打破連續奪冠4次的紀錄。	B

隊伍	時間	評論	類別
足球：國家美式足球聯盟（ＮＦＬ）			
克里夫蘭布朗隊 （Cleveland Browns）	1946–50	5個球季中，在盧‧賽斑（Lou Saban）等隊長的帶領下，贏得4個全美美式足球聯盟（All-American Football Conference，AAFC）頭銜，以及1座ＮＦＬ冠軍，但一般認為AAFC比不上ＮＦＬ。	A
綠灣包裝工隊 （Green Bay Packers）*	1961–67	隊長是威利‧戴維斯（Willie Davis）和包伯‧斯克隆斯基（Bob Skoronski），7個賽季中贏得5次NFL冠軍，但前3次奪冠時，國聯的冠軍還不會和美聯冠軍交手。	A
邁阿密海豚隊 （Miami Dolphins）	1971–74	2座超級盃、4次分區冠軍、例行賽八成四的勝率，創下現代國家聯盟第一個不敗的球季，隊長是尼克‧波尼康提（Nick Buoniconti）、包伯‧格里斯（Bob Griese）和賴瑞‧利托（Larry Little）。但在1971年的超級盃以3次達陣之差戰敗，74年的全美聯則在季後賽出局。	B
舊金山四九人隊 （San Francisco 49ers）*	1981–95	在14個賽季中贏得5座超級盃，11次分區冠軍，贏得國聯當代最高的Elo評分，眾多隊長包含喬‧蒙塔納（Joe Montana）、羅尼‧洛特（Ronnie Lott）、史賓賽‧泰爾曼（Spencer Tillman）和史帝夫‧楊格（Steve Young）。但比不上6年4次冠軍的紀錄，而長期的紀錄和2001–17的新英格蘭愛國者相近，1982年更有3勝6敗的悲劇成績。	B
達拉斯牛仔隊 （Dallas Cowboys）	1992–95	4個賽季贏得3座超級盃，期間的總體Elo評分是NFL史上最高。	B

隊伍	時間	評論	類別
新英格蘭愛國者隊（New England Patriots）*	2001–17	在隊長湯姆‧布雷迪（Tom Brady）、防守球員布萊恩‧寇克斯（Bryan Cox）、戴文‧麥克柯提（Devin McCourty）和泰迪‧布魯斯奇（Tedy Bruschi）的帶領下，16年間贏得5座超級盃，14次分區冠軍，並創下NFL 5個賽季最高Elo評分，期間勝率達八成三，贏得兩座超級盃（與第三座失之交臂）。然而，比不上6年間4個冠軍頭銜的紀錄，且2002年和2008年都沒有打進季後賽。到2017年3月時，隊伍的紀錄並沒有比舊金山四九人高出太多。	B
手球：國際男子			
瑞典隊	1998–2002	連續贏得3次歐洲冠軍，1次世界冠軍。	B
手球：國際女子			
丹麥隊*	1994–2000	在凱倫‧布羅嘉德（Karen Brødsgaard）和珍恩‧柯林（Janne Kolling）的帶領下，贏得2面奧運金牌，但卻沒有成功稱霸，在3次世界冠軍賽中戰敗兩次，2000年的歐洲冠軍賽更以第10名坐收。	B
冰球：國際男子			
加拿大隊	1920–32	4面奧運金牌，連續6次世界冠軍，但鮮少參加其他重大賽事。	A
蘇聯隊*	1963–72	連續3面奧運金牌和9次世界冠軍（業餘組），但在1972年的系列賽事輸給加拿大頂尖的國家冰球聯盟（NFL）選手。	B

隊伍	時間	評論	類別
冰球：國家冰球聯盟（NHL）			
渥太華冰球俱樂部 （Ottawa Hockey Club）	1903–06	在隊長艾夫·史密斯（Alf Smith）的帶領下，連續贏得4年史丹利盃。	B
多倫多楓葉隊 （Toronto Maple Leafs）	1946–51	隊長是錫爾·艾普斯（Syl Apps）和泰德·甘迺迪（Ted Kennedy），在5個賽季中贏得4個NHL頭銜，但比不上五連冠的紀錄。	B
底特律紅翼隊 （Detroit Red Wings）	1949–55	6年中獲得4次NHL冠軍，有七成七的比賽是勝利或平手，隊長是席德·阿布爾（Sid Abel）和泰德·琳希（Ted Lindsay）。	B
蒙特婁加拿大人隊 （Montreal Canadiens）	1964–69	尚恩·貝利沃（Jean Béliveau）帶領隊伍，在5個賽季中拿下4座史丹利盃，距離紀錄只差1座。	B
蒙特婁加拿大人隊 （Montreal Canadiens）*	1975–79	在隊長依凡·科諾爾（Yvan Cournoyer）的領導下，連續拿下4座史丹利盃，勝利或平手的比賽高達八成六，但還不及最高紀錄的5連冠。	B
紐約島民隊 （New York Islanders）	1979–83	丹尼斯·波特文（Denis Potvin）帶領隊伍連續奪下4座史丹利盃，和紀錄只差1座。	B
埃德蒙頓油工隊 （Edmonton Oilers）	1983–90	偉恩·葛拉斯基（Wayne Gretzky）和馬克·梅西爾（Mark Messier）帶領隊伍在7個球季中贏得5座史丹利盃，但還不及最高紀錄的五連冠。	B
橄欖球聯盟			
澳州聖喬治龍隊 （St. George Dragons）*	1956–66	在隊長肯恩·克爾尼（Ken Kearney）和諾姆·普洛文（Norm Provan）的帶領下，創下國內11連冠的紀錄，但很少與國外的隊伍比賽，1960年更慘敗給英國隊。	A

隊伍	時間	評論	類別
英國維岡勇士隊（Wigan Warriors）*	1986–95	一開始的隊長是頂尖的艾勒里‧亨利（Ellery Hanley），創下英國7連冠的紀錄，並在5次世界俱樂部挑戰賽（World Club Challenges）中奪冠3次。當時英國稱霸橄欖球聯盟。然而，隊伍沒有打進1989年挑戰賽的決賽，國內的紀錄也比不上聖喬治隊。	B
聯合式橄欖球：國際男子			
紐西蘭黑衫軍（New Zealand All Blacks）	1961–69	一開始的隊長是威爾森‧溫尼雷（Wilson Whineray），在9年中只輸掉2場比賽，更有17連勝的紀錄。但隊伍在世界盃開始之前，而且成就不及後來的黑衫軍。	A
足球：男子職業足球			
英國阿士東維拉隊（Aston Villa）	1893–1900	隊長傑克‧戴維（Jack Devey）帶領球隊在7年中贏得5次英國冠軍，2次足總盃，但其中一個賽季僅以第6名坐收，而且並未與其他國家的頂尖隊伍比賽。	A
阿根廷校友會隊（Alumni）	1900–11	12個球季中營的9次聯盟冠軍，但並未與其他國家的頂尖隊伍比賽。	A
匈牙利MTK布達佩斯隊（MTK Budapest）	1916–25	連續贏得9次聯盟冠軍，但並未與其他國家的頂尖隊伍比賽。	A
英國哈德斯菲爾德隊（Huddersfield Town）	1923–28	5個球季中連續3次贏得英國足球協會頭銜，2次亞軍，隊長是羅伊‧古德（Roy Goodall）。沒能贏得年度足總盃。	B
英國兵工廠隊（Arsenal）	1930–35	在隊長湯姆‧帕克（Tom Parker）和艾利斯‧詹姆斯（Alex James）的帶領下，5年中贏得4次英國冠軍，1次亞軍，但在足總盃失利，僅打進決賽一次，也很少和外國隊伍交手。	A

隊伍	時間	評論	類別
義大利尤文圖斯隊（Juventus）	1930–35	5年贏得5次義大利甲級聯賽冠軍，隊長是維吉尼歐·羅賽特（Virginio Rosetta），但很少與外國頂尖隊伍交手。	A
義大利都靈隊（Torino）	1942–49	聯盟5連霸，但當時頂尖的國際隊伍很少交手。（連勝紀錄在一次悲劇的空難後終止，包含隊長瓦倫提諾·馬佐拉都不幸罹難。）	A
哥倫比亞百萬富翁隊（Millonarios）	1949–53	哥倫比亞最強的球隊，被稱為「藍色子彈」，贏得4次聯盟冠軍，1次亞軍。但南美列強交手的年度南美解放者杯（Copa Libertadores）從1960年才開始舉辦。	A
阿根廷河床隊（River Plate）	1952–57	7年間贏得5次聯盟冠軍，但是在南美解放者盃之前的時代。	A
西班牙皇家馬德里隊（Real Madrid）*	1955–60	連續贏得5次歐洲盃（創紀錄），1次洲際盃，在隊長米格爾·慕諾茲（Miguel Muñoz）和胡安·阿隆索（Juan Alonso）的帶領下，創下2次史上前四高的Elo評分，但5個賽季中有3次沒拿下西班牙聯盟頭銜。	C
烏拉圭佩納羅爾隊（Peñarol）*	1958–62	在隊長威廉·馬丁尼斯（William Martinez）的帶領下，連續贏得五次烏拉圭冠軍，以及2次解放者盃。在61年的洲際盃打敗本菲卡隊，卻在60年的洲際盃大幅敗給皇家馬德里隊，在62年的解放者盃輸給巴西桑托斯隊。	C

隊伍	時間	評論	類別
葡萄牙本菲卡隊 （Benfica）	1959–65	葡萄牙史上最強的隊伍，隊長是荷西·阿瓦斯（José Águas），6個賽季贏得5次國內冠軍、2座國內盃賽，4次打進歐洲盃決賽，兩次奪冠，但卻沒能稱霸相對規模較小的國內聯盟，而且在61年洲際盃敗給佩納羅爾隊。	C
巴西桑托斯隊 （Santos）*	1961–65	在比利和隊長荷西·伊利·德米蘭達（José Ely de Miranda）的帶領下，連續5次拿下巴西聯賽冠軍，在5次聖保羅州冠軍賽中獲勝4次，2次洲際盃冠軍，兩度在單一賽季得到4項重大賽事的頭銜。可惜在63年聖保羅州冠軍賽輸給勁敵帕梅拉斯隊。	
義大利國際隊 （Internazionale）*	1962–67	在隊長阿曼多·皮奇（Armando Picchi）的領導下，5個賽季中贏得3次聯盟冠軍和2次歐洲盃冠軍（還有一次四強、一次亞軍），再加上2次洲際盃冠軍，在義大利聯盟的勝利及平手率達到七成。然而，有兩季沒有拿下本土聯盟冠軍，而且在1966年歐洲盃輸給塞爾提克隊，許多方面的成就都比不上巴塞隆納隊。	C
西班牙皇家馬德里隊 （Real Madrid）	1965–69	5個賽季贏得4次西班牙冠軍，以及一座歐洲盃，隊長是弗朗西斯柯·甘圖（Francisco Gento）。	B
蘇格蘭塞爾提克隊 （Celtic）*	1965–74	蘇格蘭最強的隊伍，隊長是比利·麥克尼爾（Billy McNeill），連續奪下9次聯盟冠軍，以及67年的歐洲盃冠軍。但所屬聯盟較弱，且在67年洲際盃落敗。	C

隊伍	時間	評論	類別
荷蘭阿賈克斯隊（Ajax）*	1969–73	荷蘭最強的隊伍，隊長是偉大的約翰・克魯伊夫（Johan Cruyff），與巴塞隆納隊只有毫釐之差。隊伍獲勝或平手率是九成二，4個賽季贏得3次歐洲盃，還有1座歐冠盃，以及一些國內的盃賽。但在71的聯盟排名只有第2，而頭銜的總數和Elo評分也比不上巴塞隆納隊。	C
德國拜仁慕尼黑隊（Bayern Munich）*	1971–76	弗朗茨・貝肯鮑爾在5個賽季中，帶領隊伍連續3次贏得德甲冠軍和3次歐洲冠軍，卻兩度在國內賽事失利，其中一季僅以第十名坐收。	C
阿根廷獨立隊（Independiente）	1972–75	創下連續4年解放者盃冠軍的紀錄，並贏得1次洲際盃，但沒有任何國內賽事的頭銜。	B
英國利物浦隊（Liverpool）*	1975–84	在伊姆林・修斯（Emlyn Hughes）、菲爾・湯普森（Phil Thompson）和葛雷姆・蘇尼斯（Graeme Souness）的帶領下，9個賽季中贏得7次英國冠軍和4次歐洲盃冠軍，但在1980～81年的球季卻僅以聯盟排名第5坐收。	C
義大利尤文圖斯隊（Juventus）	1980–86	6個賽季中贏得4次義大利冠軍，2度打入歐洲盃決賽，贏得1次冠軍，但紀錄比不上其他俱樂部球隊。	B
羅馬尼亞布加勒斯特星隊（Steaua Bucureşti）	1984–89	在隊長都德羅・史托卡（Tudorel Stoica）的帶領下，連續5個賽季獲得羅馬尼亞冠軍（包含104場不敗紀錄），兩度進入歐洲盃決賽，奪冠1次。	B
德國拜仁慕尼黑隊（Bayern Munich）	1984–90	6個球季奪下5次國內冠軍，但僅打入歐洲盃決賽一次，鎩羽而歸。	B

隊伍	時間	評論	類別
荷蘭PSV埃因霍　隊（PSV Eindhoven）	1985–92	在路德‧古利特（Ruud Gullit）等隊長的帶領下，7個球季中贏得6次國內冠軍，1座歐洲盃，以及1次三冠王紀錄。	B
塞爾維亞貝爾格勒紅星隊（Red Star Belgrade）	1987–92	5個球季中4度得到塞爾維亞冠軍，其中包含三連霸，還有1座歐洲盃。	B
義大利ＡＣ米蘭隊（AC Milan）*	1987–96	在9個賽季中，「不朽的」米蘭隊（Gli Immortali）由傳奇隊長法蘭柯‧巴里西（Franco Baresi）帶領，在9次歐洲盃與歐洲冠軍聯賽中奪冠3次，贏得5次義大利冠軍，以及2兩座洲際盃，在1991年到92年有連續58場不敗紀錄。但其中有2個賽季的最終排名只有第三和第四，有一個賽季沒有任何戰績。隊伍最高的Elo評分也沒有進入前15名。	C
法國馬賽奧林匹克隊（Olympique de Marseille）*	1988–93	隊長是迪蒂埃‧德尚，連續五次得到法國的聯盟冠軍（但因為賄賂醜聞而被迫放棄一座），是法國第一支在冠軍聯賽奪冠的隊伍。	C
西班牙巴塞隆納隊（Barcelona）	1990–94	隊長安東尼‧蘇維薩雷塔（Andoni Zubizarreta）帶領隊伍連續奪下4次西班牙頭銜，兩次打進冠軍聯盟決賽，奪冠一次。	B
荷蘭阿賈克斯隊（Ajax）	1993–98	5個球季中4次荷蘭冠軍，包含三連霸，兩次打進冠軍聯盟決賽，奪冠1次。隊長是丹尼‧布蘭德（Danny Blind）。在1996年到97年的球季僅以聯盟第4名坐收。	B
義大利尤文圖斯隊（Juventus）	1994–98	4個賽季中贏得3次義大利冠軍頭銜，在冠軍聯盟奪冠1次，亞軍2次。	B

隊伍	時間	評論	類別
英國曼聯隊 （Manchester United）*	1995–2001	最主要的隊長是羅伊‧基恩（Roy Keane），獲得5次英國冠軍，2座足總盃，只有1個賽季沒有進冠軍聯盟的前四強，其中有1個賽季奪冠，達成英國第一次的三冠王紀錄。然而，無法在冠軍聯盟第二次奪冠，因此紀錄不及其他菁英隊伍。	C
德國拜仁慕尼黑隊 （Bayern Munich）	1998–2003	5個賽季中贏得4次德國冠軍，兩座德國盃，兩度進入冠軍聯盟決賽，奪冠一次。	B
西班牙皇家馬德里隊 （Real Madrid）	1999–2003	4個賽季中2次西班牙冠軍，2次稱霸冠軍聯賽，但有兩個賽季在西班牙聯盟的最終排名只有第3和第5名。	B
阿根廷博卡青年隊 （Boca Juniors）	2000–04	4個球季贏得3座解放者盃、1次亞軍、2座洲際盃，但在國內10個頭銜中，只贏得2個。	B
義大利國際隊 （Internazionale）	2005–10	哈維爾‧薩內蒂（Javier Zanetti）的隊伍贏得5個國內頭銜，在冠軍聯盟奪冠1次（該賽季達成三冠成就），但沒能贏得第2個冠軍聯賽頭銜。	B
德國拜仁慕尼黑隊 （Bayern Munich）	2012–16	菲利浦‧拉姆（Philipp Lahm）帶領隊伍得到4個德甲頭銜，1個冠軍聯賽頭銜，以及一些其他頭銜。	B
足球：男子國際			
義大利*	1933–38	連續贏得2座世界盃和1次奧運金牌，但當時許多頂尖的隊伍和球星都沒有參賽。	A
巴西*	1968–73	只輸過1場比賽，在隊長卡羅斯‧艾柏特‧托雷斯（Carlos Alberto Torres）的帶領下稱霸1970年的世界盃，但沒能贏得第2座世界盃，勝場總數和Elo評分也比不上匈牙利隊。	B

隊伍	時間	評論	類別
西德隊	1970–74	贏得1次世界盃，第2次則是第3名，在隊長弗朗茨‧貝肯鮑爾的帶領下贏得1次歐洲冠軍。	B
法國隊	1998–2001	贏得1座世界盃，1次歐洲冠軍，1次洲際國家盃，隊長是迪蒂埃‧德尚（Didier Deschamps）。	B
西班牙隊*	2008–12	在隊長伊科爾‧卡西拉斯（Iker Casillas）的帶領下，贏得1座世界盃，連續兩次歐洲冠軍，但沒能獲得第2座世界盃。	B
德國	2010–14	在隊長菲利浦‧拉姆（Philipp Lahm）的帶領下贏得1座世界盃，創下28場不敗的紀錄，得到國際男子足球歷來最高的Elo評分，但沒能在2016年得到歐洲冠軍。	B
德國隊*	2003–07	在隊長貝蒂娜‧維曼（Bettina Wiegmann）和布姬特‧普林斯（Birgit Prinz）的帶領下，連續贏得兩座世界盃，但在04年奧運只獲得銅牌。	B
美國隊*	2012–15	得到一面奧運金牌和一座世界盃，在隊長克里斯蒂‧拉姆波恩（Christie Rampone）的帶領下，比賽的勝利和平手率是九成一，但紀錄比不上1996年到99的美國隊。	B

隊伍	時間	評論	類別
排球：國際男子			
蘇聯隊*	1977–83	在隊長維亞切斯拉夫·扎伊采夫（Vyacheslav Zaytsev）的帶領下贏得1面奧運金牌，連續2次世界冠軍、2座世界盃，以及連續4次歐洲頭銜（其中有一次1局未失），但當年許多頂尖隊伍因為杯葛1980年奧運而沒有出賽。	A
義大利隊	1990–98	隊長安德亞·葛迪尼（Andrea Gardini）帶領隊伍贏得1座世界盃，6個世界聯盟（World League）頭銜，但未曾得過奧運金牌。	B
巴西隊*	2002–07	贏得1面奧運金牌，2座世界盃，2次世界冠軍，5個世界聯盟頭銜，隊長是納博特·比騰柯特（Nalbert Bitencourt），但總體成績並未超過蘇聯隊。	B
排球:國際女子			
蘇聯隊	1949–60	3次世界冠軍，5次參加歐洲冠軍賽，4次奪冠，但其時女子排球尚未成為奧運項目。	A
日本隊	1962–68	在隊長河西昌枝（Masae Kasai）的帶領下贏得1面奧運金牌、2次世界冠軍，以及2次亞州冠軍，但比不上古巴的紀錄。	B
蘇聯隊	1968–73	柳德米拉·布爾達科娃（Lyudmila Buldakova）帶領隊伍拿下2面奧運金牌，1次世界冠軍，1座世界盃，以及1次歐洲冠軍。	B

隊伍	時間	評論	類別
水球：國際男子			
匈牙利	1926–38	3度參加奧運，2面金牌，連續5次歐洲冠軍，但其時尚未有世界盃和世界冠軍賽。	A
匈牙利*	1952–64	隊長是傳奇戴佐·蓋亞馬諦（Dezso" Gyarmati），贏得3面奧運金牌，連續3次歐洲冠軍，但當時國際性錦標賽很少，間隔太長。	A
匈牙利	1973–79	贏得1次奧運金牌，2次歐洲冠軍，1次世界盃，1次世界冠軍，但未能稱霸該項目。	B
南斯拉夫	1984–91	在隊長伊格·米蘭諾維奇（Igor Milanovic'）的帶領下，贏得2面奧運金牌以及1次歐洲冠軍，但比不上早期的匈牙利水球王朝。	B
義大利	1992–95	贏得1面奧運金牌，1座世界盃，1次世界冠軍，2次歐洲冠軍，但92年奧運許多頂尖隊伍並未參加。	A
水球：國際女子			
荷蘭	1987–93	3次歐洲冠軍、4次兩年一度的世界盃，以及1次世界冠軍。但當時女子水球尚未成為奧運項目。	A
美國*	2007–16	連續2面奧運金牌，2座世界盃，參加世界聯盟賽10次，8次奪冠。隊長是布蘭達·維拉（Brenda Villa）和繼任的瑪姬·史蒂文斯（Maggie Steffens）。但未及荷蘭連續4座世界盃的紀錄。	B

致謝

這是一本關於頂尖團隊的書。在寫作過程中，我越來越感激自己身邊的團隊。

首先是我聰明、美麗、怪物隊長般的妻子克莉絲提・弗萊契。她不只支持我的研究，更時常毫不猶豫地捲起袖子，與我並肩作戰──同時還要經營自己的事業，並照顧我們忙碌、聰明、可愛的兩個孩子。她讓我更領會到什麼是努力不懈、無私、挺身而出的勇氣、情緒控制、功能性的領導，以及務實的溝通。我獲得的遠比當初想像的更多。

謝謝我的孩子葛斯和西爾維在很少父親陪伴的這段時間，仍帶著幽默勇敢生活（我很高興終於能開始補償他們了）。我的哥哥馬克思全心投入體育運動，而且總是讓我跟著，在我心中播下研究的種子。我的母親琳達總是勸我多睡一點，也讓我的文字更生動活潑。海倫和文生・麥卡倫帶給我許多溫暖和建議，安妮塔・富索也願意在我遇到瓶頸時毫不猶豫跳上飛機救援，充滿活力的珍娜・伊博拉總是帶著笑容陪伴我前進。

每個人都需要好編輯，本書背後傑出的團隊包含倫敦的安德魯・古德費洛、墨爾本的班恩・博爾和巴賽隆納的米格爾・阿古勒。他們讓這本書變得更好。藍登書屋出版社的安迪・沃德幾乎要用他那藍筆把我批得體無完膚，但我很高興他這麼做了。他是個可敬的天才，從頭到腳都是怪物隊長的模樣。我願意加入他召集的任何團隊。

我出色的經紀人伊萊西・錢尼總是能找到解決方式，一路鞭策我到終點，而艾力克斯・雅各斯和納塔莎・菲爾惠勒幫我把想法翻譯成不同的語言和運動文化。安德魯・畢登腳踏實地搜索資料，整理數據，進行訪問，努力追蹤有提到匈牙利水球隊的書籍，而從未展現出一絲緊張壓力。同事約書亞・羅賓森、馬特・富特曼和班恩・科漢提供聯絡人脈，幫我閱讀草稿，也願意在自己的訪問中加幾個關於隊長的問題。班恩・菲蘭幫我確保書中的資訊沒有錯誤，尼爾・巴斯康和貝斯・拉許巴姆協助我訂出架構。感謝紐約藍登書屋的瑪麗亞・布雷克、吉娜・森特羅、凱利・其恩、安德亞・

德瓦德、班傑明‧戴爾、蘇珊‧凱米爾、蕾亞‧莫爾成、欣蒂‧莫瑞、凱菈‧梅爾斯、喬‧派瑞茲、湯姆‧派瑞和艾米利亞‧薩克曼；還有倫敦伊柏里出版社的莎拉‧本尼、珊特拉‧大衛和安娜‧莫瑞維克，你們看見這個研究的可能性，並認真耐心地處理每個細節。

也感謝來自各地的譯者、經紀人、編輯、聯絡人、媒體從業人員，幫助我放眼世界，包含：哈瓦那的吉莉安‧特拉斯；里約的克莉絲汀安娜‧科姆布拉；巴塞隆納的謝米‧托雷；巴黎的菲利浦‧杜林和波林‧蘭貝地尼；馬德里的安娜‧里維拉和胡安‧卡蜜羅‧安德雷德；倫敦的亞蘭‧薩姆森和班傑明‧米勒；格拉斯哥的羅娜‧馬克多娜、都柏林的彼得‧薛拉德；慕尼黑的馬丁‧黑格；墨爾本的羅倫斯‧衛斯特；紐約的瓊恩‧厄爾、提姆‧班特、塔西里‧維尼亞斯、蓋瑞‧史賓格、艾力克‧蘇法、莎賓娜‧克羅莎和賈桂琳‧法拉蒙德；尤基‧貝拉博物館與學習中心的戴夫‧凱普蘭；匹茲堡的吉姆‧歐布萊恩；華盛頓的馬莉狄斯‧蓋斯勒；佛蒙特的莉茲‧魯法；紐西蘭的夏洛特‧席姆考克。

許多朋友、親戚和同事都給我引導和支持：里德‧艾柏歌帝、艾爾‧安斯柏、瑞秋‧巴克曼、丹恩‧巴巴里西、尼爾‧巴斯康柏、肯恩‧班欣格、卡爾‧貝里克、黛安‧巴托里、伊莉莎白‧柏恩斯坦、雪倫和約翰‧大衛‧巴克斯、達娜‧布朗、傑洛米‧布朗、史考特‧卡錫拉、蘇珊和肯恩‧凱恩、里奇‧科漢、凱文‧克拉克、吉姆‧切洛斯米、喬安娜‧鍾、瓊恩‧克雷格、布萊恩‧柯斯塔、伊莉莎‧庫柏、強納生‧達爾、傑拉德和塔莉‧戴蒙、南德‧迪芬諾、艾力克斯‧費里曼、莎拉‧吉曼諾、斯爾維‧格林堡、肯恩‧弗萊契、法蘭西斯柯‧古亞拉、里克‧漢恩、史隆‧哈里斯、克里斯‧赫林、喬安娜‧莉普曼、加布里埃‧馬柯提、喬伊和諾爾‧米哈洛、拜爾德和亞蓮娜‧里維爾、榮恩‧里柏、裘蒂‧肯特、亞蒂提‧金哈瓦拉、莫尼卡‧朗格利、查德‧米爾曼、羅尼‧曼利、布魯斯‧尼可斯、錫恩‧歐卡羅、瓦涅莎‧歐康尼爾、布魯斯‧歐沃爾、麥特‧歐欣斯基、湯姆‧貝羅塔、布萊德‧雷根、麥特‧舒茲、伊班‧夏派洛、艾米‧謝、妮基‧沃勒和約翰‧威廉斯。還要感謝胡餐館的員工、翡翠酒店的早班人員、城市烘焙坊的莫瑞‧羅賓和格林波特市場餐館的畢安卡，你們讓我

不致於罹患敗血症。感謝艾多咖啡、喬伊咖啡和想想咖啡館讓我有地方待著，也謝謝1211 AOA的保全從不過問我凌晨5點一個人在黑暗的辦公室裡做什麼。

我參與過最棒的團隊是《華爾街日報》，深深感激成員們第一級的領導和支持，包含傑里・貝克、蕾貝卡・布魯曼斯坦、保羅・吉格、艾瑪爾・拉杜爾、威爾・路易斯、尼爾・利普舒茲、亞歷克斯・馬丁、魯伯特・莫多克、麥特・莫瑞、吉姆和凱倫・本西羅等。在成書的漫長過程中，麥克・米勒一直是我智慧的基石，總是給我許多建議。體育部門的達倫・艾弗森、吉歐夫・弗斯特、德瑞克・岡薩拉斯和凱文・西爾萊克在我缺席時，挑起我的擔子。丹尼斯・波曼總是在大清早激勵我，傑森・蓋伊會逼我笑，要我認真思考。感謝與我合作的戴格瑪・奧朗德、麥克・艾倫、貝斯・布雷克蕭・里克・布魯克斯、瑪德林・卡爾森、凱利、多蘭、山姆・恩利克茲、菲爾・伊佐、丹恩・凱利、吉爾・基爾森鮑姆、艾瑪・穆迪、莎拉・摩爾斯、陶德・奧姆斯德、米奇・派西羅、艾莉森・波薩克和史帝夫・尤德，總是給我睿智的建議，也願意及時為我編修。

最後，我要向兩位同事表達最深的謝意：羅伯特・湯森是世界上最棒的專業導師，充滿熱情和感染力，睿智而幽默，對澳式足球知識豐富，深深改變了我；馬修・羅斯是《華爾街日報》毫不懈怠而有遠見的編輯，將我帶進這個世界，在我努力完成研究計畫時支援我的工作，讓我沒有後顧之憂。我很驕傲能擁有他們睿智的幫助。

Bibliography

Barça Dreams: A True Story of FC Barcelona. Entropy Studio, Gen Image Media, 2015.

Bill Russell: My Life, My Way. HBO Sports, 2000.

Capitão Bellini: Herói Itapirense. HBR TV, 2015.

Carles Puyol: 15 Años, 15 Momentos. Barça TV, 2014.

Dare to Dream: The Story of the U.S. Women's Soccer Team. HBO Studios, 2007.

Die Mannschaft (Germany at the 2014 World Cup). Little Shark Entertainment, 2014.

England v Hungary 1953: The Full Match at Wembley. Mastersound, 2007.

Fire and Ice: The Rocket Richard Riot. Barna-Alper and Galafilm Productions, 2000.

Height of Passion: FC Barcelona vs. Real Madrid. Forza Productions, 2004.

Hockeyroos Win Gold (2000 Olympic Final). Australian Olympic Committee, 2013.

Inside Bayern Munich. With Owen Hargreaves. BT Sport, 2015.

Legends of the All Blacks. Go Entertain, 2011.

Les Experts: Le Doc. (French handball at the 2009 World Championships). Canal+ TV, 2011.

Les Yeux Dans Les Bleus (France in the 1998 World Cup), 2P2L Télévision, 1998.

Mud & Glory: Buck Shelford. TVNZ, 1990.

Nine for IX: 99ers. ESPN Films, 2014.

Pelé and Garrincha: Gods of Brazil. Storyville, BBC Four, 2002.

Pelé: The King of Brazil. Janson Media, 2010.

Puskás Hungary, Plus Film, 2009.

Red Army (Soviet hockey). Sony Pictures Classics, 2014.

Tim Duncan and Bill Russell Go One on One, NBA.com, 2009.

Tim Duncan in St. Croix. NBA Inside Stuff, ABC, November 2004.

Weight of a Nation (the 2011 New Zealand All Blacks). Sky Network Television, 2012.

Yogi Berra: American Sports Legend, Time Life Records, 2004.

Suggested Reading

Abrams, Mitch. "Providing Clarity on Anger & Violence in Sports." *Applied Sports Psychology.*

Anger & Violence Special Interest Group, January 7, 2016.

Ambady, N., and R. Rosenthal."Half a Minute: Predicting Teacher Evaluations from Thin Slices of Nonverbal Behavior and Physical Attractiveness." *Journal of Personality and Social Psychology* 64, no. 3 (3), 2003.

Balague, Guillem. *Pep Guardiola: Another Way of Winning.* London: Orion, 2012.

Ball, Phil. *Morbo: The Story of Spanish Football.* London: WSC Books, 2011.

Barra, Allen. *Yogi Berra: Eternal Yankee.* New York: Norton, 2009.

Berra, Yogi, and Edward E. Fitzgerald. *Yogi: The Autobiography of a Professional Baseball Player.* New York: Doubleday, 1961.

Berra, Yogi, and Dave Kaplan. *You Can Observe a Lot by Watching: What I've Learned About Teamwork from the Yankees and Life.* Hoboken, N.J.: Wiley, 2008.

Blount, Roy, Jr. *About Three Bricks Shy... And the Load Filled Up.* Pittsburgh: University of Pitttsburgh Press, 2004.

Burns, James MacGregor. *Leadership.* New York: Open Road, 1978.

Buss, A. H. *The Psychology of Aggression.* New York: Wiley, 1961.

Cain, Susan. *Quiet: The Power of Introverts in a World That Can't Stop Talking.* New York: Crown, 2012.

Canetti, Elias. *Crowds and Power.* New York: Farrar, Straus & Giroux, 1960.

Carrier, Roch. *The Rocket: The Maurice Richard Story.* Toronto: Penguin Canada, 2001.

Charlesworth, Ric. *The Coach: Managing for Success.* Sydney: Macmillan, 2001.

Cooper, Cynthia. *She Got Game: My Personal Odysssey.* New York: Warner Books, 1999.

Cruyff, Johan. *My Turn: A Life of Total Football.* New York: Nation, 2016.

Davidson, Richard J., Sharon Begley. *The Emotional Life of Your Brain: How Its Unique*

Patterns Affect the Way You Think, Feel and Live—and How You Can Change Them. New York: Hudson Street Press, 2012.

Davis, Willie. *Closing the Gap.* Chicago: Triumph, 2012.

DeVito, Carlo. *Yogi: Life & Times of an American Original.* Chicago: Triumph Books, 2008.

de Wit, Frank, L. Lindred Greer, and Karen Jehn. "The Paradox of Intragroup Conflict: A Meta-Analysis." *Journal of Applied Psychology* 97, no. 2 (August 2011).

do Nascimento, Edson Arantes. *Pelé: The Autobiography.* London: Simon & Schuster, 2006.

Dweck, Carol. *Mindset: The New Psychology of Success.* New York: Ballantine, 2007.

Ferguson, Alex: *Managing My Life.* London: Coronet, 2000.

Ferguson, Alex, and David Meek. *A Will to Win.* London: Manchester United Books, 1997.

Ferguson, Alex, and Michael Moritz. *Leading: Learning from Life in My Many Years at Manchester United.* London: Hodder & Stoughton, 2015.

Ferguson, Alex. *My Autobiography.* London: Hodder & Stoughton, 2013.

Fetisov, Viacheslav, Vitaly Melik-Karamov, *Овертайм (Overtime).* Moscow: Vagrius, 1998.

Fox, Dave, Ken Bogle, and Mark Hoskins. *A Century of the All Blacks in Britain and Ireland.* Stroud, U.K.: Tempus, 2006.

Gal, Reuven. *A Portrait of the Israeli Soldier.* Westport, Conn.: Greenwood Press, 1986.

Gittleman, Sol. *Reynolds, Raschi & Lopat: New York's Big Three and the Great Yankee Dynasty of 1949–1953.* Jefferson, N.C.: McFarland & Co., 2007.

Goldblatt, David. *Futebol Nation: The Story of Brazil Through Soccer.* New York: W. W. Norton, 2014.

Goleman, Daniel, Richard Boyatzis, and Annie Mckee. *Primal Leadership: Unleashing the Power of Emotional Intelligence.* Boston: Harvard Business Review Press, 2013.

Goleman, Daniel. *Social Intelligence: The New Science of Human Relationships.* New York: Bantam, 2006.

Golenbock, Peter. *Dynasty: The New York Yankees 1949–1964.* Englewood Cliffs, N.J.: Prentice-Hall, 1975.

Gordon, Alex. *Celtic: The Awakening.* Mainstream, Edinburgh, 2013.

Goyens, Chrys, and Frank Orr. *Maurice Richard: Reluctant Hero.* Toronto: Team Power Publishing, 2000.

Hackman, J. Richard. *Collaborative Intelligence: Using Teams to Solve Hard Problems.* Oakland: Berrett-Koehler, 2011.

Hackman, J. Richard. *Leading Teams: Setting the Stage for Great Performances.* Boston: Harvard Business School Press, 2002.

Halberstam, David. *Playing for Keeps: Michael Jordan and the World He Made.* New York: Broadway, 1999.

Hawley, Patricia H., Todd D. Little, and Philip Craig Rodkin (eds.). *Aggression and Adaptation: The Bright Side to Bad Behavior.* Mawah, N.J.: Erlbaum, 2007.

Hebert, Mike. *Thinking Volleyball: Inside the Game with a Coaching Legend.* Champaign, Ill.: Human Kinetics, 2014.

Howitt, Bob. *A Perfect Gentleman: The Sir Wilson Whineray Story.* Auckland: HarperCollins, 2010.

Hughes, Simon. *Red Machine: Liverpool FC in the 1980s.* London: Mainstream, 2013.

Hunter, Graham. *Barça: The Making of the Greatest Team in the World.* London: Backpage Press, 2012.

Iacoboni, Marco. *Mirroring People: The New Science of How We Connect with Others.* New York: Farrar, Straus & Giroux, 2008.

Ibrahimovi , Zlatan; Lagercrantz, David. *I Am Zlatan: My Story On and Off the Field.* New York: Random House, 2014.

Jehn, K. A., E. Mannix. "The Dynamic Nature of Conflict: A Longitudinal Study of Intragroup Conflict and Group Performance." *Academy of Management Journal,* Q1,

2001.

Keane, Roy, and Roddy Doyle. *Roy Keane: The Second Half*. London: Weidenfeld & Nicholson, 2014.

Keane, Roy, and Eamon Dunphy. *Keane: The Autobiography*. London: Penguin, 2002.

Kelly, Stephen F. *Graeme Souness: A Soccer Revolutionary*. London: Headline, 1994.

Kerr, James. *Legacy: What the All Blacks Can Teach Us About the Business of Life*. London: Constable & Robinson, 2013.

Körner, Torsten. *Franz Beckenbauer: Der Freie Mann*. Frankfurt: Scherz, 2005.

Lahm, Phillip, and Christian Seiler. *Der Feine Unterschied (The Subtle Difference)*. Munich: Kuntsmann, 2011.

Lainz, Lluís. *Puyol: La Biografía*. Barcelona: Córner, 2013.

Lazenby, Roland. *Michael Jordan: The Life*. New York: Back Bay, 2014.

Leary, Mark R., Richard Bednarski, Dudley Hammon, and Timothy A. Duncan. "Blowhards, Snobs, and Narcissists: Interpersonal Reactions to Excessive Egotism." In *Aversive Interpersonal Behaviors*. New York: Plenum Press, 1997.

Lisi, Clemente A. *The U.S. Women's Soccer Team: An American Success Story*. Lanham, Md.: Scarecrow Press, 2010.

Lister, Simon. *Supercat: The Authorised Biography of Clive Lloyd*. Bath: Fairfield Books, 2007.

Longman, Jere. *The Girls of Summer: The U.S. Women's Soccer Team and How It Changed the World*. New York: Harper, 2000.

Lowe, Sid. *Fear and Loathing in La Liga: Barcelona, Real Madrid, and the World's Greatest Sports Rivalry*. New York, Nation Books, 2014.

Maraniss, David. *When Pride Still Mattered: A Life of Vince Lombardi*. New York: Simon & Schuster, 1999.

McCaw, Richie. *The Real McCaw: The Autobiography*. London: Aurum Press, 2012.

McFarlane, Glenn, and Ashley Browne. *Jock: The Story of Jock McHale, Collingwood's Greatest Coach*. Melbourne: Slattery Media Group, 2011.

Melançon, Benoît. *The Rocket: A Cultural History of Maurice Richard*. Montreal: Greystone, 2009.

Muraven, Mark, Dianne Tice, and Roy Baumeister. "Self Control as a Limited Resource: Regulatory Depletion Patterns." *Journal of Personality and Social Psychology* 74, no. 3, 1998.

O'Brien, Jim. *Lambert: The Man in the Middle*. Pittsburgh: James P. O'Brien, 2004.

O'Connor, Ian. *The Captain: The Journey of Derek Jeter*. New York: Mariner, 2011.

Pascuito, Bernard. *La Face Cachee de Didier Deschamps (The Hidden Side of Didier Deschamps)*. Paris: First Editions, 2013.

Pentland, Alex. "The New Science of Building Great Teams." *Harvard Business Review*. April 2012.

Pomerantz, Gary. *Their Life's Work: The Brotherhood of the 1970s Pittsburgh Steelers, Then and Now*. New York: Simon & Schuster, 2013.

Ponting, Ricky, and Geoff Armstrong. *Ponting: My Autobiography*. London: HarperCollins, 2013.

Puskás, Ferenc. *Puskás: Captain of Hungary*. Stroud, U.K.: Tempus, 2007.

Reynolds, Bill. *Rise of a Dynasty: The '57 Celtics*. New York: New American Library, 2010.

Rooney, Dan, David F. Halaas, and Andrew E. Masich. *Dan Rooney: My 75 Years with the Pittsburgh Steelers and the NFL*. New York: Da Capo Press, 2007.

Rotunno, Ron. *Jack Lambert: Tough as Steel*. Masury, Ohio: Steel Valley Books, 1997.

Rouch, Dominique. *Didier Deschamps: Vainqueur dans l'âme (Didier Deschamps: Conquering Soul)*. Paris: Editions 1, 2001.

Russell, Bill, and Taylor Branch. *Second Wind: The Memoirs of an Opinionated Man*. New York: Ballantine, 1980.

Russell, Bill, and David Falkner. *Russell Rules: 11 Lessons on Leadership from the Twentieth Century's Greatest Winner*. New York: Dutton, 2001.

Russell, Bill, and Alan Steinberg. *Red and Me: My Coach, My Lifelong Friend*. New

York: Harper, 2009.

Shelford, Buck, and Wynne Gray. *Buck: The Wayne Shelford Story*. Auckland: Moa, 1990.

Stremski, Richard. *Kill for Collingwood*. Sydney: Allen & Unwin, 1986.

Tarasov, Anatoly. *Настоящие мужчины хоккея (The Real Men of Hockey)*. Moscow: Physical Culture and Sport, 1987.

Tavella, Renato. *Valentino Mazzola: Un Uomo, un giocatore, un mito*. Torino: Graphot Editrice, 1998.

Taylor, Rogan, and Klara Jamrich. *Puskas on Puskas: The Life and Times of a Footballing Legend*. London: Robson Books, 1997.

Torquemada, Ricard. *Formula Barça: Viaje Al Interior de un Equipo Que Ha Descubierto la Eternidad*. Valls, Spain: Lectio, 2013.

Waugh, Steve. *Out of My Comfort Zone: The Autobiography*. Melbourne: Penguin, 2005.

Whalen, Paul J., et al. "Human Amygdala Responsivity to Masked Fearful Eye Whites." *Science* 306, no. 17 (December 2004).

White, Jim. *Manchester United: The Biography*. London: Sphere, 2008.

Wilson, Jonathan. *Inverting the Pyramid: The History of Football Tactics*. London: Orion, 2008.

Writer, Larry. *Never Before, Never Again: The Rugby League Miracle at St. George 1956–66*. Sydney: Macmillan, 1995.

Zitek, Emily M., and Alexander H. Jordan. "Technical Fouls Predict Performance Outcomes in the NBA." *Athletic Insight* 13, no. 1 (Spring 2011).

怪物隊長領導學

The Captain Class : The Hidden Force That Creates the World's Greatest Teams

作者 ———————————————— 山姆・沃克（Sam Walker）

譯者 ——————————————————— 謝慈

主編 ——————————————————— 莊樹穎

設計 ——————————————————— 張家銘

行銷企劃 ——————————————— 洪于茹

出版者 ———————————————— 寫樂文化有限公司

創辦人 ——————————————— 韓嵩齡、詹仁雄

發行人兼總編輯 ————————————— 韓嵩齡

發行業務 ——————————————— 蕭星貞

發行地址 ———————— 106 台北市大安區光復南路202號10樓之5

電話 ————————————————— (02) 6617-5759

傳真 ————————————————— (02) 2772-2651

劃撥帳號 ———————————————— 50281463

讀者服務信箱 ——————————— soulerbook@gmail.com

總經銷 ———————————— 時報文化出版企業股份有限公司

公司地址 ————————————— 台北市和平西路三段240號5樓

電話 ————————————————— (02) 2306-6600

傳真 ————————————————— (02) 2772-2651

第一版第一刷 2018年4月13日

ISBN 978-986-95611-2-9

國家圖書館出版品預行編目(CIP)資料

怪物隊長領導學 / 山姆.沃克(Sam Walker)著 ; 謝
慈譯. -- 第一版. -- 臺北市 : 寫樂文化, 2018.04
　面 ;　　公分. -- (我的檔案夾 ; 31)
譯自 : The captain class
ISBN 978-986-95611-2-9 (平裝)
1 . 領導者　2 . 領導統御
494 . 2　　　　　107002460